La energía nuclear salvará el mundo

Divulgación

Alfredo García @OperadorNuclear

La energía nuclear salvará el mundo

Derribando mitos sobre la energía nuclear

Planeta

Certificado PEFC

Este libro procede de bosques gestionados de forma sostenible y fuentes controladas

PEFC
PEFC/14-38-00305

www.pefc.es

Avda. Diagonal, 662-664, 08034 Barcelona (España)
www.planetadelibros.com

Adaptación de la cubierta: Booket / Área Editorial Grupo Planeta
Ilustración de la cubierta: © Drmakkoy / Getty Images
Primera edición en Colección Booket: octubre de 2021
Segunda impresión: enero de 2022
Tercera impresión: mayo de 2022
Cuarta impresión: febrero de 2023
Quina impresión: enero de 2025

Depósito legal: B. 13.251-2021
ISBN: 978-84-08-24745-6

Impresión y encuadernación: QP Print
Impreso en España

Biografía

Alfredo García Fernández, más conocido en redes como @OperadorNuclear, es divulgador de ciencia y tecnología nuclear, premio de Comunicación de la Sociedad Nuclear Española y un activo defensor del papel de la energía nuclear como herramienta de mitigación del calentamiento global. Es ingeniero técnico de Telecomunicaciones, licenciado en Comunicación Audiovisual y tiene las licencias de operador y supervisor, otorgadas por el Consejo de Seguridad Nuclear y necesarias para operar en la central nuclear de Ascó, en Tarragona.

@OperadorNuclear

@operadornuclear

@OperadorNuclear

A Lourdes, Alfre y Álvaro, por formar el mejor equipo que cualquier hombre puede llegar a soñar

Vivimos en una sociedad exquisitamente dependiente de la ciencia y la tecnología, en la cual prácticamente nadie sabe nada acerca de la ciencia o la tecnología.

Carl Sagan

Nada en la vida debe ser temido, solo entendido. Ahora es el momento de entender más, para temer menos.

Marie Skłodowska-Curie

Solo la energía nuclear puede detener el calentamiento global.

James Lovelock

Me gustaría que la fusión nuclear se convirtiera en una fuente de energía práctica. Proporcionaría un suministro inagotable de energía, sin contaminación ni calentamiento global.

Stephen Hawking

Índice

PERSPECTIVAS

SOLUCIONES

Prólogo

«Un gran poder conlleva una gran responsabilidad», le dijo el tío Ben a Peter Parker, el joven debajo de la máscara de Spiderman.

Es una frase que nos encanta, que nos llega al corazón, porque expone el lado humano de un superhéroe y algo que todos sentimos: conflictos. Es paradójica porque, a la vez que muestra algo positivo, un poder, lo relaciona con algo negativo, una responsabilidad, y es precisamente ese conflicto lo que humaniza al héroe y lo hace más cercano. La resolución del personaje es acogerse a su máxima: servir al bien común, al bienestar de todos por encima de sus intereses, incluso al precio de su propia vida, en el mayor acto de generosidad concebible. Al final siempre gana el bien. El pueblo lo aclama en absoluto consenso, el héroe descansa triunfal. El público se emociona y rompe en aplausos.

Nos encantan los superhéroes; es normal, reflejan las emociones humanas en la lucha del bien contra el mal y la dificultad para tomar decisiones vitales. Pero la vida es mucho más compleja: en la vida real el bien y el mal no están tan claramente definidos, no todo es blanco o negro, las diferencias se difuminan y surgen dilemas, la historia se enriquece. Por eso hay un tipo de cómic que me gusta especialmente.

Una historia clásica de cómic tiene tres elementos: un villano, un héroe y un mundo al que salvar. Y así ocurre con los grandes cómics de la historia: *Spiderman, Hulk, Flash* o *Superman.* El villano pone en riesgo el bienestar en el mundo, el superhéroe intercede y lo salva, el superhéroe es aplaudido y vitoreado por la multitud.

Pero la historia se vuelve más interesante cuando además de estos tres elementos aparece un cuarto elemento, un dilema, cuando la máxima del bien común del superhéroe es llevada al extremo y el bien y el mal se difuminan. ¿Hasta qué punto el protagonista es capaz de sacrificar su interés por el bien común? ¿Podría llegar hasta el punto de convertirse en un villano a los ojos de los demás? ¿Estaría haciendo el bien? Fruto de este dilema surge un personaje diferente, un superhéroe denostado.

Es la historia, por ejemplo, de *El caballero oscuro*, es decir, Bruce Wayne/Batman. El valiente fiscal Harvey Dent emprende una campaña para, mediante la ley y la justicia, limpiar Gotham de las mafias que se han apoderado de la ciudad. El villano, Joker, maniobra para desfigurar no solo la faz de Harvey, sino también su voluntad y su razón, convirtiendo al antes virtuoso fiscal en un desequilibrado, el villano Dos Caras. En ese momento Batman se encuentra en un dilema: mantener intacto el honor de Harvey Dent y salvar su proyecto criminal implica mancillar el suyo propio. El superhéroe toma la difícil decisión de cargar con la culpa y convertirse en un villano a los ojos de su gente. Sabe que está haciendo lo correcto; de hecho, lo hace por ellos. Su máxima, que es abogar siempre por el bien común por encima de sus intereses personales, es llevada al extremo. Y el precio a pagar es muy alto: el exilio.

¿Pero qué tendrán que ver los cómics con un libro titulado *La energía nuclear salvará el mundo?* Pues es que nuestra historia, la que está detrás de este libro, tiene todos los elementos de los buenos cómics, como el de Batman: héroes, villanos, un mundo que salvar y un dilema.

El mundo que salvar es nuestro mundo. La vida es muchísimo más frágil y delicada de lo que puede percibir un humano que se levanta a las ocho de la mañana, desayuna, se ducha, va al trabajo, vuelve a casa, cena y se va a dormir. En nuestra burbuja de cotidianidad no permea la realidad de ahí fuera. Las leyes del cosmos están continuamente conspirando para acabar con la vida. Solo en un ínfimo e insignificante rincón del universo se consiguen aplacar las leyes de la termodinámica para mantener el ciclo de la vida; se trata de una canica azul, la Tierra. Y todo pende de un delicado equilibrio: la atmósfera, los océanos, la tierra…, todo funciona de manera simbiótica, como una máquina perfectamente engrasada para hacer posible lo imposible y mantener a raya al universo y sus malditas leyes termodinámicas. Sí, somos una excepción, una anomalía en el cosmos, y nuestra existencia está supeditada a este escudo protector en esta fina burbuja de equilibrio.

Hace algo más de cien años el ser humano abrió la caja de Pandora: descubrió el poder de la química enterrada bajo suelo en forma de oro negro. Quemarlo era desprender el calor del sol. Este descubrimiento transformó el mundo completamente, impulsó las ciudades, el crecimiento y el bienestar del ser humano por encima del resto de los seres en la Tierra, todo al servicio del progreso y el desarrollo. Todo esto sin tan siquiera considerar que, al hacerlo, se estaba deshaciendo un trabajo simbiótico que había llevado miles de millones de años: esconder en las profundidades de la tierra los compuestos del carbono, que en forma gaseosa alteran la composición de la atmósfera, desplazan el equilibrio y destruyen el escudo que es nuestra burbuja protectora. Las consecuencias no han tardado en hacerse latentes: suben las temperaturas y el nivel del mar, sequías, desastres naturales… Y lo peor está por llegar: escasez de agua y comida, plagas, enfermedades, polución, extinciones en masa, movimientos migratorios extremos y mucho más. La vida de miles de millones de personas está en juego y el tiempo se acaba. La cuenta atrás ya ha comenzado.

A los villanos también los conocemos: corporaciones, empresas, poderes fácticos que ignoran o fingen que ignoran el problema que ya es evidente… Cada litro de petróleo que se quema, cada piedra de carbono que arde libera a la atmósfera aquellos compuestos que la Tierra consiguió capturar a lo largo de millones de años, esos enemigos invisibles que hemos tenido a bien denominar gases de efecto invernadero y que tienen el efecto comprobado de elevar la temperatura global en la Tierra y romper el equilibrio. El modelo actual pone en riesgo cualquier forma de vida, no solo la nuestra: la Tierra podría llegar a ser tan yerma como Marte o Venus.

Los superhéroes te los puedes imaginar: investigadores, científicos, políticos, gestores o promotores que están detrás de esa revolución que hemos llamado «verde». Impulsan el cambio a un modelo de vida responsable, que no castiga y mutila el equilibrio; más bien se integra en él y lo respeta. En este caso, la acción humana no rompe el ciclo, lo completa. Se trata de las voces que han llevado a popularizar pequeñas acciones que hace veinte años eran impensables, como el reciclaje, el uso eficiente de la energía en los hogares, el transporte público, el racionamiento del agua, el respeto por el medio ambiente y el resto de los seres vivos y, en general, ese equilibrio que nos es tan beneficioso.

Entre estos superhéroes se hallan figuras detrás de las energías renovables que usan la mejor fuente de todas las que tenemos a nuestro alcance: la energía prácticamente inagotable del sol, ya sea con el movimiento de aire debido a diferencias de temperatura (eólica), del agua debido al ciclo evaporación/condensación (hidráulica) o directamente con fotones del sol que atraviesan la atmósfera y llegan a la Tierra (solar). Todas ellas son, en primera instancia, limpias y virtualmente inagotables, porque aprovechan de forma directa o indirecta la energía que emana del Sol, al que le quedan cuatro mil millones de años de brillo, y se introducen en el ciclo de la Tierra sin alterar su equilibrio. Una solución perfecta a todos los problemas energéticos del ser humano.

A los investigadores, gestores, políticos, facilitadores y demás expertos que contribuyen a esta revolución verde los podríamos equiparar a Spiderman, Hulk o el Capitán América, los valientes, atrevidos y carismáticos protectores del bien común. Y, como tal, son vitoreados y aclamados por el pueblo. Pero en toda buena historia —y, creedme, esta lo es— tiene que haber un Caballero Oscuro, alguien que asuma el peso de ser un superhéroe proscrito, diana fácil de críticas y recelos y defensor de causas perdidas. El superhéroe en el exilio. Ese es el autor de este libro.

Yo comparo a Alfredo García con Bruce Wayne no solo por su carisma, talento y liderazgo para cumplir con su misión. No solo porque ambos han tenido que llevar a cabo su misión en el anonimato, uno escondido bajo una máscara, el otro bajo un alias en Twitter. Los comparo porque, anteponiendo el bien común a sus intereses personales, ambos han llevado al extremo su propia máxima y son víctimas de ese dilema.

Las energías que llamamos renovables están llenas de virtudes que todos conocemos y entendemos, pero también de limitaciones que son de menor dominio público. En primer lugar, no son 100 % limpias. Es cierto que en su operación no emiten ni generan residuos, pero en su elaboración sí se emplean materiales y técnicas que también dejan su impacto en el planeta. Aunque un mundo movido por energías renovables sería fabuloso, la realidad es que en la actualidad, año 2020, sigue siendo una utopía. Las energías renovables sí son capaces de soportar una parte importante de las demandas energéticas actuales, pero siguen adoleciendo de un problema fundamental, y es que dependen del flujo de agente energético, el viento, el agua o el sol, algo inviable en una sociedad fluctuante que exige ser satisfecha globalmente a cada instante.

Por eso, hasta la llegada de una solución, bien en forma de red global eléctrica interconectada que gestione con inteligencia la energía generada por las fuentes renovables, bien en forma de nueva fuente energética limpia (como lo sería la ansiada fusión nuclear), hay que buscar alternativas urgentes al modelo actual. No hay que olvidarlo: el tiempo sigue pasando y el petróleo y el carbón siguen siendo, de largo, las fuentes principales de energía en nuestro mundo.

Es ahí donde entra en juego la energía nuclear. Parece el villano de la película, ¿verdad? Está en medio de todos y es repudiado por unos y por otros, defensores del uso de los combustibles fósiles y partidarios de las energías renovables. Todos la detestan. Siendo honestos: la fisión del núcleo de uranio para dar energía a hogares e industrias no gusta a nadie, defenderla es un suicidio social, una guerra perdida de antemano… No se me ocurre una posición más impopular hoy en día.

Sin embargo, todo proviene de nuestra forma tan emocional e irracional de percibir los peligros. La palabra radiactividad ha quedado para siempre asociada en la memoria colectiva a catástrofes como Chernóbil o Fukushima, a muertes que hemos visto y leído en películas y libros. En definitiva, la energía nuclear está rodeada de mitos (algunos de ellos creados de forma intencionada). Y, como en la mayoría de los mitos, es difícil distinguir qué hay de cierto y de falso en él. Sin embargo, miles de ingenieros en todo el mundo, sin hacer mucho ruido, siguen operando de forma segura y responsable cientos de centrales nucleares y llevando energía a las ciudades, evitando miles de toneladas de gases nocivos en la atmósfera.

Alfredo sabe lo impopular que es defender la energía de fisión nuclear como una fuente viable de transición entre el modelo actual y un modelo energético más limpio, 100 % renovable o basado en la fusión nuclear. Y sabe que hacerlo es una condena social. Aun así, lo hace porque está convencido de que es lo mejor para el planeta y lo defiende con pasión, a pesar del alto precio personal que tiene que pagar por ello. He aquí el dilema, la máxima del superhéroe llevada al extremo: servir al bien común a cambio de ser denostado y convertirse en el superhéroe en el exilio.

Nuclear sí, nuclear no. El debate está abierto y no hay ninguna posición a la que pueda otorgarse la etiqueta de verdad. Ser pronuclear o contrario a ella es una postura personal que cada uno puede adoptar. El peligro, el verdadero problema, está en hacerlo desconociendo la realidad y basándose en mitos y falacias o confundido por eslóganes y campañas de quien, por interés, necesita crear esa confusión.

Seas defensor o detractor, tienes ante ti la maravillosa posibilidad de escoger tu postura personal, pero esta vez de manera formada e instruida, armándote frente a la falsedad y la confusión y, por lo tanto, siendo verdaderamente libre de elegir. Esto, en los tiempos que corren, es un auténtico regalo.

Disfruta de este libro escrito con todo el cariño, dedicación e ilusión de alguien que ha querido poner a tu alcance décadas de trabajo y formación. Y disfrútalo como lo que es, un regalo para hacerte más instruido, más consciente y, en consecuencia, más libre. Y tienes la posibilidad de hacerlo libre de prejuicios, con la mente abierta a reflexionar y reafirmar o reconsiderar tu propia opinión. Esto ya de por sí es un gran logro, porque, como decía Albert Einstein, «es más fácil desintegrar un átomo que un prejuicio»... Y nunca mejor dicho.

Javier Santaolalla
Doctor en Física de Partículas y divulgador científico

Introducción

Breve historia de Operador Nuclear

Este libro que tienes en tus manos te va a explicar las ventajas y los inconvenientes (con sus soluciones) de la energía nuclear, aumentando tu conocimiento sobre una energía que ha sido estigmatizada durante décadas y que ha acumulado una enorme cantidad de mitos y medias verdades, como por ejemplo que las centrales nucleares sirven para fabricar bombas atómicas, que no sabemos cómo gestionar los residuos radiactivos o que las torres de refrigeración son contaminantes.

Te preguntarás: ¿por qué necesitamos hablar de la energía nuclear? ¿Por qué es necesaria? A lo largo del libro te explicaré que la energía nuclear es una herramienta necesaria para cubrir parte de nuestras necesidades energéticas para el progreso de nuestra civilización, colaborando con las energías renovables para descarbonizar nuestra economía. Seguro que el estado actual del planeta no es ninguna novedad para ti: necesitamos reducir nuestro consumo de combustibles fósiles, disminuir nuestras emisiones de dióxido de carbono y polución a fin de mitigar el calentamiento global y mejorar la calidad del aire que respiramos. Siendo este el objetivo principal de mi labor divulgativa, quizás tengas curiosidad por saber cómo surgió todo…

Todo empezó en Fukushima

Mi aventura divulgativa comenzó por casualidad, como suelen surgir las aventuras más apasionantes. En 2011, tras el accidente de la central nuclear de Fukushima, mi conmoción por el drama humano que causó el terremoto y posterior tsunami en la costa japonesa se fue convirtiendo progresivamente en impotencia al ver y leer el tratamiento que los medios de comunicación daban a lo que estaba pasando en aquella central nuclear. Viendo el terror que sentían muchas personas que tenían familiares en el país nipón, así como la enorme cantidad de información exagerada y equivocada, si no malintencionada, vi claro que tenía que actuar.

Por aquellos días, un incipiente blog de divulgación científica llamado *Amazings* (actualmente *Naukas*) me hizo recuperar la esperanza en el periodismo gracias a su tratamiento científico y objetivo del accidente, lo que me animó a enviarles un correo electrónico felicitándolos por su excelente labor y ofreciéndome para asesorarlos en lo que creyeran necesario (eso sí, siempre manteniendo el anonimato, pues nunca he sentido la necesidad de ser popular). Les encantó mi misiva y me pidieron que la escribiera en forma de artículo para publicarla al día siguiente. Así surgió mi primera acción divulgativa, en forma de un artículo titulado «Carta de un jefe de sala de control de una central nuclear española», al final del cual me ofrecía a responder a las preguntas de los lectores. Lo que ocurrió a continuación fue tan sorprendente como agotador: estuve tres días respondiendo centenares de preguntas casi parando solo para comer y dormir. Se batió el récord de comentarios del blog. Uno de los primeros lectores se dirigió a mí como «Operador» y decidí responder con ese nombre, aunque por aquel entonces ya no era Operador en sí, sino jefe de sala de control. Tras varias semanas de atención mediática, el accidente de Fukushima pasó a un segundo plano (aunque no en nuestro trabajo en las centrales nucleares) y, aunque el interés fue decreciendo, creo que la vocación de divulgar ya se arraigó en mí en aquel momento, retomándola a partir de 2016.

Todo continuó en Twitter

Llevaba meses pensándolo: necesitaba un medio para informar sobre ciencia y tecnología nuclear, para tratar de saciar la curiosidad de muchas personas y al mismo tiempo intentar evitar miedos innecesarios. Por eso me decidí por Twitter, porque a través de esa red se puede llegar a muchas personas con mensajes cortos y precisos, publicar píldoras de conocimiento evitando textos largos (y aburridos), además de poder adjuntar imágenes y enlazar documentos. Utilicé entonces el nombre con el que me habían bautizado en las redes, «Operador», al que decidí añadir el adjetivo «Nuclear», quedando definitivamente mi cuenta como **@OperadorNuclear**, manteniendo el anonimato para separar mi labor divulgativa de mi trabajo y vida privada.

El hecho de que gran parte de la comunidad de divulgación científica utilizara Twitter, así como muchos medios de comunicación, lo hizo todavía más idóneo. Gracias a Twitter no solo he conseguido difusión, sino múltiples contactos con perfiles tan diversos como políticos, periodistas y científicos. Gracias a ello he publicado artículos en varios medios digitales, como blogs, revistas de divulgación y periódicos. Hablo frecuentemente en privado con físicos nucleares, astrofísicos, físicos teóricos, ingenieros de todos los campos, geólogos, biólogos o médicos que me asesoran y me ayudan a dar credibilidad a mis afirmaciones con documentos siempre oficiales, públicos y avalados por instituciones de prestigio. Suelo decir que camino a hombros de gigantes, y esta famosa expresión es, en mi caso, una verdad como un templo.

¿Mi principal objetivo? Divulgar, que el gran público conozca la energía nuclear. También quiero disipar miedos innecesarios, evitar manipulaciones intencionadas, sea cual sea su índole y, sobre todo, ayudar a concienciar a la población de la necesidad de la energía nuclear, junto a las renovables, para mitigar el calentamiento global causante del cambio climático que vivimos.

El aprendizaje inesperado

No puedes explicar algo adecuadamente si no lo comprendes. Lógicamente, partía de unos conocimientos técnicos adecuados para el puesto que desempeño en mi trabajo (al fin y al cabo, tengo en mi haber una licencia de Supervisor en la central nuclear de Ascó). Sin embargo, no quise dar por sentado que lo que quería divulgar se viese limitado a mis conocimientos previos y, en cierto sentido, me vi obligado a aprender más para poder llegar más lejos. Ahora conozco mucho mejor que antes el parque nuclear mundial, tanto centrales en servicio como en construcción o proyectadas, todo el proceso de la gestión de los residuos nucleares, otros diseños de reactores, como los de tercera y cuarta generación, así como una enorme multitud de detalles técnicos que desconocía. ¡Quién me lo iba a decir!, tenía la intención de abrir un canal para divulgar mis conocimientos y ahora estoy convencido de que he sido yo quien más ha aprendido durante estos años, y sin duda todavía me queda mucho más por aprender.

¿Cuánto tiempo suelo dedicar a Twitter? A menudo me lo preguntan y es difícil calcularlo, ya que no me ocupa la misma cantidad de tiempo cada día. En el tiempo libre que me queda fuera de mi jornada laboral repaso las preguntas que me realizan a diario, leo tuits de personas e instituciones a las que sigo, preparo tuits que guardo en forma de borrador para lanzar en los momentos adecuados y respondo a comentarios y preguntas que pienso que pueden tener interés para mis seguidores.

Sé que el hecho de haber cursado una licenciatura en Comunicación Audiovisual, simplemente por el placer de aprender, me ha servido para conocer mejor los métodos periodísticos, las redes sociales y, en general, el mundo de la comunicación. No obstante, el aprendizaje es diario, puesto que el perfil de las personas con las que interacciono es tan variado como la propia sociedad. Me siguen personas de diferente nivel formativo, con opiniones dispares sobre la energía nuclear y de ideologías diversas. Este factor me lleva a cuidar al detalle lo que digo, ya que intento que sea técnicamente irreprochable e ideológicamente neutral. Para ello, como decía antes, cito siempre fuentes oficiales y fiables, y tengo contacto con muchos expertos de diversos campos que me ayudan, aportándome información, corrigiendo mis errores o matizando mis respuestas. En este sentido, no me siento solo y, lo que es más importante, siento que camino sobre seguro (lo que ya es decir mucho en el mundo de las redes sociales).

Y llegó el reconocimiento

Existe una desconexión entre la energía nuclear y la sociedad. Son múltiples los factores que han jugado en contra de esta industria: la Guerra Fría, el armamento nuclear, las campañas de organizaciones ecologistas y la poca cultura científica de una sociedad que es engañada de manera frecuente con desinformación o visiones sesgadas. El sector nuclear español, consciente de esa desconexión, está realizando en los últimos años una importante labor divulgativa, pero quizás le faltaba un elemento humanizador, contar con una persona que, además de tener un trabajo relevante en una central nuclear, explicara cómo funciona esta tecnología, qué riesgos y qué beneficios tiene. En este sentido, mi irrupción en las redes por mera vocación divulgativa, sin pretensiones, digamos que ocupó un nicho que estaba libre. Casi nadie publicaba información sobre energía nuclear, desde luego nadie con ese perfil y estilo. A juzgar por la acogida, parece que era realmente necesario.

El reconocimiento a mis esfuerzos y a mi labor llegó de la manera más inesperada de la mano de la Sociedad Nuclear Española

(SNE), que es una organización sin ánimo de lucro formada por instituciones y profesionales relacionados con el sector nuclear y las radiaciones ionizantes (tanto en energía como en medicina e industria) que tiene como objetivo promover el conocimiento y la difusión de la ciencia y la tecnología nuclear. En 2018, la SNE me otorgó el premio de Comunicación José María Otero de Navascués (considerado el padre de la energía nuclear en España) durante su encuentro anual. Por aquel entonces todavía divulgaba información desde el anonimato, así que el premio lo recogió por mí un compañero que leyó unas palabras en mi nombre, en forma de tres tuits, como no podía ser de otra forma:

> Los enemigos de la energía nuclear no son los antiguos ecologistas, ni los que compran votos, ni los legítimos intereses económicos de otros sectores, sino una hipotética falta de profesionalidad y el desconocimiento que gran parte de la sociedad tiene sobre esta energía.
>
> Como profesional nuclear animo a todos mis compañeros a seguir trabajando con el mismo nivel de integridad, compromiso y afán de mejora buscando la excelencia que nos permite afirmar que las centrales nucleares españolas se encuentran entre las más seguras del mundo.
>
> El desconocimiento de los bajos riesgos de la energía nuclear y su garantía de suministro con bajas emisiones se neutraliza con transparencia y divulgación. Este premio, que agradezco profundamente, es un reconocimiento a mi labor y toda una declaración de intenciones. Muchas gracias.

Todo tipo de experiencias

Siempre es gratificante recibir mensajes privados de personas que confiesan que antes de seguirme eran abiertamente antinucleares y que gracias a mi labor han dejado de serlo, o al menos que les he ayudado a replantearse sus prejuicios. También es sorprendente ser contactado en privado por dirigentes políticos y recibir invitaciones para asistir a debates en televisión. Es curioso también saber que me siguen compañeros de mi propia central, directivos del sector, instructores que me han formado y muchas otras personas conocidas que ignoraban quién era realmente cuando mantenía el anonimato.

Pero también he vivido experiencias desagradables. De hecho, la más sonora terminó de una forma sorprendente. Escribí un hilo de tuits (una cadena de tuits enlazados entre sí, de forma que se pueden leer seguidos) titulado inicialmente «La fisión nuclear para que se la expliques a tu abuela», en el que describía la fisión de forma que cualquier persona sin conocimientos sobre física nuclear pudiera entenderla. Recibí multitud de felicitaciones, pero la directora de la sección de ciencia de un importante medio de comunicación me tachó de machista por citar a una abuela y no a un abuelo. A su crítica se unieron varios divulgadores, aunque la mayoría de la comunidad divulgadora me apoyó, incluso públicamente, algo que agradezco de corazón. Opté por pedir disculpas a las personas ofendidas, retirar el hilo y publicarlo de nuevo con el título neutro de «¿Cómo funciona la fisión nuclear?». Lo hice porque no quería que la polémica enturbiara mi labor divulgativa y, cómo no, también recibí críticas por cambiar el título. Nunca llueve a gusto de todos, me temo.

Para mi asombro, obtuve el apoyo de varias personas que decían ser abuelas y que me felicitaron y me dijeron cosas como: «No me he molestado. No sabía nada de física nuclear y lo he entendido perfectamente». Fue muy gratificante. Pero lo que realmente me emocionó fueron las palabras de uno de mis seguidores: «Mi abuelo era físico atómico. Fue brillante, alumno de Plank y amigo de Heisenberg. Mi abuela era excepcional. Una mujer con una vida increíble para la época. Creo que con tu hilo sobre la fisión, por fin, habría entendido el trabajo de su marido». ¿Quieres saber qué fue lo más fascinante del asunto (y que hizo borrar de mi mente los sinsabores vividos con la polémica)? Este seguidor era nieto, nada más y nada menos, que de José María Otero Navascués, personalidad que daba nombre al premio que me otorgaría meses después la Sociedad Nuclear Española y que, como bien indiqué antes, es considerado el padre de la energía nuclear en España.

La salida del anonimato

Llevaba más de un año pensándolo. El anonimato tiene ventajas, entre ellas la que te decía de poder separar la vida personal, la profesional y la divulgativa; pero también tiene inconvenientes, como no poder conocer a personas con las que interactuar, o no poder asistir a congresos y conferencias. Esto último solo contribuía a limitar la acción divulgativa, objetivo por el cual inicié esta aventura en primera instancia. De hecho, en mi sector comenzaba a ser un secreto a voces, así que en la primavera de 2019 decidí que había llegado el momento de mostrar mi identidad antes de que lo hiciera alguien por mí. Qué mejor que hacerlo en el mayor evento divulgativo de España, Naukas Bilbao, que se celebra cada año en septiembre en el Palacio Euskalduna y que es transmitido por *streaming*. Acepté la propuesta de los responsables de Naukas y, tras un poco de autopromoción para generar expectativas, di una charla de diez minutos titulada «Derribando mitos sobre la energía nuclear», en la que mostré mi identidad, dando inicio a una nueva etapa repleta de apasionantes incertidumbres.

Gracias a la salida del anonimato también pude asistir a la Conferencia Internacional sobre el Cambio Climático y el papel de la Energía Nuclear, celebrada en la sede del Organismo Internacional de la Energía Atómica (OIEA) en Viena, en octubre de 2019, de la que obtuve numerosos contactos y valiosos conocimientos que me han ayudado para escribir este libro.

El libro

El siguiente gran paso es este libro, que he escrito con mucho mimo tratando de poner sobre la mesa lo mejor de mi capacidad divulgativa, y cuyo objetivo es explicar que la energía nuclear es una herramienta, con sus ventajas e inconvenientes, imprescindible para hacer compatible nuestro progreso como sociedad con la mitigación del calentamiento global. Estoy convencido de que la energía nuclear salvará el mundo, junto con el resto de herramientas, como las renovables, la electrificación de la economía, la eficiencia energética y la captura de carbono. Pero, para conseguirlo, antes tenemos que aprender sobre ciencia y tecnología nuclear, conocer y calibrar en su justa medida los accidentes nucleares, saber cómo se gestionan con seguridad los residuos radiactivos, analizar qué futuro puede tener la energía nuclear y derribar muchos, muchos mitos. ¿Me acompañas en este apasionante viaje?

CIENCIA Y TECNOLOGÍA

1

Cómo funciona la fisión nuclear

Quizás ha caído en tus manos este libro y te preguntas qué haces leyendo sobre energía nuclear si no sabes qué es o en qué consiste la fisión nuclear. Incluso puedes pensar que, llegados a esta página, a lo mejor se te empiezan a escapar algunos términos. Tranquilo, porque todo tiene solución. Se trata de que prestes mucha atención a lo que vas a leer en este capítulo. Intentaré explicártelo de la manera más sencilla posible, sin fórmulas matemáticas. Eso sí, es muy importante que entiendas bien el significado de las palabras escritas en **negrita**, puesto que son conceptos fundamentales para comprender el resto del capítulo y del libro. A lo mejor solo venías por los capítulos que hablan de Chernóbil porque te gustó mucho la serie de HBO, pero aun así déjame decirte que merece la pena y, además, ¡el saber no ocupa lugar!

Todo está formado por átomos

Todas las sustancias conocidas están formadas por átomos. Sí, sí, todas. No busques excepciones, que no las hay. El **átomo** es la parte más pequeña en la que podemos dividir un elemento químico (oxígeno, hierro, uranio) sin que pierda sus propiedades. Su nombre significa «indivisible» en griego, pero hoy sabemos que está formado por partículas todavía más pequeñas (y estas, a su vez, también están formadas por otras más pequeñas, pero «esa es otra historia y debe ser contada en otra ocasión», como decía *La historia interminable*). El átomo se compone de un **núcleo**, que contiene casi toda la masa y tiene carga eléctrica positiva, y una **corteza**, formada por unas partículas llamadas **electrones**, que se mueven alrededor del núcleo como un enjambre de abejas y tienen carga negativa. El núcleo de un átomo está formado por dos tipos de partículas: los **protones**, con carga positiva, y los **neutrones**, con carga neutra, como su propio nombre indica. La **energía nuclear** proviene precisamente del núcleo de los átomos.

Los electrones intervienen en la electricidad, en la electrónica y en los enlaces entre átomos para formar moléculas como, por ejemplo, el agua, con dos átomos de hidrógeno y uno de oxígeno. El número de protones en el núcleo de un átomo, que coincide con el de electrones, es el que identifica un elemento químico. Por ejemplo, todos los átomos del oxígeno tienen 8 protones, los del hierro tienen 26 y los del uranio tienen 92. Es importante que lo entiendas, pero tampoco es necesario que vayas apuntando todo con papel y lápiz. ¿Seguimos?

La mayoría de los elementos químicos tienen unas variantes llamadas **isótopos** (sí, como los Isótopos de Springfield, el equipo de béisbol de Homer en *Los Simpson*). Atento a este concepto porque es fundamental para seguir adelante (así que si la famosa serie de televisión te ayuda a recordarlo, pues mejor). Todos los isótopos de un mismo elemento químico tienen el mismo número de protones, pero cada isótopo tiene un número diferente de neutrones. Esta diferencia hace que sus propiedades sean también diferentes. De esta forma, cada elemento químico puede tener varios isótopos. Por ejemplo, el carbono, que es la base de la vida, tiene tres isótopos naturales: carbono-12, carbono-13 y carbono-14, que es radiactivo (si te suena es porque se utiliza para datar muestras orgánicas). Todos ellos tienen 6 protones, pero cambian el número de neutrones (6, 7 y 8, respectivamente). Si has entendido bien este párrafo, puedes continuar. De lo contrario, no pasa nada, pero te animo a que entonces vuelvas a leerlo, porque realmente te será de utilidad.

Interacciones fundamentales

La parte de la física que estudia las partículas que forman los átomos reconoce cuatro fuerzas que intervienen en la materia, las llamadas **fuerzas fundamentales**, aunque más correctamente, para que no se nos enfaden los físicos, se llaman **interacciones fundamentales**: electromagnética, nuclear fuerte, nuclear débil y gravitatoria (y todas serían un gran nombre de grupo de música alternativo, ¿no te parece?). ¿Te las presento?

La **fuerza electromagnética** se produce entre partículas con carga eléctrica. Las partículas con igual carga se repelen y las que tienen diferente carga se atraen, como los imanes (y, según cómo, hasta como las personas). Esta fuerza mantiene el átomo unido por la atracción entre los protones y los electrones. Los protones se repelen entre sí por la fuerza electromagnética. La pregunta evidente es ¿cómo se mantiene unido el núcleo si todas las cargas que tiene son iguales? La **fuerza nuclear fuerte** es la responsable de vencer esa repulsión y mantener el núcleo unido. Es una fuerza de muy corto alcance, más pequeño que el propio átomo, pero de una enorme intensidad. La **fuerza nuclear débil** es la que produce la **desintegración radiactiva**, que es la descomposición natural de los protones y neutrones de los núcleos emitiendo electrones. Finalmente, la **fuerza gravitatoria** es tan débil a escala atómica que no se considera en los cálculos.

El núcleo de un átomo es **estable** cuando existe un equilibrio entre todas las fuerzas, o la fuerza nuclear fuerte (atractiva) es mayor que la electromagnética (repulsiva). Los núcleos inestables sufren transformaciones espontáneas para conseguir la estabilidad. Como las personas, los núcleos inestables necesitan estar tranquilos, aunque estos no se van de paseo por la montaña con tal objetivo. ¿Qué hacen entonces para conseguirlo? Sigue leyendo.

Radiactividad y fisión nuclear

La **radiactividad** es la transformación espontánea y gradual de un núcleo inestable en otro estable. Para ello emite **radiación nuclear**, que consiste en partículas (como neutrones y electrones) y ondas electromagnéticas o fotones, como la luz o la señal WiFi (pero con mucha más energía que la red de tu casa, créeme). La **energía de enlace nuclear** es la energía necesaria para romper el núcleo y descomponerlo en sus protones y neutrones, y es debida a la fuerza nuclear fuerte. Esta es precisamente la energía utilizada en los **reactores nucleares** para obtener calor y producir electricidad.

Las **reacciones nucleares** son procesos de combinación y transformación de partículas y núcleos atómicos. La reacción que se utiliza en los reactores nucleares para producir energía es la **fisión nuclear**, que ocurre cuando un núcleo pesado como el del uranio se divide en dos o tres núcleos más pequeños (se forman nuevos átomos). Además, la fisión emite radiación nuclear, incluyendo neutrones, y mucha energía, por eso los residuos radiactivos deben ser tratados con seguridad. La causa de la rotura del núcleo es el impacto de un neutrón. En cada fisión de un átomo de uranio se emiten 2 o 3 neutrones, que a su vez impactan con otros núcleos de uranio y causan nuevas fisiones. De esta forma obtenemos una **reacción en cadena**.

Un elemento muy importante en los reactores nucleares y clave para entender muchos aspectos que te explicaré a lo largo del libro es el concepto de **moderador** (y no, no es un señor o señora que modera un debate televisivo). Los neutrones salen disparados de las fisiones a gran velocidad. Si no hiciéramos nada, se escaparían del núcleo del reactor sin producir nuevas fisiones. Para conseguir que se queden, aunque algunos se fugan, se utiliza un moderador

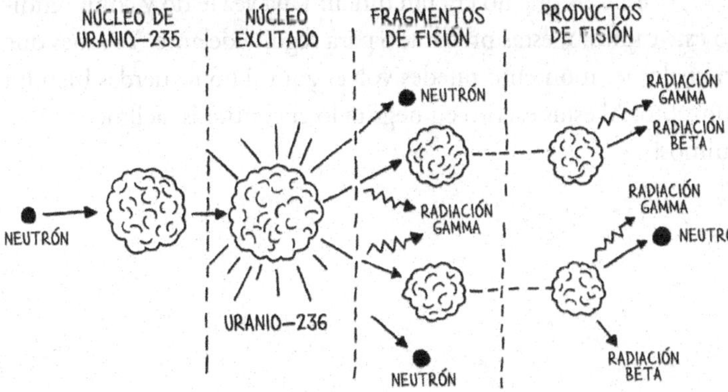

que mediante colisiones hace que los neutrones se vayan ralentizando hasta conseguir una velocidad adecuada para encontrarse con un nuevo núcleo de uranio y fisionarlo. En la mayoría de los reactores el moderador es el agua, que también sirve como refrigerante.

Casi todos los reactores nucleares utilizan uranio (U) como combustible. El uranio natural está formado básicamente por dos isótopos: un 99,3 % de U-238 (que contiene 238 partículas en el núcleo) y un 0,7 % de U-235 (con 235 partículas). El U-235 tiene una gran capacidad de captar neutrones y fisionar, mientras que el U-238, más abundante, capta un neutrón y no fisiona, no se rompe, sino que tras varias transformaciones se termina convirtiendo en el siguiente elemento de la tabla periódica, el plutonio-239 (Pu-239), que tiene una partícula más en el núcleo y es artificial, no se produce en la naturaleza. Para que un reactor nuclear funcione durante 18 meses seguidos se necesita aumentar la proporción de U-235 desde el 0,7 % hasta el 4-5 %. El proceso industrial para aumentar la proporción se llama **enriquecimiento**, puesto que se trata de aumentar la cantidad del uranio útil. Puedes estar muy tranquilo porque, como te explicaré en otro capítulo más adelante, un reactor nuclear no puede explotar como una bomba atómica porque el enriquecimiento necesario para la explosión es mayor del 90 %.

¡Ya está! ¿A que no era tan difícil? Una vez leído y comprendido este capítulo, estás preparado para seguir adelante. Ya sabes que en cualquier momento puedes volver aquí si no recuerdas bien un concepto. Al estar escrito en negrita lo encontrarás fácilmente. ¡Seguimos!

2

Todo es radiactivo

¿Tienes miedo a la radiactividad? Tengo una buena y una mala noticia, como en los chistes. La mala noticia es que estamos rodeados de radiactividad. Tú mismo eres radiactivo. Seguramente te sorprenda, pero no te preocupes, porque la buena noticia es que la dosis de radiactividad que recibimos, salvo en casos excepcionales, supone un riesgo extremadamente bajo para nuestra salud.

«Todas las sustancias son venenos, no existe ninguna que no lo sea. La dosis diferencia un veneno de un remedio». Esta afirmación del alquimista, médico y astrólogo suizo Paracelso, aunque no acabe de ser del todo precisa, sí que lo es en el caso de la radiactividad. Es una máxima que puedes repetirte cuando el miedo a la radiactividad se apodere de ti: todo es cuestión de dosis (y en este caso se ha observado experimentalmente que el riesgo de producir daños aumenta con la dosis, y que a dosis muy bajas el riesgo es prácticamente cero).

Seguro que ahora estás pensando: «Entonces, ¿qué es radiactivo y cómo me afecta?». Los materiales radiactivos producen **radiactividad**, también llamada **radiación ionizante**, es decir, radiación capaz de alterar las propiedades químicas de las moléculas, especialmente del ADN de nuestras células, donde se almacena nuestro material genético. De ahí que una alteración en el ADN pueda producir mutaciones, y que estas, en ocasiones, puedan causar cáncer u otras enfermedades. Es una cuestión de probabilidad. Como una macabra lotería, cuanta mayor es la dosis, más números tienes de que te toque el daño. A dosis muy altas, el daño llega a ser inevitable, y se conocen muy bien las consecuencias. Por eso medimos la dosis de radiactividad, para prevenir sus efectos reduciéndola tanto como sea posible.

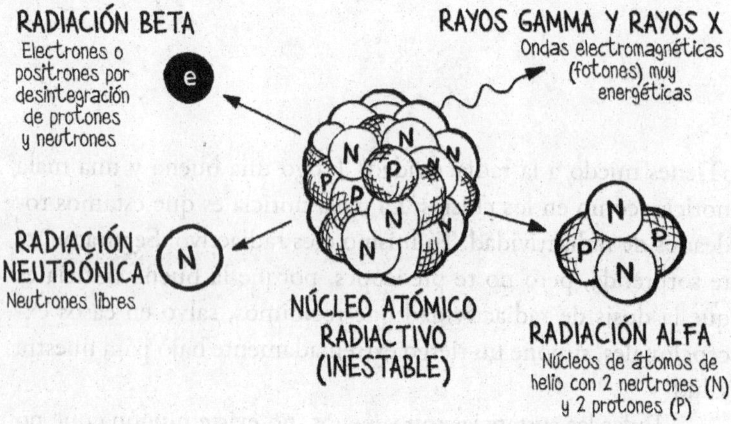

Pero antes de continuar, ¿sabes qué es la radiactividad? Si eres físico puedes saltarte este párrafo, pero si no tienes clara la respuesta no te preocupes, te lo explico rápidamente. La materia está formada por átomos y algunos no son estables, sino que se desintegran liberando partículas o radiación electromagnética (como los rayos X) formando otros átomos más estables y dando lugar al fenómeno llamado **radiactividad**. La unidad que mide la radiactividad es el **becquerel**, en honor al físico francés Henri Becquerel, descubridor de la radiactividad. Un becquerel (1 Bq) es igual a 1 desintegración atómica por segundo.

El posible daño producido al cuerpo humano por la radiación ionizante recibida se mide con la **dosis de radiación ionizante**. Es posible que la misma cantidad de radiación produzca distinto daño en diferentes tejidos biológicos, y este daño depende del tipo de radiación (alfa, beta, gamma, rayos X o neutrones). Y no solo eso, los distintos órganos y tejidos del cuerpo humano tienen diferente sensibilidad y el mismo tipo de radiación puede afectarlos de forma distinta.

El **sievert** (Sv) es la unidad que mide la dosis de radiación, pero es una unidad muy grande, por lo que es más frecuente hablar de la milésima parte de esta unidad, el **milisievert** (1 mSv es 0,001 Sv) y hasta de la millonésima parte, el **microsievert** (1 µSv es 0,000001 Sv). Para que te hagas una idea: una radiografía de tu mano te produciría una dosis radiactiva de 0,001 mSv.

El Comité Científico de las Naciones Unidas sobre los Efectos de la Radiación Atómica (UNSCEAR), que te citaré varias veces a lo largo del libro por ser una referencia, calcula que la población mundial recibe cada año una dosis media de radiación ionizante de 2,4 mSv de origen natural, que no ha sido producida por ninguna actividad humana, como una radiación natural de fondo y que puede variar por muchos factores, desde dónde vives y hasta cómo te mueves. Es lo que llamamos el **fondo radiactivo natural**. No se trata de una cifra preocupante; como referencia, UNSCEAR considera que a partir de dosis superiores a los 100 mSv/año se detecta un aumento en la incidencia del cáncer. Ese nivel de exposición equivaldría, más o menos, a cincuenta tomografías computarizadas de la cabeza. No vayas corriendo ahora a chequearte todo el cuerpo, ya que, por supuesto, la dosis a la que nos exponemos siempre se debe mantener lo más baja posible para minimizar los riesgos.

Todos los países tienen un organismo regulador que vela por la seguridad de las instalaciones nucleares y radiactivas, vigila sus niveles de radiactividad, controla las dosis de radiación ionizante que reciben sus trabajadores y limita el impacto radiológico en las personas y en el medioambiente. En España es el Consejo de Seguridad Nuclear (CSN). De igual forma que las autoridades sanitarias velan por nuestra salud general, las autoridades en materia de protección radiológica vigilan que la dosis radiactiva que recibamos sea la más baja posible y no suponga un riesgo para nuestra salud.

Radiaciones ionizantes naturales

Si, tras lo que acabo de comentar, estabas pensando que tú no te expones a radiografías o procesos similares, debes saber que la mayor parte de la dosis que recibimos las personas se debe a la radiación natural. Los **rayos cósmicos** son en su mayor parte protones y partículas alfa (núcleos de helio) de alta energía que provienen del espacio. El resto son electrones y partículas de alta energía. Una gran parte tiene su origen en el Sol, pero también provienen del resto de la Vía Láctea, de explosiones de supernovas o de estrellas binarias de rayos X. No hace falta alarmarse, ya que afortunadamente la atmósfera nos protege de parte de los rayos cósmicos. La dosis de radiación ionizante debida a los rayos cósmicos depende de la latitud (encontramos mayores dosis en los polos que en el ecuador) y la altitud (se dan dosis más altas en las montañas que a nivel del mar). De nuevo, no te preocupes si vives en una montaña muy cerca del polo; los edificios atenúan en parte la radiación cósmica, y la dosis media es 0,39 mSv al año, lo

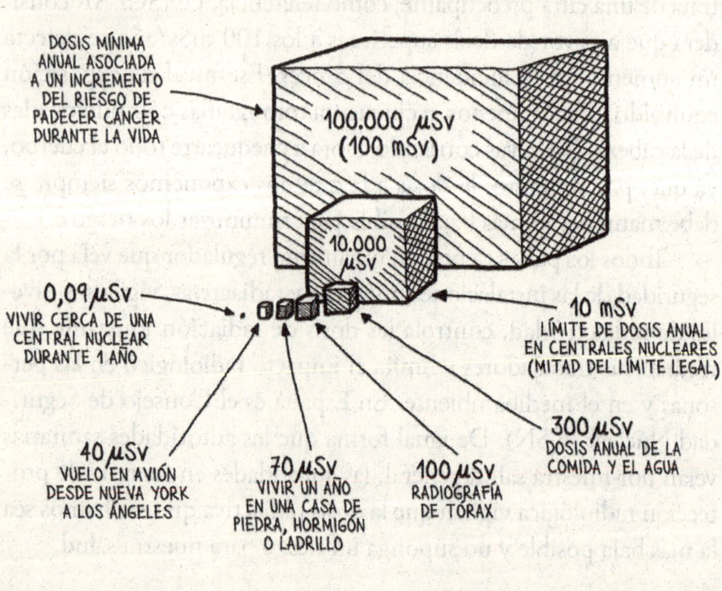

que viene a equivaler a una quinta parte de una radiografía de rayos X de tu columna. Esta cifra no atañe, por ejemplo, a los viajeros habituales de vuelos transoceánicos, ya que reciben una dosis anual más alta que la media, sin ser preocupante, a causa de su mayor exposición a los rayos cósmicos. Y, de hecho, es por eso por lo que los tripulantes de los aviones tienen limitado el número de horas de vuelo al año, precisamente para no alcanzar dosis peligrosas para su salud.

Otra radiación ionizante natural se encuentra en el **gas radón** (Rn-222), que procede de la desintegración del uranio que se encuentra de forma natural en la Tierra. Cuando lo inhalamos, parte de los productos de su decaimiento (como el polonio-218 y 214) se retienen en los pulmones e irradian a las células con partículas alfa, que son núcleos de helio. El radón es una de las principales causas del cáncer de pulmón, especialmente para las personas fumadoras, ya que suman el efecto del tabaco, que contiene polonio-210 también radiactivo.

En España, la dosis media procedente del radón es de 1,15 mSv/año, pudiendo alcanzar valores muy superiores en áreas concretas de hasta 40 mSv/año, lo que equivaldría a un poco más de tres angiografías coronarias. La dosis del radón se recibe en el interior de los edificios, ya que en el exterior se dispersa con facilidad. Las concentraciones dependen de las características geológicas del suelo, del tipo de vivienda, de los materiales de construcción y del grado de ventilación de las viviendas. Pero puedes estar tranquilo, la mejor forma de evitar concentraciones potencialmente peligrosas de radón es ventilar adecuadamente las estancias de las viviendas, especialmente las situadas en las cotas inferiores y sótanos. Es un buen consejo no solo para evitar el radón, sino para renovar el aire, mejorar su calidad y evitar malos olores. Así matamos dos pájaros de un tiro.

También recibimos rayos gamma emitidos por los materiales radiactivos naturales existentes en la Tierra. ¿Como cuáles? Por ejemplo los materiales de construcción también son radiactivos, así que, por fuerza, estamos sometidos a las radiaciones ionizantes tanto si estamos al aire libre como si nos resguardamos en lugares cerrados. Cierto es que la dosis que puedes recibir depende del tipo de rocas que forman el suelo y de los materiales con que están construidos los edificios, pero el impacto no es mayor que una mamografía, por ejemplo, ya que la dosis media en España es de 0,48 mSv/año, pudiendo llegar hasta 0,6 mSv/año en ciertas áreas.

Alimentos y bebidas

No te asustes, pero es importante que sepas que los materiales radiactivos están también de forma natural en nuestro cuerpo y en los alimentos que comemos. El potasio-40 es la fuente más importante de irradiación interna (material radiactivo incorporado, es decir, introducido en nuestro cuerpo), ya que está presente en todos los alimentos y en el agua que bebemos. No puedo ayudarte si esperas que te dé una lista de alimentos causantes de esta radiación para que los elimines de tu dieta, porque lo cierto es que existen muy pocas posibilidades de reducir la exposición originada por la presencia de radiactividad natural en la dieta, que produce una dosis promedio de 0,29 mSv/año, de los cuales ya solo 0,17 se deben al potasio-40. La cantidad de potasio en el cuerpo humano se mantiene estable y una pequeña parte es de potasio-40, el radiactivo. Cuando ingerimos potasio, al cabo de unas horas excretamos su exceso por las vías habituales (no hace falta explicarlas), volviendo de nuevo al equilibrio de potasio, y por tanto al mismo nivel de dosis radiactiva.

El marisco concentra el material radiactivo de tal forma que las personas que consumen grandes cantidades de mejillones, ostras, chirlas y caracoles marinos, además de ser unos afortunados, pueden recibir una dosis de radiactividad natural por alimentación hasta un 50 % más alta que la media. No obstante, si comes poco marisco, no te consueles con el mal ajeno, porque sigue siendo una dosis muy baja.

Radiaciones ionizantes artificiales

Las dosis que reciben las personas a causa de las radiaciones artificiales son, sin considerar los posibles accidentes, mucho más pequeñas que las dosis que tienen su origen en la radiación natural, aunque existen muchas variaciones. Los rayos X y los materiales radiactivos se utilizan para el diagnóstico de enfermedades y son, con diferencia, la mayor fuente de exposición a las radiaciones artificiales a la que están sometidas las personas que no trabajan habitualmente con radiaciones ionizantes. También es posible que sea la fuente de radiactividad que más presente tuvieses a la hora de imaginar las dosis a las que nos podemos exponer diariamente.

La radiactividad liberada en la atmósfera a causa de las pruebas de armas nucleares efectuadas hace décadas se va depositando poco a poco sobre la superficie de la Tierra. La dosis media ha descendido desde la década de los sesenta del siglo XX (0,08-0,14 mSv/año), cuando se realizaron la mayor parte de las pruebas, a los valores actuales alrededor de los 5 μSv/año.

La dosis media para fines diagnósticos, en un país con una sanidad moderna, es del orden de 1 mSv/año (lo mismo que cien radiografías para comprobar que tus manos o tobillos no se han hecho daño en ese partido de baloncesto intenso a la salida del trabajo). Y no a todos nos afectan por igual. La dosis recibida en una cierta exploración puede no ser la misma para todas las personas a causa de múltiples factores. De igual forma, es obvio que la dosis también es diferente para distintas pruebas diagnósticas. La dosis media total por usos médicos para cada miembro de la población de un país del nivel sanitario I se estima por UNSCEAR en 1,28 mSv/año, de los cuales 1,2 mSv/año se deben a técnicas de diagnosis con rayos X y 0,08 mSv/año a medicina nuclear. Seguramente conoces otro uso de radiación artificial: las fuentes de radiación y los materiales radiactivos también se utilizan en el tratamiento del cáncer, para lo que se emplean dosis muy altas con el fin de destruir el tumor.

También debes saber que la industria nuclear y otras industrias, los hospitales y los centros de investigación vierten regularmente al medioambiente materiales ligeramente radiactivos. No te alarmes, estos vertidos se realizan de forma controlada, después de un adecuado tratamiento y respetando los límites legales para evitar daños en el ecosistema y en las personas. Uno de los principales objetivos de los organismos reguladores nucleares y del Organismo Internacional de la Energía Atómica (OIEA) es la reducción sistemática de la dosis recibida en los vertidos.

Pero ahora que hemos hablado de la industria nuclear, debes saber que el valor medio de la dosis potencialmente recibida en el entorno inmediato de las centrales nucleares debido a las descargas de vertidos, según diversos estudios en varios países, se mantiene por debajo de 0,1 μSv/año, que es la misma dosis que nos produce la ingestión de un solo plátano, por contener el citado potasio-40. Esto explica que vivir cerca de una central nuclear no supone un aumento en la incidencia del cáncer mayor que aquella a la que te expones tú cada mañana en tu desayuno, en contra de lo que las organizaciones antinucleares pretenden hacer creer para fomentar el miedo con el objetivo de cerrar las centrales nucleares.

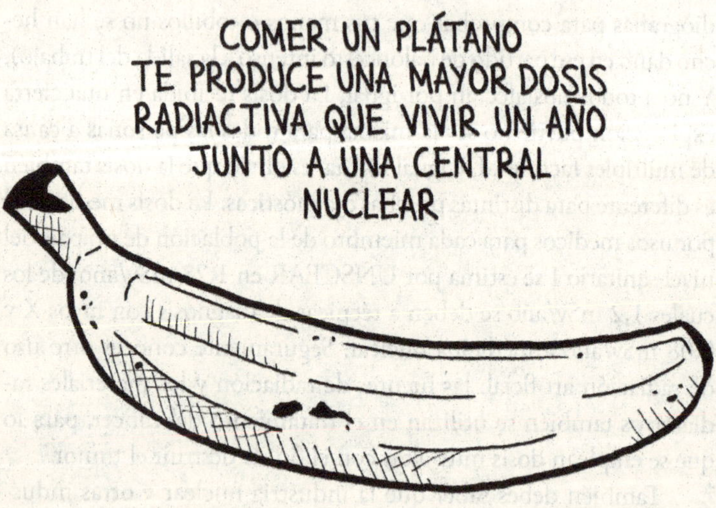

También recibimos dosis radiactiva como consecuencia de algunos productos de consumo como detectores de humo, relojes luminosos y viajes en avión (los rayos cósmicos de los que te hablaba antes). Como te decía al principio, todo es radiactivo. De nuevo, calma; la dosis anual promedio que se debe a la suma de estas causas es de 10 μSv (0,01 mSv), pudiendo alcanzar 1 mSv en algunas personas. Recuerda que no se esperan daños en las personas hasta los 100 mSv/año, así que si vamos sumando todas las causas de exposición verás que no se alcanza la cifra ni de lejos.

Es momento de desmontar el mito, porque lo habrás oído, te lo habrán contado, pero la información nunca nos llega contrastada: es importante señalar que los teléfonos móviles, las antenas de telefonía, las redes WiFi, los hornos de microondas y el resto de los electrodomésticos que tenemos en los hogares no emiten radiación ionizante, por consiguiente no son radiactivos y no suponen un riesgo para nuestra salud. Además, su potencia es muy baja precisamente para no causar daños por calentamiento. Efectivamente, el horno microondas calienta los alimentos y te podría quemar, pero solo en su interior, como lo haría un horno convencional. A lo mejor tienes algún que otro contratiempo con ellos (especialmente si se te va la conexión en medio de un episodio de Netflix), pero ahora ya no puedes culpar a la radiactividad por ello.

Protección radiológica

Las personas como yo, que por nuestro trabajo estamos sometidas de forma habitual a las radiaciones ionizantes, somos clasificadas como **trabajadores profesionalmente expuestos**. El resto de las personas se clasifican como miembros del público. Los límites anuales de dosis son fijados de acuerdo con lo que establecen las directivas de la Unión Europea y la NRC (Nuclear Regulatory Commission) estadounidense. En todos los países estos límites son muy similares. Para los trabajadores profesionalmente expuestos el límite legal es de 100 mSv acumulados en cinco años consecutivos, con un máximo de 50 mSv/año. Recientemente este límite legal se está cambiando a 20 mSv/año. No obstante, las centrales nucleares tienen límites todavía más restrictivos. En el caso de alcanzarlos, se prohíbe el acceso del trabajador a las zonas radiológicas y se le encomiendan otras tareas, velando siempre por su seguridad.

Para los miembros del público el límite legal de dosis es de 1 mSv/año. No hace falta que vayas con calculadora en mano cada vez que comes un plátano o entras al médico: estos límites no incluyen la radiación recibida a causa del fondo radiactivo ni la que sufren cuando se someten, como pacientes, a diagnosis o tratamientos médicos que impliquen el uso de radiaciones ionizantes. Es lo que te explicaba al inicio, todo es cuestión de dosis.

Además, la reglamentación de protección radiológica requiere que se establezcan controles en aquellas actividades laborales en las que las dosis que puedan recibir los trabajadores como consecuencia de la radiación natural sean significativas. Es el caso de ciertas actividades laborales llevadas a cabo en lugares subterráneos o de la exposición a radiación cósmica de las tripulaciones aéreas.

Sí, como has podido ver, todo es radiactivo. Pero lo realmente importante es conocer la dosis a la que nos exponemos y tomar las medidas de protección radiológica necesarias para que esta resulte tan baja como sea posible. Los profesionales que trabajamos con las radiaciones ionizantes, tanto en medicina como en la industria y en energía, somos muy conscientes de los riesgos y tomamos las medidas necesarias para que la dosis que recibimos y que recibe la población sea la más baja posible y no suponga un riesgo para la salud. Y ahora, ve a por ese plátano que tantas ganas te han entrado de comer y seguimos con el siguiente capítulo.

3

Cómo funciona una central nuclear

Quizás pienses que una central nuclear es demasiado compleja para comprender su funcionamiento. Nada más lejos de la realidad. No pretendo que seas capaz de operar un reactor nuclear cuando termines el capítulo, ni siquiera el libro (particularmente porque, si fuese tan fácil, no estaría siendo fiel a la máxima de que la seguridad y los requerimientos para trabajar en una central nuclear son altísimos). Sin embargo, me gustaría que tuvieras una idea general de su funcionamiento, especialmente de los equipos y sistemas más importantes, porque te ayudará a comprender el resto del libro. ¡Vamos a intentarlo!

El tipo de reactor nuclear más extendido en todo el mundo es el de agua a presión (PWR, por sus siglas en inglés), así que será el tipo de reactor que te explicaré y pronto entenderás su nombre. Un PWR tiene tres grandes circuitos hidráulicos (de agua). El circuito **primario** sirve para refrigerar y extraer el calor generado en el reactor, el circuito **secundario** refrigera al primario y al mismo tiempo obtiene vapor que sirve para mover una turbina, y el circuito **terciario** refrigera el secundario con agua de un río, mar o lago.

El circuito primario es radiactivo, puesto que contiene algunos productos de fisión y de activación de los materiales estructurales (esencialmente las tuberías de acero inoxidable y la vasija de acero al carbono), pero es un circuito cerrado que no entra en contacto con el secundario, que contiene agua limpia y también es ce-

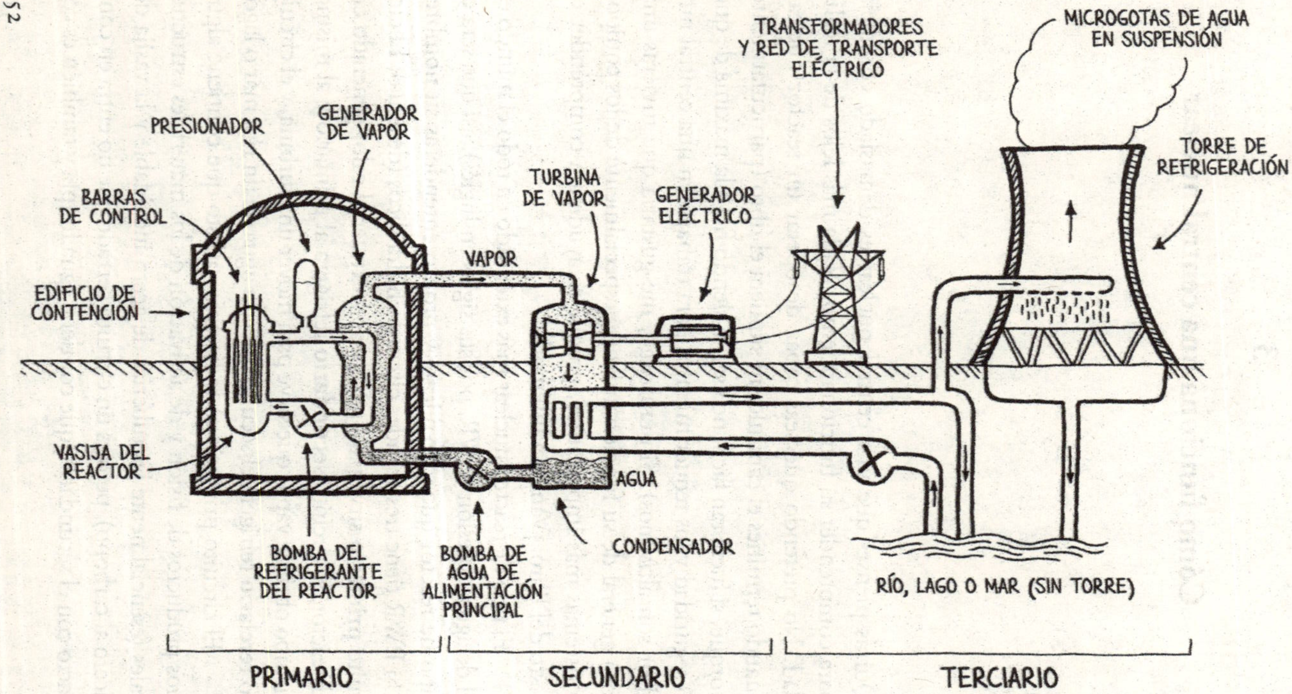
MICROGOTAS DE AGUA EN SUSPENSIÓN
TRANSFORMADORES Y RED DE TRANSPORTE ELÉCTRICO
PRESIONADOR
GENERADOR DE VAPOR
TORRE DE REFRIGERACIÓN
BARRAS DE CONTROL
TURBINA DE VAPOR
GENERADOR ELÉCTRICO
VAPOR
EDIFICIO DE CONTENCIÓN
VASIJA DEL REACTOR
AGUA
BOMBA DEL REFRIGERANTE DEL REACTOR
BOMBA DE AGUA DE ALIMENTACIÓN PRINCIPAL
CONDENSADOR
RÍO, LAGO O MAR (SIN TORRE)
PRIMARIO
SECUNDARIO
TERCIARIO

rrado. Finalmente, el circuito terciario es abierto, es decir, toma agua del exterior y la devuelve sin haber entrado en contacto con agua contaminada, de ahí que no me canse de repetirte eso de que no vayas buscando peces de tres ojos en ríos o lagos cercanos a las centrales nucleares como hizo cierta organización ecologista (una curiosa historia que te contaré en otro capítulo).

¿Te animas a conocer cada circuito un poco más en profundidad?

Circuito primario

El circuito primario está formado por la vasija del reactor y varios lazos cerrados de refrigeración, habitualmente tres, pero que en ocasiones son dos o incluso cuatro (en la ilustración te muestro solo uno para simplificarlo). La vasija es como una enorme olla a presión, de unos doce metros de alto y cuatro de diámetro. Nos saldría caldo para toda una ciudad si lo utilizásemos como olla, pero, no, en su interior se encuentra el combustible nuclear, el uranio, en forma de pastillas cerámicas dentro de unos tubos del grosor de un dedo. En un reactor PWR de Westinghouse (cinco de los siete reactores españoles), 264 varillas forman un elemento combustible, que es una estructura de unos 20x20 centímetros de base y 4 metros de altura. En total, 157 elementos combustibles forman el núcleo del reactor.

Las varillas están separadas unos milímetros para que pase el agua entre ellas y extraiga el calor de la fisión del uranio. El refrigerante, que es agua desmineralizada (sí, como la que puedes comprar embotellada en el súper), entra en la vasija, se hace bajar por las paredes y asciende por el núcleo aumentando su temperatura. ¡Lo fascinante es que es agua líquida a unos 300 ºC! Supongo que te preguntarás ¿cómo es posible, si el agua hierve a 100 ºC? Muy sencillo, porque el agua está a una presión altísima, unas 152 atmósferas (nosotros solemos trabajar en otras unidades, 157 kg/cm^2). ¿Ahora comprendes por qué se le llama reactor de agua a presión?

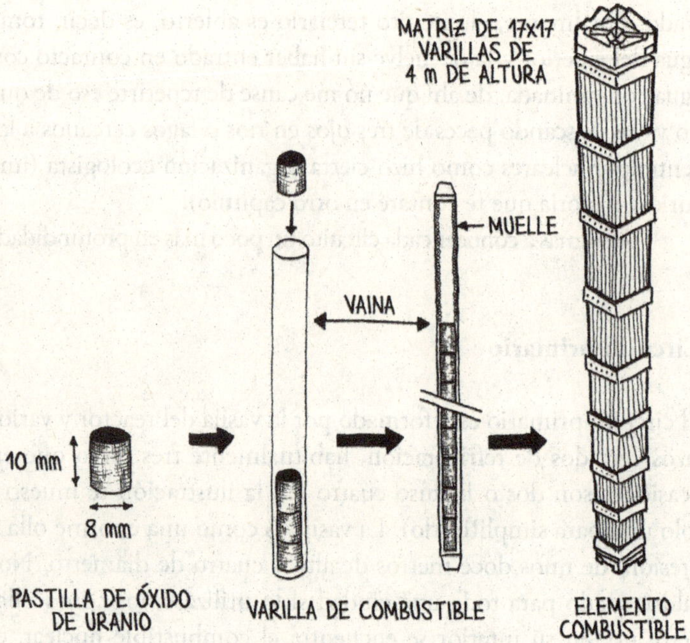

Pero sigamos. Cada uno de los lazos que he citado contiene dos equipos principales: un generador de vapor y una bomba del refrigerante del reactor. El **generador de vapor** no tiene un nombre muy imaginativo, pero sí descriptivo: sirve para producir vapor. A grandes rasgos es un enorme depósito con miles de tubos en su interior por los que circula el agua del circuito primario. Por el exterior de dichos tubos, y dentro del depósito, se introduce agua muy caliente, que al entrar en contacto con los tubos se calienta todavía más y se convierte en vapor (más adelante explicaré qué hacemos con ese vapor). Y, finalmente, la bomba del refrigerante del reactor, en otro alarde de imaginación, hace lo que promete: bombear el refrigerante (el agua) de nuevo al reactor para que complete el ciclo.

Como puedes ver, es un circuito cerrado en el que el agua se calienta en la vasija, va hacia el generador de vapor para enfriarse y vuelve de nuevo a la vasija impulsada por la bomba. Un esquema muy sencillo de entender. Todos estos equipos están dentro del edificio de contención, que es un enorme cilindro de unos 40 metros de diámetro y unos 90 metros de alto, construido con hormigón armado y capaz de resistir agresiones exteriores y accidentes nucleares en su interior, evitando la dispersión de material radiactivo. Si Chernóbil hubiera tenido un edificio de contención como los reactores actuales, seguramente no conocerías su nombre.

Circuito secundario

El generador de vapor, al enfriar el agua del circuito primario, produce vapor de agua que llevamos hacia la turbina. Este equipo, que no es exclusivo de las centrales nucleares, sino de cualquier central térmica, aprovecha la energía del vapor para girar sobre su propio eje a una velocidad altísima, habitualmente 1500 revoluciones por minuto (como las revoluciones de un coche). La turbina está acoplada a un generador eléctrico que gira al unísono con ella. Una enorme dinamo del tamaño de un autobús que produce energía eléctrica, que es el objetivo final de esta enorme instalación.

Nuevamente estoy simplificando el funcionamiento, puesto que no solo existe una turbina, sino varias, conectadas al mismo eje y de diferentes tamaños, para aprovechar las diferentes etapas de desgaste del vapor. Pero volvamos al vapor. Una vez ha movido la turbina, ha perdido gran parte de su energía y cae a un enorme depósito instalado debajo, que tiene otro nombre muy descriptivo: el **condensador**. Como sabrás, condensar es convertir un gas en un líquido, haciéndolo más denso. En este caso convertimos vapor en agua líquida.

¿Se te ocurre cómo condensar el vapor? Has acertado, necesitas enfriarlo, y para ello vuelve a ser necesario que por el condensador pasen unos tubos por los que circule agua más fría. En este caso será agua del circuito terciario, del que ahora hablaremos. Pero antes volvamos al condensador. El vapor se ha convertido en agua, que se hará pasar por una serie de calentadores que aumentarán progresivamente su temperatura y presión hasta terminar inyectándola en los generadores de vapor con unas grandes bombas, para que vuelva a formarse vapor y completar un nuevo ciclo del circuito secundario.

Circuito terciario

El condensador necesita agua más fría para convertir el vapor en agua líquida. La mayoría de las centrales nucleares obtienen ese agua de ríos y mares, aunque también pueden utilizar lagos. Unas bombas aspiran de la fuente, se hace pasar el agua por el interior de los tubos que penetran en el condensador, y sale por el lado opuesto ganando algo de temperatura, antes de devolverse al medio.

No sé si habrás observado alguna vez que las centrales nucleares refrigeradas por mar no tienen torres de refrigeración. La explicación es sencilla: una central nuclear no tiene capacidad para calentar el mar salvo los primeros metros tras la descarga de agua. Sin embargo, las centrales refrigeradas por ríos y lagos necesitan torres de refrigeración, que sirven para refrigerar el agua que proviene del condensador para limitar el calentamiento del medio acuático. El límite habitual es un incremento de 3 ºC de media diaria, entre la entrada del agua en la central y la salida, una vez mezclada. De esta forma se protege el ecosistema. En efecto, las torres de refrigeración son equipos con una función ecológica, y te explicaré su funcionamiento más adelante en otro capítulo dedicado al tema en cuestión.

Otros sistemas y diseños

A grandes rasgos, ya conoces cómo funciona una central nuclear PWR, pero debes saber que existen muchos más sistemas auxiliares que permiten que todo funcione como la seda. También es muy importante saber que existen sistemas de ventilación y refrigeración, sistemas de aire comprimido, generadores diésel de emergencia y otros sistemas auxiliares. Además, como te explicaré luego en otros capítulos, el reactor dispone de múltiples sistemas de seguridad y todos ellos están duplicados —como mínimo— para hacer frente a cualquier clase de accidente.

Los reactores de agua en ebullición (BWR, por sus siglas en inglés) son el segundo tipo de reactor más abundante, después de los PWR. Su funcionamiento es más simple, puesto que el vapor se genera en el mismo reactor y se lleva directamente a la turbina, formando el circuito primario, lo que supone una mejora de rendimiento. En contrapartida, la turbina y sus sistemas auxiliares son zonas radiológicas, ya que el vapor que reciben es radiactivo, lo que implica un mayor control de la dosis para trabajar con seguridad. El circuito secundario, por su parte, equivale al circuito terciario del PWR, es decir, el que toma el agua del río, mar o lago.

Me gusta pensar que una central nuclear es como una enorme catedral de la ciencia (física, matemáticas, química, biología...) y de la tecnología (mecánica, electricidad, electrónica...) que tiene como objetivo producir energía eléctrica de forma segura. En los siguientes capítulos te iré explicando más detalles sobre su funcionamiento, pero creo que ya tienes una buena base para continuar con el libro.

4

Una central nuclear no es una bomba atómica

Uno de los mitos más extendidos sobre las centrales nucleares es que corren el riesgo de explotar como una bomba atómica. Y de hecho, es curioso que algunas personas todavía piensen que en Chernóbil se produjo una explosión nuclear. Pero, si eso fuese posible, teniendo en cuenta que el núcleo del reactor de Chernóbil contenía 190 toneladas de uranio y la bomba de Hiroshima solo 64 kilogramos, ¿cómo es posible que siguiese en pie prácticamente toda la central?

Si eres un lector escéptico o contrario al uso de la energía nuclear (gracias y enhorabuena por leer este libro), es posible que estés pensando: «Ahora me dirá que las centrales tienen muchas medidas de seguridad para que no exploten». Pues no, en una central nuclear no existe ningún sistema de seguridad para evitar una explosión nuclear. ¿Quieres saber por qué? Porque no hace falta. Te lo cuento.

Reacción en cadena

Como te expliqué en el capítulo sobre cómo funciona la fisión nuclear, el concepto de **reacción en cadena** es esencial para entender la energía nuclear. Para que no tengas que ir hacia atrás unas páginas, repasemos brevemente: los neutrones impactan contra núcleos de uranio produciendo fisiones. Algunos de los neutrones generados por las fisiones vuelven a producir nuevas fisiones (otros se fugan del núcleo o son absorbidos), generando un proceso automantenido, parecido a las fichas de dominó cuando unas tumban a otras. Como te podrás imaginar, en las centrales nucleares nos interesa que la reacción en cadena esté controlada, mientras que en una bomba atómica el objetivo es justo el contrario, provocar una reacción en cadena incontrolada. Seguro que estás pensando que una reacción en cadena es incontrolable, o al menos es la idea que se te viene a la cabeza cuando, por ejemplo, las fichas de dominó empiezan a caer y no sabes cómo se podría parar. ¿Cómo conseguimos controlar una reacción y qué ocurre para que la otra sea descontrolada?

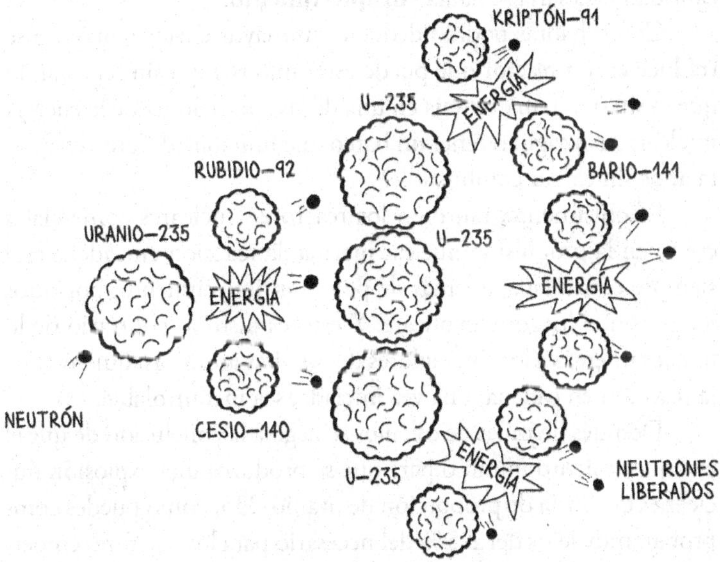

Es una cuestión de proporciones

En la naturaleza encontramos esencialmente dos isótopos del uranio. La mayor parte es uranio-238, que representa el 99,27 % del total, y casi todo el resto es uranio-235, que está en una proporción del 0,72%. Lamentablemente, el isótopo que es fisionable (que se divide por el impacto de neutrones) es el que está en menos proporción en la naturaleza, el U-235.

La mayoría de los reactores nucleares comerciales (excepto los CANDU canadienses) necesitan una proporción mayor de U-235, concretamente entre el 2% y el 5%, para poder generar fisiones durante un tiempo razonable, habitualmente entre 12 y 24 meses. Con una proporción menor, los reactores funcionarían correctamente, pero tendrían que parar para recargar el combustible cada pocos meses (como tú tienes que poner a cargar el teléfono móvil a diario). El aumento de esa proporción del U-235 hasta llegar a la cantidad necesaria se llama **enriquecimiento**.

Como habrás podido deducir, un mayor enriquecimiento se traduce en un reactor que puede estar más tiempo sin repostar, lo que es sin duda una ventaja en una de las aplicaciones de la energía nuclear: ¿te imaginas tener un barco que funcione durante cuarenta años sin cargar combustible?

Efectivamente, tanto en los reactores nucleares comerciales como en la propulsión nuclear marina, la reacción en cadena está siempre controlada, además de por el enriquecimiento, por otros factores que luego te explicaré. Y esto es justo lo contrario de lo que les interesa a los diseñadores de bombas atómicas: quieren que la reacción en cadena, una vez iniciada, sea incontrolable.

Después de miles de cálculos se llegó a la conclusión de que el enriquecimiento mínimo para que se produzca una explosión nuclear es del 90% de proporción de uranio-235; como puedes comprobar, muy lejos del 2-5% del necesario para los reactores comerciales. En un reactor más del 95% del combustible es U-238, que no produce fisiones, sino que captura neutrones sin romperse. Eso significa que muchos neutrones no encuentran sus dianas preferidas, que son los núcleos de U-235. En una bomba atómica, los neutrones están rodeados de núcleos de U-235 (90%), así que están rodeados de dianas; es como tener comprados el 90% de los números de la lotería, sabes que la probabilidad de que te toque es enorme.

La famosa masa crítica

Seguro que has oído en más de una ocasión la expresión **masa crítica** («¡Conseguiremos masa crítica y ganaremos las elecciones!»), y curiosamente se trata de una expresión de física nuclear que ha pasado al lenguaje común. Sin embargo, pocas personas conocen lo que realmente significa. Por definición, la masa crítica es la cantidad de material fisible que nos permite una reacción en cadena automantenida (que se mantenga por sí misma), tanto en un reactor nuclear como en una bomba. La masa crítica, lógicamente, depende del enriquecimiento: a mayor enriquecimiento, menor masa crítica necesitamos. Pero también depende de la geometría, de la forma en la que está diseñado el combustible.

Un reactor nuclear tiene, como hemos visto, un bajo enriquecimiento, pero está diseñado especialmente para que el refrigerante (habitualmente agua) circule por diferentes canales alrededor del combustible, precisamente para refrigerarlo y extraer su calor para producir electricidad. Así que un reactor nuclear tiene masa crítica para producir calor que se convertirá en electricidad, pero no tiene la masa crítica para explotar.

En cambio, en una bomba atómica de fisión se buscan geometrías adecuadas para su cometido, siendo la más eficiente la esférica. Si además incluimos alrededor de la esfera un material reflector de neutrones, de manera que reboten y vuelvan a entrar dentro, la masa crítica puede ser menor. Es como si te abrigas con una buena manta: podrás retener mejor tu calor. Como referencia, la masa crítica para una esfera desnuda es de 52 kg de uranio-235 y de solo 10 kg para el plutonio-239. Tanto en la bomba atómica de uranio como en la de plutonio, el fundamento básico

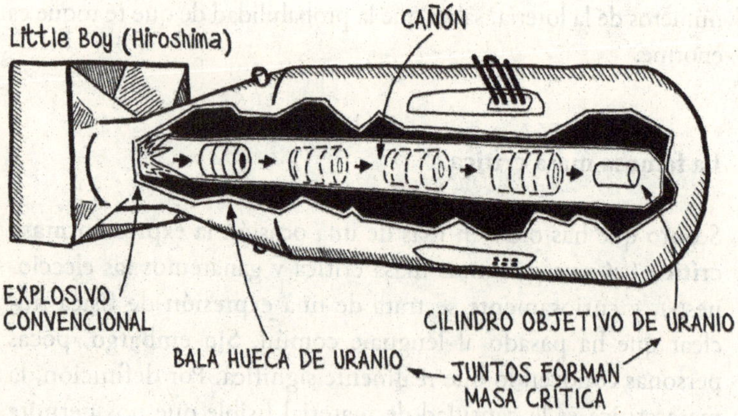

es tener la masa crítica separada en fragmentos y unirlos mediante un explosivo convencional (químico), consiguiendo de esta forma la masa crítica que inicie la reacción en cadena descontrolada.

Así pues, como habrás podido descubrir, la geometría de un reactor nuclear tampoco es adecuada para tener la masa crítica para producir una explosión nuclear. Si un sólido argumento físico no te bastaba para estar tranquilo, ya tienes dos. ¿Entiendes ahora por qué no necesitamos sistemas de seguridad para evitar una explosión nuclear?

Control de la reacción en cadena

Tenemos el **reactor crítico** (no confundir con masa crítica) cuando en él se produce una reacción en cadena automantenida. Es como un coche justo cuando lo has arrancado y todavía no has metido la primera marcha: está en funcionamiento, pero no se mueve. En las fisiones se generan neutrones y una parte de ellos se fuga o absorbe y otra parte genera nuevas fisiones. De esta forma, la cantidad de neutrones del núcleo es estable. Si queremos aumentar la potencia, basta con aumentar el número de neutrones y, si queremos bajarla, haremos lo contrario, reducir el número de neutrones. Si te imaginas el interior de un reactor como los créditos iniciales de *The Big Bang Theory*, en tu cabeza los neutrones son pequeñas figuras volando, y seguramente te preguntarás ¿cómo se controla la cantidad de neutrones en un reactor? Muy sencillo, utilizando medios para absorber neutrones y controlando su acción.

En un reactor nuclear de agua a presión (PWR) tenemos dos mecanismos para controlar la reacción en cadena: las famosas barras de control y el ácido bórico disuelto en el agua refrigerante. Las barras de control están fabricadas de una aleación de materiales con una gran capacidad de absorción de neutrones, como son la plata, el indio y el cadmio (los recordarás de cuando tuviste que estudiar la tabla periódica en el colegio). Por su lado, los reactores de agua en ebullición (BWR) solo tienen las barras de control, aunque en su caso con una mayor capacidad de absorción de neutrones.

Pero sigamos con los reactores más comunes, los PWR. Si queremos aumentar la potencia del reactor, tenemos dos opciones. La primera es extraer poco a poco las barras de control, de forma que absorban menos neutrones y el aumento de estos cause más fisiones y, en consecuencia, más potencia nuclear. Fácil. La segunda opción es similar: el ácido bórico es un buen absorbente de neutrones, así que, disminuyendo su concentración en el agua, aumenta la potencia. ¿Cómo disminuimos la concentración de ácido bórico? Muy sencillo, aportamos agua limpia y extraemos la misma cantidad del agua existente.

En el caso de querer disminuir la potencia de un reactor, tenemos que realizar el proceso inverso: insertar las barras de control o aumentar la concentración de ácido bórico, inyectando agua borada con más concentración y extrayendo la misma cantidad del refrigerante. Es como una receta de cocina que vas midiendo y a la que vas añadiendo o quitando ingredientes en función de cómo quieres el resultado final. ¿Sosa? Más sal. ¿Demasiado salada? Más agua.

El inicio de todo

¿Cómo se inicia la primera fisión de un reactor nuclear? Se trata de una pregunta que recibo de manera habitual. En el primer arranque de un reactor no tenemos neutrones libres porque todo el combustible es nuevo, así que necesitamos un emisor, que suele ser californio-252, y que se inserta en algunos elementos combustibles. Al disminuir la concentración de boro o al extraer las barras de control, los neutrones del californio-252 comienzan a generar fisiones en el uranio-235. En los arranques posteriores, como parte del combustible es usado, el uranio-235 tiene fisiones residuales (siguen ocurriendo un tiempo después de haber parado el reactor), que generan neutrones y sirven para reiniciar la reacción en cadena sin necesidad de utilizar una fuente como el californio-252. Este interesante elemento es, además, el material más caro del mundo, muy por encima del oro o el diamante, concretamente está valorado en unos 27 millones de dólares por gramo.

Efectivamente, en el caso de una central nuclear se puede decir eso de «tranquilo, está todo controlado», y en una bomba atómica precisamente se trata de tenerlo todo descontrolado. Como en muchas cosas, no se trata del peligro del asunto en sí, sino de qué se hace con él (y en manos de quién). La energía nuclear es una herramienta más que, o bien podemos utilizar para el progreso y bienestar de la humanidad, o bien para su destrucción. En nuestra mano está decidir cómo utilizarla. Ya lo decía Ben Parker, el tío de Spiderman: un gran poder conlleva una gran responsabilidad.

5

Los operadores no somos como Homer Simpson

He perdido la cuenta de las veces que me han hecho referencia a Homer Simpson, tanto en persona como en las redes sociales. Muchas personas tienen una imagen totalmente distorsionada de los profesionales nucleares, en gran parte debida a la famosa serie de televisión *Los Simpson*. Vale, es muy gracioso y a todos nos pueden gustar las rosquillas como a él, pero ese personaje amarillo, gordinflón, irresponsable y poco dispuesto a trabajar ha contribuido a formar, en el imaginario colectivo, parte del estigma que sufrimos las personas que trabajamos en las centrales nucleares.

Sin embargo, no todo el mundo nos ve como versiones de Homer en carne y hueso, y a menudo recibo peticiones de estudiantes que quieren ser operadores de reactor y trabajar en una central nuclear. Tras mi charla en Naukas Bilbao 2019, donde di a conocer mi identidad, un amigo divulgador me pidió que posara para una fotografía junto a su hija de 13 años. Días más tarde publicó en Twitter: «Tras conocerte, mi hija me dice ahora que quiere ser operadora nuclear. ¿Qué te he hecho yo?». Así que quizás sea una buena idea explicar qué necesitas hacer para ocupar ese apasionante puesto (que seguramente no se parece a cómo consiguió Homer entrar en la central nuclear de Springfield).

El Consejo de Seguridad Nuclear (CSN) es el único organismo acreditado por la ley para otorgar las licencias de operación de las centrales nucleares españolas, y otros organismos homólogos hacen lo propio en el resto de los países. La licencia es totalmente personal e intransferible, y específica para cada central nuclear (casi como el abono del transporte público de tu ciudad). La misma licencia es válida para los dos reactores de las centrales nucleares gemelas (como Ascó, la central nuclear donde trabajo, o Almaraz). Eso significa que si quieres trabajar en otra central nuclear, aparte de ser seleccionado, necesitas realizar la formación y los exámenes que te voy a explicar a continuación.

¿Te interesaría ser operador nuclear?

Has de saber entonces que existen dos tipos de licencia para operar una central nuclear. La licencia de **Supervisor** capacita para dirigir la operación de la central siguiendo los procedimientos y dentro de unos límites de seguridad perfectamente definidos. Dependiendo de la estructura de cada central, una persona con licencia de Supervisor puede ocupar el puesto de jefe de sala de control, ayudante de jefe de turno y jefe de turno. Si has visto la serie *Chernóbil* de HBO, Anatoli Diátlov (el hombre con bigote que siempre estaba enfadado) era el supervisor que dirigió de forma desastrosa y tirana la operación de la malograda central durante el accidente. Te prometo que casi todos los supervisores somos mucho más amables y todos escuchamos con atención las observaciones de nuestros operadores.

La segunda licencia es la de **Operador**, que capacita, bajo la dirección de un supervisor, para la operación desde la sala de control de todos los equipos y sistemas de una central nuclear de acuerdo con los procedimientos. Puedes ocupar el puesto de operador de reactor (parte nuclear y sistemas de seguridad) o de turbina (turbinas y parte eléctrica). Siguiendo con la serie *Chernóbil*, el operador del reactor era el joven e inexperto Leonid Toptunov, que llevó el reactor hacia el accidente dirigido por Diátlov. Afortunadamente, los operadores actuales tenemos una formación mucho más extensa y la potestad de negarnos a obedecer órdenes contrarias a la seguridad.

Los operadores disponen de una serie de auxiliares que se reparten por los edificios y áreas para vigilar el estado de la planta y para realizar acciones manuales, como manipular válvulas, arrancar bombas pequeñas y localizar fallos de equipos. Desde el inicio de la formación me dijeron que los auxiliares son nuestras manos y nuestros ojos en la planta. Me gustó la metáfora, pero he añadido un nuevo elemento: los auxiliares también son parte de nuestro cerebro, porque es necesario que piensen bien lo que están viendo y tocando para ayudarnos a tomar las decisiones correctas.

La licencia de Supervisor también capacita para supervisar la extracción e inserción de combustible en el núcleo del reactor y el movimiento de combustible dentro de la piscina de almacenamiento. La licencia de Operador puede capacitar también, previo examen, para supervisar dichas maniobras. Pero quizás el rasgo más especial de las licencias es su relación con la seguridad: el supervisor está obligado a parar la central nuclear si considera que se

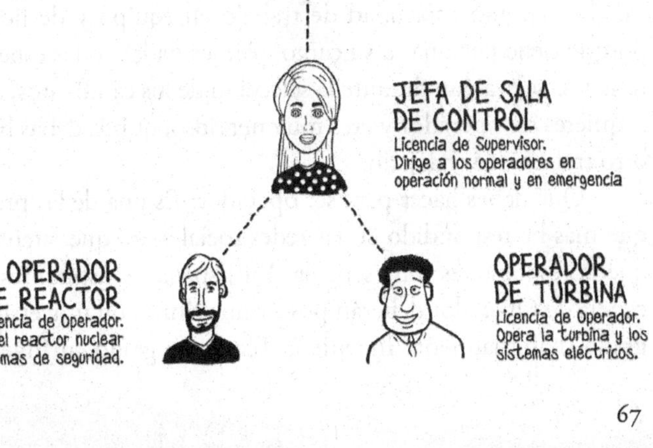

han reducido las debidas condiciones de seguridad. El operador tiene la misma facultad y obligación en el caso excepcional de no poder contactar con el supervisor. Estas obligaciones legales están por encima de cualquier consideración económica o de producción de electricidad, haciendo válida la expresión que tanto nos repiten de que «la seguridad es lo primero».

El personal con licencia también debe conocer y autorizar los trabajos de mantenimiento y pruebas que se realizan en la central nuclear relacionados con la producción y la seguridad. Lógicamente, no les avisarán para pintar un bordillo, pero sí para probar una válvula o una unidad de refrigeración.

Cómo optar a ser operador

Los operadores no somos superhombres con poderes especiales, pero, como te podrás imaginar, la persona que opta al puesto de operador de una central nuclear debe tener una serie de cualidades que se presuponen para el puesto, a no ser que quiera, como venimos diciendo, trabajar en la central nuclear de Springfield de *Los Simpson*. Es esencial que un operador tenga unas buenas condiciones físicas y psicológicas, una gran capacidad de autocontrol y una buena resistencia a la presión (rasgos imprescindibles para afrontar adecuadamente un accidente nuclear), mucha meticulosidad, una gran capacidad de trabajo en equipo y de liderazgo, porque tiene personas a su cargo. ¡Ahí es nada! Todas estas características se evalúan durante la selección de los candidatos, así que, si quieres ser operador y eres muy nervioso, quizás debas buscarte otro trabajo más relajado.

¿Qué debes hacer para ser operador? Es una de las preguntas que más he respondido en las redes sociales, así que, atento, porque la respuesta es muy sencilla. En España los aspirantes a la licencia de Operador deberán poseer una titulación universitaria de grado (habitualmente Ingeniería Técnica o grado en Ingeniería),

¿QUÉ CONOCIMIENTOS NECESITA UN OPERADOR?

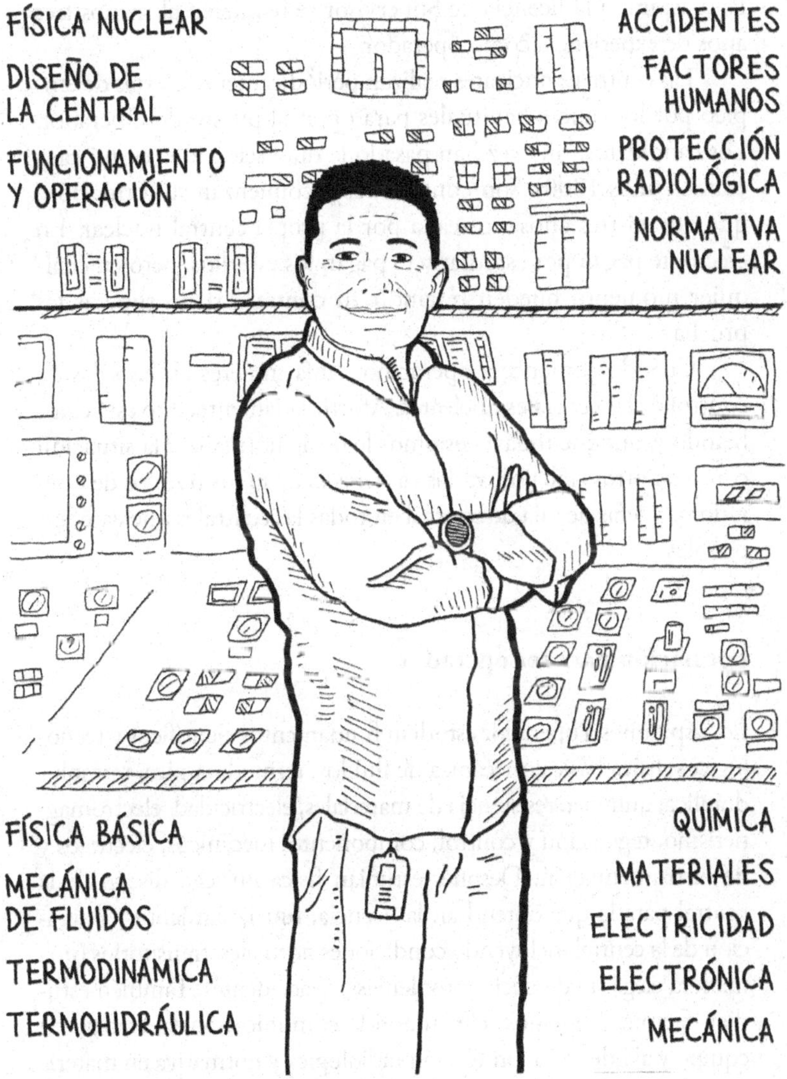

pero no existe ninguna preferencia en cuanto a la especialidad (de ingeniería, no de grado; no creo que con Derecho o Bellas Artes resultara fácil de entrada). Cuando veamos qué materias debe estudiar un futuro operador, comprenderás perfectamente el motivo. Para aspirar a la licencia de Supervisor se requieren al menos tres años de experiencia como operador.

Las centrales nucleares realizan periódicamente ofertas de empleo por los cauces habituales para optar al puesto de Operador. Los candidatos, una vez han pasado la dura selección (en mi caso éramos unos 1000), son contratados y comienzan su formación, que durará tres años, costeada por la propia central nuclear. En efecto, te pagan por estudiar y te pagan los estudios, pero en cualquier momento pueden rescindir tu contrato si no superas las pruebas.

Cuando comencé a operar no había mujeres en las salas de control de las centrales nucleares. Afortunadamente, esto está cambiando y, aunque todavía estamos lejos de normalizar la situación como en otros trabajos, varias mujeres ocupan los puestos de operadoras y jefas de sala de control en todas las centrales nucleares españolas.

Formación para ser operador

Los aspirantes a operador estudian fundamentos científicos y tecnológicos: física básica, mecánica de fluidos, termodinámica, termohidráulica, química, resistencia de materiales, electricidad, electromagnetismo, regulación y control, componentes mecánicos, eléctricos y de instrumentación. Después estudian física nuclear, diseño de la central para la que obtendrán la licencia, funcionamiento y operación de la central incluyendo condiciones normales, transitorios (una manera elegante de decir «problemas») y accidentes. También estudian factores humanos referentes a la comunicación, al trabajo en equipo y al liderazgo, protección radiológica y normativa en materia nuclear. Visto de este modo, y habiéndolo listado todo, pienso que quizás sería más rápido decir qué no estudian.

Teniendo en cuenta lo explicado, quizás ahora comprendas por qué no importa qué especialidad de ingeniería tenga el candidato, puesto que se tocan muchos temas tecnológicos. En definitiva, un operador es una persona que conoce múltiples aspectos de la ciencia y la tecnología, pero que está especializado en el manejo de una central nuclear en cualquier circunstancia imaginable.

Formación para ser supervisor

Además de la formación necesaria para ser operador, los candidatos a la licencia de Supervisor tienen una serie de temas específicos, como las **Especificaciones Técnicas de Funcionamiento** (un libro grueso donde se explica qué límites tiene el funcionamiento de la central nuclear, los requisitos para probarlos y las acciones para llevar a cabo en caso de incumplirlos), bases de diseño de la central (con qué objetivo se planificó todo), análisis de accidentes (cómo ocurren y cómo evolucionan), análisis probabilista de seguridad (cálculos para determinar el riesgo), accidentes severos (fusión del núcleo y emisiones), plan de emergencia interior y exterior, tratamiento de residuos radiactivos, normativa adicional y movimiento de combustible. Llegados a este punto, la pregunta que se haría Javier Santaolalla sería: «¿No les estalla la cabeza?».

Llega el examen de licencia

Durante la formación para las licencias, los aspirantes realizan exámenes periódicos (suelen ser semanales) en los que se evalúa el seguimiento de los cursos y la idoneidad del candidato para el puesto. La nota del aprobado es de 8 sobre 10, como en el examen de licencia. Es una nota muy exigente, pero la responsabilidad a su cargo lo requiere. Sería una irresponsabilidad que un operador, ante el inicio de un accidente, dijera: «La verdad es que no tengo muy claro qué hacer, porque ese tema lo pasé con un 5 justo». Para meter más presión a los candidatos, en caso de suspender varias pruebas periódicas, los profesores pueden decidir expulsar al alumno de la formación, del trabajo y, por tanto, de la posibilidad de ser operador.

Finalmente, si el candidato ha sobrevivido a las pruebas, llega al temido examen de licencia, que consta de tres partes: una prueba escrita, un examen de simulador y un examen oral en la central. La prueba escrita no es tan dura como te puedes llegar a imaginar..., es mucho peor. Suele durar tres días escribiendo sin parar durante toda una mañana. Te aseguro que es agotador, lo sé por propia experiencia; yo escribo con la mano izquierda y, como sabrás, los zurdos giramos la muñeca hacia dentro para ver lo que escribimos. Nadie es perfecto. Supongo que por el largo tiempo escribiendo, el primer día de examen terminé con un agarrotamiento muy doloroso en el antebrazo. Me pasé toda la tarde aplicándome una pomada y masajeando mi maltrecho brazo con la perspectiva de no poder escribir durante los dos días posteriores y tener que hacer pruebas orales. Afortunadamente, pude terminar los exámenes sin más molestias (si no, es posible que no estuviese contándote todo esto).

¿Sabías que la sala de control de la Estrella de la Muerte, de *La guerra de las galaxias*, se inspiró originariamente en la sala de control de la central térmica de Scattergood, en California? Pues en un sitio así es donde tiene lugar el examen de simulador, otro giro de tuerca más sobre los sufridos candidatos. Las centrales nucleares disponen de un **simulador de alcance total**, llamado de esa forma tan cinéfila porque es una réplica exacta de la sala de control, incluyendo teléfonos, ordenadores y sillas. Todo es exactamente igual. La diferencia, por suerte, es que detrás del simulador no existe una central nuclear, sino un potente ordenador que simula casi cualquier situación imaginable por la «retorcida» mente de los instructores. Los candidatos realizan una sesión de unas cuatro horas en las que puede ocurrir cualquier cosa. En esta prueba los examinadores buscan comprobar el comportamiento de los futuros operadores y supervisores ante situaciones críticas, tanto su actuación humana como profesional. Probablemente un accidente nuclear supondría un mayor nivel de tensión sobre los operadores, pero te aseguro que jugarte tu futuro en una prueba de cuatro horas con múltiples dificultades tampoco es precisamente relajante.

Durante los entrenamientos en el simulador llevamos micrófonos pequeños como los que se utilizan en televisión para que los instructores puedan escuchar lo que decimos desde su cabina de control. Estamos tan concentrados en la simulación que en más de una ocasión un operador ha acudido al aseo a hacer sus necesidades sin quitarse el micrófono y los instructores han escuchado toda la escena rompiendo a carcajadas.

Una vez pasado el examen escrito y el de simulador, los candidatos se enfrentan a la tercera prueba, el examen oral en la central. Un gabinete formado por tres o cuatro examinadores acribillan al candidato a preguntas, casos supuestos y peticiones de análisis. Cuando ha finalizado la tortura, se procede a dar un paseo poco placentero por la planta, donde los examinadores terminan de mortificar al agotado candidato con toda clase de preguntas. Como te he dicho, si el candidato ha sido capaz de superar los tres exámenes con una calificación superior a 8 sobre 10 (casi nada), puede estar satisfecho de haber obtenido su licencia y deseará celebrarlo por todo lo alto (igual que tendrá las mismas ganas de no volver a estudiar en una larga temporada, sin duda).

Entrenamiento constante

¿Creías que ya estaba y todo era coser y cantar? El personal con licencia de Operador y Supervisor realiza al menos cuatro semanas al año de formación para actualizar toda esta información.

Cada día de esta formación consta de dos partes. La primera es una sesión lectiva en la que se actualizan los conocimientos, se analiza la experiencia operativa propia y ajena, se explican las modificaciones de diseño para implementar y se repasan los procedimientos de la central. Tras cada sesión lectiva se realiza el examen preceptivo.

La segunda parte es una sesión en el simulador en la que se figuran maniobras, situaciones anormales y accidentes nucleares, generalmente mezclados para que sea más realista. Posteriormente se realiza una sesión crítica en la que todos los miembros del equipo analizan sus errores y aciertos, los primeros para evitar que vuelvan a ocurrir y los segundos para seguir llevándolos a cabo. La evaluación de las sesiones de simulador tiene el mismo rigor en la nota, un 8 sobre 10. Por tanto, los operadores y supervisores nos evaluamos cuatro veces al año con riesgo de perder la licencia si tras repetir la prueba se vuelve a suspender. No nos quejamos de este rigor en nuestra formación, ya que entendemos la razón, aunque, para ser honestos, solemos decir que nos gustaría ver este tipo de controles en otras profesiones con riesgos sobre la salud de las personas.

Como sin duda habrás podido comprobar, la formación real de Operador y Supervisor nada tiene que ver con la de Homer Simpson y es extraordinariamente exigente y dura. No podría ser de otra forma, dada la dificultad y riesgos asociados al manejo de una central nuclear. Eso sí, te aseguro que es apasionante. ¿Te animas?

6

Fábricas de nubes

¿Recuerdas la imagen de una enorme y ancha chimenea echando gran cantidad de humo? Seguramente es la primera cosa que se te viene a la mente cuando piensas en una central nuclear (y, de nuevo, es posible que los créditos iniciales de *Los Simpson* tengan algo que ver con ello). Esas chimeneas son **las torres de refrigeración**, y me temo que se han convertido en uno de los símbolos erróneos más injustamente temidos por muchas personas. Erróneos porque las torres de refrigeración no son equipos nucleares y por ello no son exclusivos de las centrales nucleares, e injustamente temidos porque no son chimeneas ni emiten gases tóxicos, sino vapor de agua. Pero voy a explicártelo con detalle, para que cualquier temor que tengas quede disipado.

¿Y para qué sirven las torres de refrigeración?

Resumiendo un poco, una central nuclear esencialmente es una máquina que transforma la energía nuclear generada por la fisión del uranio en electricidad (como la que llega a nuestras casas). Dicho así suena muy sencillo, pero existen muchos procesos intermedios necesarios para que la transformación se realice de forma lo más eficiente posible y, por supuesto, lo más segura posible. Aunque te he explicado recientemente cómo funciona una central nuclear, vamos a recordarlo de manera breve porque a lo mejor leíste ese capítulo medio dormido tras un día largo y no querría que tuvieras que ir a buscarlo en páginas pasadas. El calor generado por la fisión del uranio calienta agua, que a su vez calienta otro circuito con agua en el que se forma vapor. Ese vapor impulsa una turbina que gira solidariamente con un generador eléctrico, que produce la electricidad que suministra la central a la red eléctrica.

Una central nuclear se basa en muchas leyes físicas y químicas, entre ellas las de la termodinámica. Como decía Homer Simpson, «en esta casa obedecemos las leyes de la termodinámica». El vapor que mueve la turbina debe enfriarse para volver a convertirse en agua, luego calentarse y finalmente convertirse en vapor para realizar un nuevo ciclo. En este caso, vamos a centrarnos en el proceso de enfriamiento que da lugar a un cambio de fase de gas a líquido, que llamamos **condensación** (y que reconoces porque, por ejemplo, es lo más parecido a lo que pasa cuando el vapor se condensa en la cocina después de cocinar pasta si no enciendes el extractor). En este caso, para que se produzca este fenómeno es necesario que el vapor sea refrigerado. Esto se consigue gracias a un circuito con miles de tubos por los que pasa agua más fría. El vapor condensado está por fuera de los tubos y el agua de refrigeración por dentro, y no entran en contacto. Ese circuito toma agua desde un lugar con abundante agua, que puede ser un río, un lago o el mar.

Como te contaba unos capítulos atrás, una central nuclear no tiene capacidad para calentar el mar más allá de los primeros metros donde se descarga el agua de refrigeración, pero en un río o lago es diferente. Un calentamiento excesivo del agua puede alterar el ecosistema y por eso las confederaciones hidrográficas limitan el calentamiento a 3 ºC. Debido a que el agua se calienta más en una central nuclear (en torno a 10 ºC), es necesario enfriar el agua antes de devolverla al medio de donde se ha tomado. Lo has adivinado, precisamente esa es la función de nuestras protagonistas, las **torres de refrigeración**. Así pues, las torres son equipos con una función ecológica, que es limitar el calentamiento del medio para proteger el ecosistema. No me negarás que es paradójico que uno de los símbolos más odiados por los ecologistas corresponda a un equipo diseñado para proteger justamente el medioambiente.

Cómo funcionan estas enormes torres

Una torre de refrigeración es lo que llamamos un **intercambiador de calor**. Por un lado, tenemos el agua caliente que proviene de refrigerar la instalación (en este caso una central nuclear, pero podría ser otro tipo de central), y por otro tenemos aire más frío. Las torres de refrigeración tienen un tamaño enorme (en torno a 150

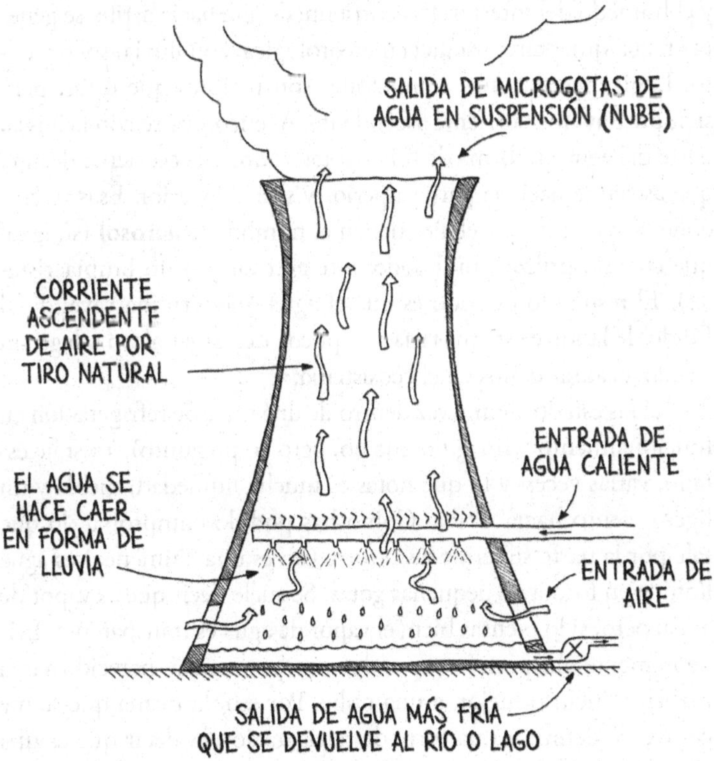

metros de altura, o lo que equivaldría a un edificio de 50 pisos, cosa no muy común en nuestras ciudades, aunque para que te hagas una idea, es casi casi lo que mide la Sagrada Familia de Barcelona). Su forma muy particular, como un cilindro que se estrecha por el centro, tiene uno de esos nombres matemáticos que mola repetir una vez lo has aprendido, aunque no sepas nada de geometría: es una hiperboloide de revolución.

El agua caliente entra a unos 10 metros de altura y se reparte uniformemente por toda la superficie interior de la torre, haciéndose caer en forma de lluvia. La torre, que está sustentada por unas columnas en su parte inferior, de manera natural y debido a su forma, produce una corriente ascendente de aire. El flujo de aire asciende por la diferencia de densidades entre el aire exterior más frío y el húmedo del interior. Esa corriente de aire hacia arriba se genera en cualquier circunstancia meteorológica, con lluvia, sol o viento. Lógicamente, unas condiciones son mejores que otras, pero siempre hay una corriente ascendente. Al encontrarse con la lluvia, parte del agua en forma de microgotas se une a la corriente de aire, que asciende hacia la parte superior y sale al exterior. Esas microgotas suspendidas en el aire tienen el nombre de **aerosol** (sí, igual que cuando utilizas un desodorante en espray o un limpiacristales). El resultado de todo es que el agua que termina cayendo al fondo de la torre está más fría y se puede descargar al río o lago sin miedo a causar daños en el ecosistema.

¿Has estado alguna vez dentro de una torre de refrigeración en funcionamiento? (Imagino que no, pero yo pregunto). Yo sí he estado, varias veces, y lo que notas es mucha humedad, niebla y un ligero viento hacia arriba. Como has podido comprobar, lo que sale por la parte superior de la torre (no es una chimenea) es agua líquida en forma de pequeñas gotas. Se suele decir que es vapor de agua, pero, si lo piensas bien, el vapor de agua es transparente. Evidentemente una parte es vapor de agua, pero es más parecido a una niebla, o incluso mejor, a una nube. Por eso, la forma que se me ocurre de definir a una torre de refrigeración es decir que es una fábrica de nubes (y desde luego suena más bonito que la imagen inicial que tenías, ¿no?).

Una torre de refrigeración no equivale a una central nuclear

Desconozco el origen del mito, pero la mayoría de las personas relaciona siempre las torres de refrigeración con las centrales nucleares, cuando no son exclusivas de ellas. En efecto, las torres de refrigeración se utilizan en otro tipo de centrales (de carbón, de gas o incluso geotérmicas), industrias e instalaciones. Pero, además, no todas las centrales nucleares tienen torres de refrigeración, puesto que las centrales refrigeradas por mar, como te he explicado al principio, no tienen riesgo de calentar el medio y no necesitan estos equipos. Así que unas centrales nucleares no tienen torres de refrigeración, otras tienen solo una, otras tienen varias, otras tienen solo torres de tiro natural (que son en las que la corriente ascendente se produce de forma natural), otras solo de tiro forzado (en las que la corriente se consigue con ventiladores) y finalmente otras tienen una combinación de ambos tipos de torres. Como ves, tenemos para todos los gustos.

El vapor de agua es un gas de efecto invernadero

En ocasiones recibo preguntas por Twitter sobre el efecto en el calentamiento global que produce el vapor de agua emitido por las torres de refrigeración, puesto que es bien sabido que el vapor también es un gas de efecto invernadero, como el dióxido de carbono o el metano. En efecto, el vapor de agua es un gran contribuyente al efecto invernadero. Sin embargo, la cantidad de vapor de agua presente en la atmósfera terrestre se controla con la temperatura del aire y no tanto con las emisiones. Por otro lado, el vapor de agua es un gas condensable (al enfriarse se convierte en agua), sin embargo, el dióxido de carbono puede permanecer en la atmósfera cientos de miles de años hasta que es absorbido. ¿La conclusión práctica? El vapor de agua que emiten las torres de refrigeración tiene un impacto despreciable sobre el calentamiento global que estamos viviendo. Así que ya sabes qué responder al próximo que te diga que las centrales nucleares emiten gases de efecto invernadero por las torres de refrigeración.

7

Cómo «reposta» una central nuclear

La energía nuclear se caracteriza por concentrar una enorme cantidad de energía en un espacio muy pequeño. Una pastilla de óxido de uranio del tamaño de la goma de borrar acoplada a un lápiz tiene la misma energía que una tonelada de carbón, y eso teniendo en cuenta que en los países que no reciclamos solo aprovechamos el 5 % de la energía del uranio. Con un aprovechamiento total, como ocurrirá en el futuro con los reactores de cuarta generación, una pastilla equivaldrá a 20 toneladas de carbón. Pero estas pastillas también se terminan agotando, así que tenemos que parar el reactor para repostar, y en vez de hacerlo cada pocos días como con los coches, se hace cada muchos meses.

Una **parada de recarga** (en adelante **recarga**) es una espectacular vorágine donde se realizan del orden de 10.000 actividades y se contrata a más de 1000 trabajadores adicionales, duplicando el personal habitual. Puesto que existen algunas diferencias en la forma de realizar la recarga entre reactores de agua a presión (PWR) y agua en ebullición (BWR), salvo indicación contraria me referiré a los primeros, por ser los más abundantes a nivel mundial y también en España.

Los reactores PWR de Westinghouse (Almaraz, Ascó y Vandellós II) utilizan 157 elementos combustibles. Cada uno de ellos permanece tres ciclos de 18 meses en el reactor. En cada recarga se renueva algo más de un tercio, concretamente 64 elementos. Una parada de recarga suele durar entre 30 y 40 días; sí, un poquito más de tiempo de lo que se tarda en repostar con el coche, pero es que el ciclo de operación entre recargas dura 12 meses en Trillo (Siemens), 18 meses en Almaraz, Ascó y Vandellós II (Westinghouse) y 24 meses en Cofrentes (General Electric). ¿No cambiarías poder parar a repostar y revisar tu coche durante un mes si luego puedes pasarte hasta dos años sin volver a hacerlo?

Objetivos y planificación

Como te decía, en una recarga de una central nuclear se renueva un tercio de los elementos combustibles del núcleo del reactor; los usados se almacenan en la piscina de combustible y los dos tercios restantes se colocan de nuevo en el reactor para terminar de consumirse. De esta forma, un elemento combustible permanece en el reactor tres ciclos de 18 meses, es decir, cuatro años y medio. Unas semanas antes de la recarga se recepcionan los elementos combustibles nuevos, que se transportan en contenedores especiales alojados en camiones *a priori* convencionales, pero con unas adecuadas medidas de seguridad que, como dicen en las películas, si te las explicase luego tendría que matarte.

En la parada también se realizan miles de trabajos de mantenimiento, inspecciones y pruebas que no se pueden realizar con la central nuclear operando a potencia, así como decenas de modificaciones de diseño para mejorar la seguridad y el rendimiento de la planta. Cada central nuclear dispone de un equipo de personas dedicado exclusivamente a la planificación de las recargas, aunque durante su ejecución se involucra a toda la organización, incluyendo miles de tareas que deben realizarse sin interferencias y con seguridad. Vamos, que contratar a mil personas más no era baladí: ya que se para, se aprovecha hasta para dejar los baños más limpios si cabe. ¿Quieres conocer los detalles de todas estas tareas? (no te contaré cómo se limpia un baño, tranquilo).

¡Paremos el reactor!

Partiendo del 100 % de potencia nuclear y eléctrica, se realiza una parada ordenada (siguiendo los procedimientos) que dura unas 12 horas. La parada del reactor se realiza introduciendo progresivamente las barras de control y aumentando la concentración de ácido bórico en el agua del circuito primario. Como ya te he contado, tanto las barras de control como el ácido bórico son potentes absorbentes de neutrones, causantes de las fisiones que generan la energía, así que, conforme se va reduciendo la cantidad de neutrones, se reduce la potencia del reactor. Así de sencillo.

Además de ir parando equipos no necesarios, cuando la potencia ronda el 15 % se realiza una transferencia de la alimentación eléctrica de los equipos de la central, para que estos funcionen con alimentación exterior. En torno al 5 % de potencia, se desacopla el generador de la red eléctrica, dando comienzo oficialmente la recarga. Todavía faltan más de 100 horas para poder abrir la tapa de la vasija del reactor, pero las actividades comienzan a multiplicarse.

A estas alturas el personal de Operación (mi departamento) ya ha comenzado a colocar los **descargos**, donde preparamos los equipos que requerirán mantenimiento: se desenergizan (se retira su alimentación eléctrica), se aíslan hidráulicamente (para que no pase el agua) y se vacían si es necesario. En resumidas cuentas: los dejamos preparados para trabajar con seguridad en ellos, como cuando abres el interruptor general de tu casa para cambiar un enchufe.

Mientras tanto continúa la parada de reactor: el operador de reactor termina de insertar las barras de control hasta conseguir que el reactor sea **subcrítico** (no es capaz de mantener una reacción en cadena) y comienza el enfriamiento y despresurización del circuito primario hasta alcanzar la presión atmosférica y una temperatura inferior a 60 ºC. La concentración de ácido bórico en el agua del circuito primario debe ser la necesaria (unas 2600 ppm) para asegurar que durante las maniobras de descarga y carga del núcleo los elementos combustibles no puedan alcanzar condiciones de **criticidad** (mantener una reacción en cadena).

Actividades en el reactor

La brida y la tapa de la vasija del reactor se encuentran en el fondo de una cavidad recubierta de acero inoxidable, la llamada **cavidad de recarga**. Es similar a una piscina y está seca durante todo el ciclo de operación. Una vez han pasado 100 horas desde la parada del reactor, suficiente tiempo para la desintegración de los productos de fisión de vida corta, se comienzan a distensionar (aflojar) los pernos de la tapa de la vasija por un equipo especializado. Seguramente te estés imaginando a unos cuantos operarios con destornilladores, pero me temo que esto es mucho más complicado. La tapa pesa unas 54 toneladas y cada uno de los 58 pernos pesa 228 kilos. Para aflojarlos y extraerlos hace falta una herramienta neumática colgada de una grúa. Después se eleva la cabeza de la vasija con mucha precaución. De hecho, la maniobra de izado se realiza muy lentamente mientras se va subiendo el nivel del agua de la

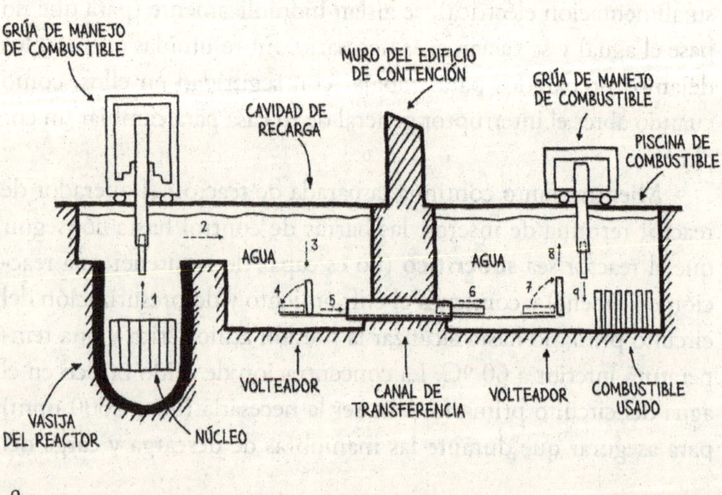

cavidad, porque es un blindaje muy efectivo contra las radiaciones ionizantes. Para que te hagas una idea, toda esta maniobra se realiza remotamente y ninguna persona sufre dosis mayores de las habituales en un área radiológica. El proceso coordinado de izado y de subida de nivel de agua finaliza cuando existen más de 7 metros de nivel sobre el combustible para garantizar un buen blindaje.

En este momento se traslada la cabeza de la vasija a su lugar de almacenamiento temporal. A continuación, se extraen los internos superiores del núcleo, justo encima del combustible, y se depositan en su plataforma, siempre dentro del agua de la cavidad. Un equipo de personas con licencia de Manejo de Combustible otorgada por el CSN, o un equipo especializado supervisado por una persona con licencia, realizará las maniobras de descarga del núcleo con una grúa manipuladora electroneumática y computarizada (que con este nombre ya te queda claro que no es una grúa cualquiera).

Como te decía antes, un reactor PWR típico de Westinghouse tiene 157 elementos combustibles. Pues en esta parada, durante unas 40 horas, se extraen uno a uno y se depositan en un sistema de transferencia (que previamente los voltea, para trasladarlos de forma horizontal, y luego los vuelve a poner en pie) que lleva al edificio de combustible, donde otra grúa los deja en su lugar en la piscina o en una zona reservada. En esa zona se dejan los dos tercios de elementos que deben volver al núcleo porque todavía no han terminado sus tres ciclos de operación, junto con los 64 elementos combustibles nuevos.

En ese momento se realiza el reordenamiento de dispositivos insertados en los elementos. Los elementos combustibles pueden contener barras de control (que duran varios ciclos de 18 meses), venenos consumibles (absorbentes neutrónicos) y tapones obturadores. El equipo de manejo de combustible distribuye estas inserciones en función del diseño del núcleo para el siguiente ciclo. La maniobra de cambio de inserciones se realiza en la piscina de combustible.

El siguiente paso es la carga del núcleo, que se realiza de forma inversa a la descrita en la descarga. Uno a uno, los elementos se van trasladando al edificio de contención y la grúa manipuladora los va depositando en el núcleo. La carga suele durar unas 50 horas. Posteriormente se insertan los internos superiores del núcleo (estructura que sujeta el combustible), se drena la cavidad de recarga, se deposita la cabeza de la vasija y se instalan los 58 pernos, cuya tarea se realiza progresivamente con un par de apriete (fuerza) muy preciso.

Mantenimiento y pruebas

Como te decía antes, cuando se hace la parada de recarga se aprovecha para ponerlo todo a punto. Aunque cierto es que la mayor parte del mantenimiento en una central nuclear se realiza durante el ciclo de operación (con la central en funcionamiento). Los equipos suelen tener otros redundantes, permitiendo la intervención en uno de ellos mientras que su redundante está en funcionamiento. No obstante, algunos equipos solo pueden ser revisados en parada, como las turbinas, el alternador, así como determinadas válvulas y bombas.

El cumplimiento de los estrictos estándares de la industria, así como la normativa internacional y nacional, obliga a realizar inspecciones en todos los equipos, especialmente en los relacionados con la seguridad. Se trata de una tarea que realiza un departamento específico y que en recarga incorpora empresas externas. Las inspecciones consisten en ensayos no destructivos como líquidos penetrantes, ultrasonidos, radiografías, gammagrafías, pruebas hidrostáticas, corrientes inducidas o termografías. Se inspeccionan válvulas, bombas, soldaduras, generadores de vapor, vasija del reactor, etc. Vamos, que no queda ni una tuerca importante sin revisar, no te vayas a creer.

El principal documento que sirve para vigilar la seguridad de una central nuclear se llama **Especificaciones Técnicas de Fun-**

cionamiento (ETF). Solemos decir que es la biblia de una central nuclear. En las ETF aparecen todas las estructuras, los sistemas y los componentes (ESC) relacionados con la seguridad, e indican qué ESC deben estar operables en cada estado operativo, incluyendo parámetros de funcionamiento (presiones, temperaturas, niveles, potencia, etc.). Cualquier desviación de lo establecido por las ETF obliga a los operadores y supervisores a tomar las acciones indicadas, que pueden llevar a parar la central si es la opción más segura. Es, como puedes ver, todo muy exhaustivo. ¿Te imaginas otro trabajo en el que no te puedas desviar ni una milésima de lo que indica el manual?

Pues bien, todos los ESC tienen una frecuencia de verificación que se realiza con las **pruebas de vigilancia** de las ETF. Algunas pruebas se realizan en cada turno, otras cada día, cada varios días, cada semana, cada mes, trimestralmente o en cada parada de recarga. Las pruebas de vigilancia son esenciales para garantizar la operabilidad, es decir, son la garantía de que los ESC funcionarán en caso de ser necesario, así que comprenderás que nos tomemos muy en serio su correcta realización.

Aprovechamos para modificar el diseño

Durante todas las recargas se instalan decenas de modificaciones de diseño, unas muy pequeñas y otras enormes: renovación de equipos, mejoras en instrumentación, ajustes basados en la experiencia operativa o adaptación a nuevas normativas. Las modificaciones de diseño pueden estar relacionadas con la seguridad o no. Las primeras deben cumplir todos los estándares de seguridad nacionales e internacionales, así como superar un estricto análisis de riesgos. Este proceso suele durar varios años.

Las modificaciones de diseño tienen tal magnitud que todas las centrales nucleares disponen de un equipo de personas dedicadas exclusivamente a su diseño y análisis, así como otras dedicadas a su implementación, además de una importante partida del presupuesto de gastos. Las modificaciones de diseño que no interfieren en la operación de la planta se instalan durante el ciclo (el tiempo de funcionamiento entre paradas), pero la mayor parte se instala durante la parada, según el programa de recarga y en coordinación con el resto de las actividades. ¿Alguien habló de centrales nucleares obsoletas?

¡Arranquemos el reactor!

Una vez finalizadas todas las actividades del programa de recarga, se comienza el proceso de arranque de la central. El primer paso es conseguir las llamadas **condiciones nominales**, es decir, la presión y temperatura adecuadas en los circuitos primario y secundario. El circuito primario se va calentando, en parte por el calor residual de los dos tercios de elementos combustibles ya usados, pero sobre todo por el efecto de las bombas del refrigerante del reactor, que al batir el agua la calientan por rozamiento. ¡Tenemos unas enormes batidoras del tamaño de una casa de dos pisos!

Al mismo tiempo se va subiendo la presión gracias a las resistencias instaladas en el presionador. Cuando se alcanzan los 157 kg/cm^2 (152 atmósferas) y unos 290 ºC, se considera que el reactor está preparado para su arranque. Como ya te he dicho, es posible que el agua líquida a 290 ºC se mantenga así y no se evapore por la altísima presión a la que está sometida.

El equipo de Tecnología del Núcleo prepara un programa en el que establece a qué concentración de boro y en qué posición de barras de control el reactor será crítico. Crítico no con las personas; el reactor no se dedica a analizar a nadie, sino que, como te comentaba en otro capítulo anterior cuando te hablaba de la reacción en cadena, decimos que un reactor es **crítico** cuando la reacción en cadena es automantenida, es decir, cuando los neutrones liberados en las fisiones generen nuevas fisiones y nuevos neutrones, manteniendo estable la población neutrónica y la potencia nuclear. Los operadores disminuyen la concentración de boro y extraen barras hasta conseguir dicha situación. Un apreciado compañero de otra central publicaba recientemente en Twitter con una entrañable cotidianidad: «Vengo de pasar la noche con unos amiguetes y hacer crítico un reactor. Mañana mi central estará de nuevo acoplada a la red para proporcionar energía eléctrica fiable, rentable y respetuosa con el medioambiente».

Mientras tanto, se va calentando el circuito secundario con vapor procedente de los generadores de vapor (valga la redundancia). Cuando se alcanzan las condiciones nominales, se sube la potencia del reactor hasta un 5 % y se comienza a rodar la turbina con vapor. Tras realizar varias pruebas de seguridad y alcanzar las 1500 revoluciones por minuto rodando en vacío (desconectando el generador de la red eléctrica), se sube ligeramente la potencia del reactor, se sincroniza el generador en tensión y frecuencia con la red eléctrica y se acopla a esta, dando por finalizada la recarga.

El resto del proceso de aumento de potencia se realiza a un ritmo muy bajo, en torno a 1 MW/minuto (son más de 1000 MW), se van arrancando progresivamente equipos y se detiene la subida para realizar ajustes en la instrumentación de potencia nuclear, hasta finalmente alcanzar el 100 % de potencia dos días más tarde. Vamos, cocina a fuego lento en toda regla, que queremos que nos salga todo bien. Después de un mes muy duro, los trabajadores de las empresas contratistas vuelven a sus lugares de origen, los de la propiedad pueden volver a su trabajo diario más tranquilo, y tú puedes tomarte lo que te apetezca, que estás en tu casa, y pasar al siguiente capítulo.

8

Esa fascinante luz azulada en la piscina de combustible

Las piscinas de combustible nuclear usado generan una combinación de fascinación y miedo. Saber que en un lugar tan relativamente pequeño se almacenan residuos radiactivos de alta actividad que emiten una luz azulada casi hipnótica genera sentimientos enfrentados. Muchas veces me han preguntado «¿qué es esa luz azul?» o «¿qué pasaría si me cayera en una piscina de combustible usado?».

Piscinas que no son de verano

Después de pasar varios años en el reactor nuclear (4,5 años en un PWR), el combustible debe ser almacenado en un lugar que permita eliminar su calor residual debido a la desintegración radiactiva, blindar su radiactividad para poder trabajar con seguridad en su proximidad y evitar que se inicie una reacción en cadena. Afortunadamente, la sustancia que permite realizar esas tres funciones es una de las más fáciles de conseguir en nuestro planeta: el agua. En efecto, el agua es un buen refrigerante, un excelente blindaje contra las radiaciones ionizantes y un adecuado disolvente para el ácido bórico.

De ahí que siempre haya piscinas en las centrales nucleares: son para almacenar el combustible, no para que los operadores nos echemos unas calles entre turno y turno. Las piscinas de almacena-

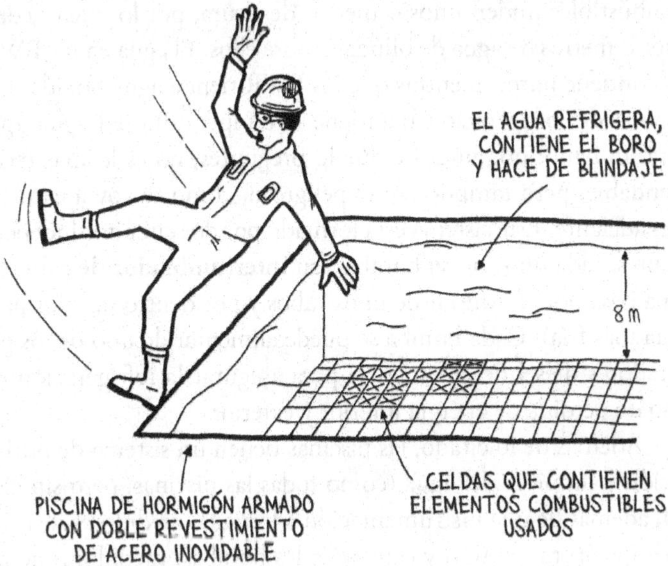

miento de combustible usado están construidas de hormigón armado con un doble revestimiento de acero inoxidable para prevenir fugas y mantener la calidad del agua. Además, tanto las piscinas como los sistemas asociados de refrigeración están diseñados para soportar seísmos.

En los reactores de agua en ebullición (BWR) generalmente la piscina está situada dentro del edificio de contención, mientras que en los de agua a presión (PWR) se localiza habitualmente en un edificio anexo. El agua que contiene la piscina es de alta pureza (desmineralizada), dispone de un método de aporte normal y de hasta cinco formas más de aportar agua en caso de emergencia. Si se perdiera la refrigeración, el agua comenzaría a hervir pasado un tiempo (pocas horas), pero para mantener la seguridad del combustible bastaría con reponer el agua evaporada con alguno de los métodos alternativos.

Las piscinas suelen medir 12 metros de profundidad (un poquito más que la piscina del gimnasio de tu barrio). Los elementos combustibles miden unos 4 metros de altura, por lo que quedan unos 8 metros de agua de blindaje sobre ellos. El agua en los BWR no contiene boro, mientras que los PWR tienen agua borada. Un sistema de refrigeración mantiene la temperatura del agua apta para un baño: no, antes de que lo preguntes, no es lo más recomendable, pero tampoco muy peligroso, como te voy a explicar más adelante. Este sistema está formado por dos circuitos independientes, cada uno con su bomba y su **intercambiador de calor** (el agua pasa por el exterior de unos tubos y por dentro de ellos pasa agua más fría). Cada bomba se puede alimentar de uno de los generadores diésel de emergencia para asegurar la refrigeración en caso de pérdida de energía interior y exterior.

Además de lo citado, las piscinas tienen un sistema de purificación y limpieza del agua (como todas las piscinas, pero sin cloro), además de una instrumentación adecuada: medidores de nivel y temperatura, presión y caudal de las bombas, medidores de radiación para detectar fugas y un sistema de detección de fugas del revestimiento de acero inoxidable.

¿Qué pasa entonces si te caes en la piscina?

Primero, ¿qué hacías cerca de una piscina de combustible usado? Segundo, si estabas cerca por casualidades de la vida, intenta no caerte en una; ya sería mala pata. Seguramente pensarás que de pasar esto correrías un grave riesgo de muerte. Ni mucho menos. Vamos a analizar con calma todos los riesgos que sufrirías y luego obtendremos una conclusión.

El primer riesgo es elemental. Si no sabes nadar, tienes un grave problema. Descartando esta eventualidad común a cualquier piscina, si por alguna circunstancia imprevista cayeras en una piscina de combustible, la temperatura del agua no sería un problema, ya que se parece mucho a la de una ducha normal en tu casa. Podría alcanzar los 50 ºC según las condiciones, en cuyo caso no temas si crees que podrías infusionarte como una bolsita de té, ya que la temperatura mínima a la que comienza a hervir el agua es a 90 ºC. Lo que te decía, la temperatura habitual de una piscina de combustible es la adecuada para un baño, entre 25 ºC y 35 ºC.

Analicemos el riesgo de la radiación del combustible entonces. Teniendo en cuenta que cada 7 centímetros se reduce la cantidad de radiación a la mitad por el blindaje del agua, nadar por la superficie no supondría ningún riesgo. Al contrario, probablemente recibirías menos dosis dentro del agua que fuera, debido a que este blindaje te protegería de la radiación del combustible y de otros elementos radiactivos del exterior. Evidentemente, si bucearas 8 metros y te acercaras al combustible, en especial al extraído recientemente del reactor, pondrías tu vida en grave riesgo…, pero entonces ya no te habrías caído a la piscina, estarías haciéndolo con alevosía y quizás con nocturnidad.

El último riesgo sería el de la contaminación radiactiva. El agua de la piscina es radiactiva (trazas de polvo de uranio que han fisionado, difusión del tritio y productos de activación por irradiación), a pesar de que la mayor parte se elimina gracias a unos desmineralizadores (como su nombre indica, son filtros que retienen los minerales). Así que si cayeras al agua te contaminarías con isótopos radiactivos que se adherirían a tu piel. No te alarmes, afortunadamente la forma de descontaminarte es la misma que utilizarías para quitarte el barro después de jugar en el campo: una buena ducha con agua y jabón. Es decir, seguirías el mismo ritual tanto si te bañases en una piscina normal como en una de combustible: una buena ducha. El mayor riesgo, eso sí, sería debido a la ingestión del agua, algo que puede ocurrir si no tienes bien cerrada la boca al caer. En ese caso, el agua radiactiva entraría en tu organismo y aumentaría el riesgo de que produjera algún daño, aunque no es un riesgo muy alto debido a que la mayor parte de los isótopos se eliminarían por las vías habituales (ya sabes, los orificios de salida naturales) y el resto podría eliminarse con la ayuda de fármacos.

La conclusión de este análisis es simple: intenta no caer en una piscina de combustible usado, no porque tu vida pueda correr un gran riesgo, sino por los inconvenientes que te acarrearía, como tener que descontaminarte y someterte a muchos controles.

¿Y la luz azul?

En los reactores nucleares (justo después de retirar la tapa de la vasija y los internos superiores del núcleo) y en las piscinas de combustible usado se puede observar un fenómeno físico fascinante que nunca ha dejado de maravillarme: una preciosa luz azulada que emiten los elementos combustibles, especialmente los más usados y que llevan menos tiempo almacenados. Es lo que se conoce como **radiación de Cherenkov**. Te invito a buscar la palabra «Cherenkov» en Google o en YouTube si no sabes de lo que te estoy hablando o tienes curiosidad.

Ese brillo azul se debe a las partículas cargadas que emite el combustible usado y que viajan más rápido que la luz en el agua. Es posible que, tras leer la última frase, pienses que me he equivocado, que no recuerdas bien tus estudios de física, o lo más sensacionalista: «¡Einstein estaba equivocado!». Ninguna de las tres cosas. Lo que he escrito es absolutamente cierto y cumple todas las leyes de la física. Todos sabemos que nada que tenga masa puede viajar más rápido que la luz en el vacío. Aquí está el matiz, en el vacío. La luz viaja más despacio en el agua que en el vacío y la radiación de Cherenkov viaja más rápido que la luz en el agua. Se produce un efecto parecido a un avión supersónico cuando rompe la barrera del sonido. En el caso del avión notamos un sonido explosivo, igual que un chasquido producido por un látigo al chocar contra el suelo, y en la piscina de combustible la consecuencia es esa preciosa luz azulada que podemos observar.

Así que ya sabes para qué sirve una piscina de combustible usado, que no es tan peligroso caer en ella como seguramente pensabas antes (no más que caerte en una piscina pública con una dudosa higiene) y que la radiactividad es invisible, pero que sí tiene un color que la identifica y que no es el verde que muestran *Los Simpson* o Greenpeace (¿tendrá alguna relación?), sino un precioso e hipnótico azul metálico.

9

¡Que nadie se haga daño!

A pesar de la imagen distorsionada que puedan tener muchas personas, las centrales nucleares son probablemente los lugares con los controles de seguridad más estrictos que existen sobre los trabajadores. De hecho, una de las frases que más suelo repetirme a mí mismo cuando preparo cualquier trabajo es «¡que nadie se haga daño!».

Seguro que de entrada pensarás que el mayor riesgo al que se enfrenta un trabajador de una central nuclear es a la radiactividad, pero te equivocas. Existen riesgos mucho mayores, simplemente por una cuestión de probabilidad: caídas, atrapamientos o electrocuciones son solo algunos de ellos.

Pero centrémonos en los riesgos que seguramente te interesan más, y que son los que afectan a la posibilidad de recibir irradiación o contaminación radiactiva (que los otros ya son bastante más habituales: tropezar, nos podemos tropezar todos). Las zonas con riesgo radiológico son las que contienen materiales radiactivos, tanto sólidos como líquidos o gaseosos. Es posible que pienses que la vestimenta que utilizamos se parece a la que muestran los figurantes de Greenpeace en sus espectáculos antinucleares o incluso te viene a la mente el traje que se ponen Doc y Marty en *Regreso al futuro* para estar cerca del DeLorean, pero verás que no es exactamente así.

En la zona radiológica de una central nuclear, además del casco y las gafas de seguridad, se debe llevar un buzo (prenda de cuerpo entero), guantes, zapatos de seguridad y calcetines. Todas las prendas son de algodón, no de plomo ni de acero. El objetivo es evitar que la contaminación radiactiva (partículas) se adhiera a la piel del trabajador. En caso de contaminarse, unos pórticos lo detectarían a la salida y el trabajador debería ducharse con agua y jabón, un procedimiento de descontaminación muy poco cinematográfico (más que nada porque espero que sea lo que hagas en tu casa cada día), pero sin duda muy efectivo.

Para entrar en más detalles todavía, los trabajadores suelen utilizar ropa interior de papel con tres gomitas elásticas, una para la cintura y una para cada pierna. En una ocasión, un auxiliar de operación (el que ayuda al operador) entró en una zona radiológica con una alta temperatura y estuvo trabajando durante más de una hora allí dentro, saliendo empapado de sudor. Al pasar por el pórtico de salida estaba radiológicamente limpio, pero al quitarse el buzo en el vestuario sus compañeros comenzaron a reír: ¡solo le quedaban las tres gomitas! Así que a veces el riesgo, como ves, puede encontrarse donde menos te lo esperas y de la manera más sorprendente.

Para realizar trabajos en zonas radiológicas es necesario disponer de un permiso de trabajo con radiaciones (PTR), un documento donde se indica lugar y tipo de trabajo que se va a realizar, la dosis máxima permitida, los riesgos radiológicos y las protecciones específicas para ese trabajo, como unos guantes adicionales, un buzo impermeable o una máscara de gas. Como ves, la famosa máscara de gas tan cinematográfica solo se utiliza en trabajos muy concretos y en especial en paradas de recarga. En el día a día apenas son necesarias porque el aire que respiran los trabajadores es limpio, a pesar del estereotipo.

Los trabajadores en zonas radiológicas de una central nuclear utilizan dos dosímetros: uno termoluminiscente, que acumula la dosis mensual del trabajador, y otro digital, de lectura directa (contador Geiger-Müller) con indicación numérica y alarmas. Ante una alarma del dosímetro digital que cada trabajador lleva siempre encima, este debe dejar la tarea de forma segura, alejarse de la zona y comunicar el suceso al técnico de Protección Radiológica para que tome las medidas oportunas.

Como es evidente, en las zonas radiológicas de una central nuclear está totalmente prohibido comer, beber y fumar para evitar la contaminación interna, es decir, la incorporación de sustancias radiactivas al organismo. De hecho, en una zona radiológica para evitar la contaminación interna el trabajador no puede tocarse la cara con las manos, ni entrar en dicha zona con heridas abiertas. En definitiva, debe evitar que la contaminación radiactiva entre en su cuerpo.

ALARA

El criterio **ALARA** (As Low As Reasonably Achievable) establece que los niveles de radiactividad se deben mantener tan bajos como sea razonablemente alcanzable. Parece de Perogrullo, pero es un criterio muy efectivo de cara a minimizar la dosis de los trabajadores. Para cumplirlo se utilizan tres principios también muy evidentes para minimizar la dosis: distancia, tiempo y blindaje. Cuanto mayor sea la distancia de la fuente radiactiva, menor el tiempo de permanencia y mayor sea el blindaje, mucho menor será la dosis que recibamos. Así de simple.

Una zona de paso sirve para separar dos áreas con distintos riesgos de contaminación radiactiva. Al entrar, se requiere que el trabajador utilice vestuario adicional (por ejemplo, unos guantes extra) y equipos específicos (como te decía antes, la máscara de gas). Al salir, el trabajador se desprende de ellos siguiendo una secuencia específica que todos hemos entrenado previamente (y cuyo aprendizaje, de hecho, es muy divertido). ¿Te imaginas que en tu trabajo te enseñasen, como parte de formación, a vestirte y desvestirte? Podría ser, no lo descarto, pero en nuestro caso es porque en ocasiones tenemos que ponernos unas prendas encima de otras y no se puede tocar la parte exterior, por si está contaminada. En estos casos más de uno ha terminado en el suelo quitándose el buzo por los pies. Sí, trabajar en una central nuclear requiere un poco de entrenamiento hasta para vestirse, pero es más sencillo de lo que parece.

Como es lógico, no se permite la salida de equipos y materiales de la zona radiológica de una central nuclear sin antes someterlos a varios controles de contaminación mediante detectores automáticos o manuales (o sea, que esa barrita verde que se cuela en la espalda de Homer al inicio de los créditos de la serie es más bien ficticia).

Seguro que ahora mismo te estarás preguntando si, al pasar por los pórticos de detección de contaminación, me ha saltado alguna vez la alarma como cuando sales de una tienda con algún producto no desmagnetizado. Después de más de veinte años trabajando en una central nuclear y tras centenares de entradas en zonas radiológicas (mi zona de trabajo habitual es la sala de control), te confieso que solo me he contaminado una vez, concretamente en el pelo. Al salir de una inspección de combustible, el primer pórtico detectó que tenía contaminación en mi cabeza. Consciente de lo que ocurría, y sin el menor temor (de nuevo, el miedo se combate con conocimiento), esperé a que llegara el técnico de Protección Radiológica.

Este comprobó con un medidor portátil que tenía una ligera contaminación en el pelo. Me acompañó hacia una ducha y me pidió que me duchara con agua y jabón comenzando por el pelo, pero de forma que el agua cayera directamente al sumidero, en lugar de resbalar por mi cuerpo (así que sí, es como una ducha de casa, pero con una logística un poquito más complicada). De esta forma desprendí la contaminación (seguramente una partícula mineral radiactiva), que se fue a un depósito donde se le realiza el tratamiento adecuado. Me vestí, volví a pasar por el pórtico y comprobé que estaba completamente limpio. Resta decir que la dosis que recibí fue minúscula y que esa zona de mi cabeza está cubierta de pelo, del mismo color que el resto, y que no he notado nunca ninguna molestia ni ningún superpoder.

Si bebes, no manipules productos radiactivos

Pero todavía hay más. Los trabajadores de las centrales nucleares podemos ser requeridos por los vigilantes de seguridad para realizar controles aleatorios de alcoholemia (con los mismos niveles que los conductores profesionales) y drogas. A cualquier trabajador que dé un resultado positivo se le envía directamente a casa, con su posterior sanción, como es lógico. ¿Te imaginas que en tu trabajo te hiciesen soplar de manera aleatoria? Creo que tampoco sería tan mala idea, según donde…

Las medidas de seguridad van más allá de comprobar la posible contaminación y nuestro nivel de alcoholemia. Además, en las comunicaciones verbales evitamos errores de forma muy efectiva utilizando la comunicación a tres vías, cuya secuencia es la siguiente: el emisor lanza el mensaje («abre la válvula VN-1108»), el receptor repite el mensaje que ha escuchado («abro la válvula VN-1108») y el emisor lo confirma («correcto»). De esta forma, tanto el emisor como el receptor saben que la comunicación ha sido correcta. También se utiliza el alfabeto fonético por palabras (Alfa, Bravo, Charlie, Delta, Eco, Foxtrot, Golf…), como en la comunicación aeronáutica, militar y de radioaficionados. Debo reconocer que a algunos compañeros les costó más que a otros, especialmente a los acostumbrados a dar nombres de provincias para identificar las letras cuando un teleoperador pide el número de reserva. Ante «¿P o B?», ¿quién no ha respondido más de una vez «¡P de Pamplona!»?

Además, si existe un trabajo con riesgos para la seguridad, se realiza una reunión previa de preparación en la que todos los participantes deben comprender la tarea que se va a realizar, los riesgos asociados y los planes de contingencia: es decir, qué deben hacer si algo sale mal. Y eso no es todo, ya que después de terminar el trabajo se realiza una reunión para analizar los resultados y documentarlos. No perdemos oportunidad de registrar y aprender de cada paso, como puedes ver.

Todo está muy pensado para minimizar los errores. Por ejemplo, en las centrales con dos unidades es habitual que los documentos de cada reactor estén impresos en papel de un color diferente. En cierta ocasión un compañero imprimió un billete de avión, y como estaba en el Grupo II de mi central, el documento salió con papel azul. Cuando entraba en el avión, la azafata le pidió la tarjeta de embarque y mi compañero se la mostró. Entonces ella preguntó extrañada: «¿Azul?». Y él respondió ante la estupefacción de su interlocutora: «¡Claro, del grupo dos!».

Para completar la seguridad (por si te parecía poco), los trabajadores de las centrales nucleares estamos muy acostumbrados a ser observados en nuestro trabajo por supervisores y mandos, así como por inspectores de organismos nacionales como el CSN e internacionales como la OIEA. ¡A veces nos sentimos como jugadores de fútbol cuyos pasos están siendo registrados y analizados por miles de espectadores y comentaristas! Como ves, todos los procesos están enfocados a minimizar el riesgo y cumplir ese objetivo que siempre me repito: «¡Que nadie se haga daño!».

10

Aplicaciones pacíficas de la tecnología nuclear

Cuando escuchas la palabra «nuclear», y dependiendo de tu edad, probablemente te vengan a la cabeza otras palabras como «energía», «bombas atómicas» o «residuos radiactivos». Aunque también es posible que en seguida sientas unas ganas irrefrenables de responder «¡Nucelar, la palabra es nucelar!» (cita de Homer Simpson que centenares de veces he recibido como respuesta durante mi divulgación en Twitter). Como todas las tecnologías, la nuclear es una herramienta que se puede utilizar para el bien de la humanidad, pero también para hacer el mal. Por ello quizás, si piensas un poco más, te sonarán también otras palabras como «medicina nuclear» o «radioterapia». Las aplicaciones médicas son quizás las más conocidas, pero la tecnología nuclear tiene múltiples aplicaciones pacíficas que, si continúas leyendo, te voy a explicar.

En el espacio

Los vehículos espaciales necesitan energía, tanto para desplazarse como para generar electricidad y calor para sus sistemas electrónicos. Diversos proyectos han trabajado en la propulsión nuclear, incluso se llegaron a construir prototipos, pero donde la tecnología nuclear ha jugado un importante papel es en la producción de electricidad y calor.

¿Por qué necesitamos energía nuclear en el espacio? Las sondas espaciales tienen baterías eléctricas que habitualmente se cargan con paneles solares fotovoltaicos. Pero igual que ocurre en la Tierra, no todos los lugares tienen las mismas horas de sol ni el sol llega con la misma intensidad. Los vehículos espaciales que se trasladan más allá de la órbita de Marte necesitan algo más que energía solar para alimentar sus sistemas, e incluso en el planeta rojo se ha comprobado que la energía nuclear es más eficiente que la solar. Sin ir más lejos, en 2019 la NASA dio por perdido el rover Opportunity tras una tormenta de arena que tapó sus paneles solares tras cumplir con creces una excelente misión que comenzó en 2004 (el objetivo inicial era 90 días marcianos, 39 minutos más largos que los días terrestres). Sin embargo, el rover Curiosity, alimentado por energía nuclear, continuó funcionando sin dificultad durante la tormenta y sigue con su trabajo.

Un **generador termoeléctrico de radioisótopos** (RTG, por sus siglas en inglés) obtiene la energía calorífica liberada por la desintegración de un material radiactivo, habitualmente plutonio-238. Unos dispositivos llamados **termopares** convierten la desintegración en energía eléctrica por medio del **efecto termoeléctrico** (que transforma una diferencia de temperatura en un voltaje eléctrico). Al menos 27 naves espaciales de Estados Unidos han utilizado RTG, entre ellas varias misiones Apolo en la Luna (sí, como la que te suena de la película de Tom Hanks y aquello de «Houston, tenemos un problema») y sondas míticas como las Pioneer 10 y 11, Voyager 1 y 2, Galileo, Ulysses, Cassini y New Horizons, que viajó a Plutón. La antigua Unión Soviética utilizó mucho menos estos dispositivos en la exploración espacial, aunque sí los instaló en emplazamientos tan curiosos como en faros situados en lugares remotos. Sin embargo, la URSS lanzó un total de 34 pequeños reactores nucleares al espacio, por uno de Estados Unidos. La misión principal de estos dispositivos era alimentar los sistemas eléctricos de satélites espía.

La propulsión nuclear, como digo, no ha llegado a utilizarse en el espacio. Aunque lo cierto es que se han planteado dos diseños: el nuclear eléctrico y el térmico. En el primero, un reactor nuclear alimenta motores eléctricos o de plasma. Y en el segundo, el calor generado por un reactor de fisión calienta un propelente que actúa como fluido de reacción, similar a un cohete químico, como el que se utiliza habitualmente. Recientemente la NASA ha presentado el proyecto Kilopower, un reactor de fisión que utiliza uranio-235 para generar calor y a su vez electricidad. La intención de la agencia estadounidense es utilizar este dispositivo en futuras misiones a Marte. No será como el reactor alienígena de *Desafío total*, pero algo es algo.

En el mar

La energía nuclear es muy adecuada para buques que necesitan navegar durante largos períodos de tiempo sin repostar. Existen más de 140 barcos nucleares, la mayoría submarinos y portaaviones militares. El primer submarino de propulsión nuclear fue botado en 1954, el USS Nautilus, en homenaje al submarino homónimo de la novela *Veinte mil leguas de viaje submarino*, de Julio Verne. Pero vamos a centrarnos en la propulsión nuclear civil, que es el objetivo de este capítulo, aunque no te preocupes, que el resto de los nombres también están a la altura y son dignos de libro.

El primer barco mercante civil de propulsión nuclear fue el NS Savannah (NS son las siglas de Nuclear Ship), que entró en servicio en 1968 y fue retirado en 1972. El buque alemán Otto Hahn (en honor al premio Nobel de química de 1938 por descubrir la fisión nuclear) entró en servicio en 1968 y recorrió 1,2 millones de kilómetros durante diez años, pero fue reconvertido a propulsión diésel por resultar poco rentable. El japonés Matsu tuvo dificultades técnicas y sociales desde su botadura y finalmente también fue reconvertido a diésel. Un destino diferente tuvo el buque ruso Sevmorput, que entró en servicio en 1988 y todavía sigue en servicio con propulsión nuclear, aunque inicialmente era de carga y se reconvirtió a buque de perforación para yacimientos de petróleo. Como puedes comprobar, los pioneros de la propulsión nuclear marina civil no tuvieron buenos resultados y sus destinos fueron un poco deprimentes.

Donde sí existe un caso de claro éxito es en los rompehielos. Rusia es el único país que tiene una flota de rompehielos nucleares (cuatro actualmente), que realizan transportes de mercancías en el Ártico. Se trata de una herencia de la antigua Unión Soviética ampliada con nuevos buques y otros tres que están en proyecto. Durante el invierno, en las rutas del océano Ártico el hielo tiene grosores que van desde 1,2 hasta los 2 metros, llegando incluso hasta los 2,5 metros en algunas zonas. Los rompehielos son capaces de atravesar esos lugares a velocidades de 10 nudos (19 km/h). Desde 1989 los rompehielos nucleares rusos también se han utilizado para llevar turistas al Polo Norte. ¡Tiene que ser una experiencia fascinante!

Datación

¿Saber la fecha de algo gracias a la tecnología nuclear? Suena a ciencia ficción, pero es posible. Las técnicas de datación nuclear se basan en el análisis de la abundancia relativa de determinados radioisótopos de origen natural, lo que permite determinar la edad de las rocas terrestres, meteoritos y restos orgánicos. Un caso particular es la datación por radiocarbono, que utiliza el isótopo carbono-14, generado en la atmósfera superior por interacción de neutrones de los rayos cósmicos sobre el nitrógeno-14. Posteriormente lo incorporan plantas y animales hasta su muerte (donde por razones evidentes dejan de alimentarse) y decae emitiendo electrones registrados por un contador. Esta técnica es muy utilizada para conocer la antigüedad de fósiles y de toda clase de restos orgánicos que te puedas imaginar…, menos los trozos de pizza que sobraron viendo la película de anoche, que esos están bien datados.

También en el arte se utiliza tecnologías nucleares, como en la conservación y restauración, determinación de la antigüedad (carbono-14), determinación del origen de las piezas, autenticidad de las obras, análisis de obras pictóricas e instrumentos, conservación de libros antiguos y restauración de esculturas. ¡La tecnología nuclear es una auténtica navaja suiza!

Técnicas industriales

La tecnología nuclear también es utilizada en la minería del carbón, petroquímicas, cementeras, vidrieras, hormigoneras, tratamiento de minerales, papeleras, acerías e industria del automóvil.

La **gammagrafía industrial** es una técnica de control de calidad con ensayos no destructivos (o lo que es lo mismo, hacer pruebas sin romper cosas) para verificar soldaduras en tuberías y detectar grietas en piezas aeronáuticas. El isótopo más utilizado es el iridio-192 (95 %), el cobalto-60 (para grandes espesores) o el tulio-170 (pequeños espesores). Esta técnica también se utiliza en las centrales nucleares. Cuando se realizan gammagrafías avisamos desde la sala de control por megafonía para evitar que ningún trabajador acceda a la zona y reciba dosis innecesarias. Entre nosotros solemos llamarlas en tono de broma «mamografías». Con tanta broma, en cierta ocasión un compañero anunció por error por megafonía: «¡Atención, atención! ¡Se van a realizar mamografías en el edificio de turbinas!». Las risas duraron días.

La **radiografía neutrónica** se basa en la atenuación (frenado) de un haz de neutrones a través de su interacción con otros átomos. Tiene múltiples aplicaciones en la industria: pruebas de elementos combustibles nucleares, detección de grietas en turbinas de gas, corrosión en piezas de aviones, detección de cargas explosivas y calidad en cerámicas. Se utiliza cobalto-60 para **esterilizar** productos médicos y farmacéuticos, envases y productos cosméticos, envases agroalimentarios, tapones de corcho, alimentación humana, alimentación animal y tratamiento de polímeros. Vamos, desde lo que compras en la farmacia hasta el vino que tienes en la mesa, pasando por los productos cosméticos de tu baño.

El **uranio empobrecido** contiene una proporción de uranio-235 inferior a la natural (0,71 %) y se utiliza como blindaje contra fuentes radiactivas en la inspección de soldaduras, en hospitales para protección de fuentes de cobalto-60, como contrapeso en aviones (ya en desuso) y quilla en veleros de competición por su gran densidad. El riesgo radiológico del uranio empobrecido, a pesar de su mala fama, es muy bajo porque básicamente es un emisor alfa (núcleos de helio) y proporciona dosis muy bajas, salvo si es ingerido. ¿Qué enseñanza puedes sacar de esto? Que no muerdas la quilla de un barco, por si acaso.

En tu día a día

Quizás tengas un dispositivo radiactivo encima de tu cabeza sin saberlo. Muchos detectores de humo contienen una pequeña fuente radiactiva (habitualmente americio-241) que produce una corriente constante en una celda. Cuando las partículas de humo penetran en ella, captan los electrones, reduciendo el número de iones. Este cambio es detectado y desencadena la alarma del detector.

Pero todavía hay más. Muchos relojes de pulsera de aguja brillan en la oscuridad. Algunos contienen pinturas fluorescentes, pero otros tienen tritio, que es un isótopo del hidrógeno, apenas radiactivo, pero sin riesgo por ser un emisor beta (electrones) con poca energía y por estar encapsulado. Más adelante, en un capítulo sobre el tritio de Fukushima, te explicaré su origen natural y artificial.

Medicina nuclear

La medicina es una de las ciencias con más aplicaciones de la tecnología nuclear. Posiblemente la más famosa sea la radiografía, o **imagen radiológica**, que se consigue al atravesar con un haz de rayos X la zona del cuerpo a explorar. Estos rayos se absorben de forma diferente según los tejidos que atraviesan. Por ejemplo, los huesos, al ser más densos, ofrecen más resistencia al paso. El resultado es una imagen con diferentes grados de intensidad que al revelarse se convierte en la radiografía que todos conocemos.

Los **radiofármacos** son unos compuestos radiactivos que sirven para estudiar un órgano diagnosticando enfermedades o realizar un tratamiento para curarlas. En la **tomografía de emisión de positrones** (PET), los positrones (electrones positivos) se aniquilan con los electrones que se encuentran en el medio, emitiendo rayos gamma, que sirven como herramienta de diagnóstico. Las gammagrafías son la detección de la radiación gamma emitida por un radiofármaco inyectado al paciente y que se fija al órgano que se desea estudiar. Un detector recibe los fotones, que se transforman en impulsos eléctricos, se digitalizan y transforman en imágenes.

El **radioinmunoanálisis** detecta y cuantifica la sustancia que se desee estudiar en la sangre u orina del paciente. Se analiza a través de la combinación de la unión anticuerpo-antígeno con el marcado de un isótopo (yodo-125). En este caso, como habrás adivinado, el paciente no recibe dosis de radiación.

Y finalmente la **radioterapia** es el empleo de radiaciones ionizantes para el tratamiento de tumores malignos y en ocasiones benignos. Existen dos modalidades: radioterapia con haz externo (teleterapia) y radioterapia con fuentes radiactivas en el interior del cuerpo humano (braquiterapia). En este segundo caso, se utiliza una fuente radiactiva depositada dentro del tumor o en su proximidad, aprovechando las cavidades del cuerpo. Puede quedar permanentemente en el cuerpo (hasta perder su actividad) o temporalmente (hasta que se administra la dosis deseada y es retirada).

Ciencias de la Tierra y alimentos

Como decía Super Ratón, «¡No se vayan todavía, aún hay más!». La tecnología nuclear también se utiliza en el estudio de las aguas subterráneas, mediante las técnicas isotópicas (detección de los isótopos) y en la esterilización del agua, eliminando gérmenes patológicos en aguas residuales. Es importante que recuerdes que el hecho de irradiar el agua no la deja contaminada, puesto que la radiación atraviesa el agua. De igual forma que no te has vuelto radiactivo después de una radiografía, el agua irradiada es totalmente segura.

Las técnicas isotópicas también determinan la deposición de productos químicos en el suelo, como fertilizantes nitrogenados y plaguicidas, para garantizar que no se generan sustancias que produzcan riesgos para el hombre y el entorno natural. Pero quizás la aplicación nuclear más curiosa en esta área sea el control de las plagas de insectos. Lo que has leído: los insecticidas químicos tienen riesgo de contaminación ambiental, residuos tóxicos, y los insectos desarrollan resistencia, por lo que la técnica de insectos estériles (TIE) con radiación gamma permite evitar la reproducción de los insectos. Podemos decir que es un auténtico anticonceptivo radiactivo.

La exposición de los alimentos a radiación ionizante puede impedir la división de células vivas y retardar la maduración de frutas y legumbres, y garantiza la seguridad microbiótica de los alimentos, destruyendo bacterias causantes de enfermedades. Es un tema muy polémico por el miedo a la radiactividad, pero déjame que insista: los cambios químicos producidos no son nocivos, no se pierde el valor nutritivo de los alimentos, las mutaciones que produce en los microorganismos no son patógenas y no aumenta su nivel de radiactividad natural (como es el caso del ya famoso plátano). En definitiva, comer alimentos esterilizados con radiactividad es totalmente seguro.

Conclusión

Quizás ahora veas la tecnología nuclear con otros ojos. Cada año se realizan en todo el mundo más de 3600 millones de exámenes de diagnóstico de radiología, 37 millones de tratamientos de medicina nuclear y se administran 7,5 millones de tratamientos de radioterapia, según UNSCEAR. Podemos decir, sin miedo a equivocarnos, que la tecnología nuclear salva millones de vidas.

Y no solo eso. «La Tierra es la cuna de la humanidad, pero no se puede vivir en la cuna para siempre», decía Konstantín Tsiolkovski, científico ruso, pionero de la teoría astronáutica. La energía nuclear será necesaria para que el ser humano abandone algún día su cuna, cuando sea inhabitable por cualquier motivo, sin descartar el antropogénico (causado por nosotros mismos), en búsqueda de otro mundo más habitable para asentarse. Seguramente ya empiezas a comprender el profundo significado del título de este libro...

ACCIDENTES

11

Three Mile Island, el accidente desconocido

La mayoría de las personas saben de qué estamos hablando cuando pronunciamos las palabras «Chernóbil» y «Fukushima». Sin embargo, cuando les hablas de «Three Mile Island», o más conocido como TMI, se encogen de hombros. Pues en esa central nuclear también se produjo un accidente nuclear, unos años antes, en 1979. Entonces, ¿por qué este accidente no es tan conocido? ¿Cómo ocurrió? ¿Qué consecuencias tuvo? ¿Qué tiene que ver con el accidente la película *El síndrome de China* (1979), protagonizada por Jane Fonda y Michael Douglas? No te preocupes, no hace falta que cierres el libro y vayas a buscar las respuestas, porque te lo voy a explicar todo.

El accidente de TMI

La central nuclear de Three Mile Island está situada cerca de Harrisburg (Pensilvania), en EE. UU. En el momento del accidente tenía dos reactores de agua a presión: TMI-1, un PWR de 800 MWe que funcionó entre 1974 y 2019, y TMI-2 de 906 MWe, prácticamente nuevo en el momento del accidente. Eran las 4 de la madrugada (estas cosas siempre pasan a estas horas) del 28 de marzo de 1979 cuando el reactor estaba funcionando al 97 % de potencia. Un mal funcionamiento en el circuito secundario causó una parada automática de la turbina, pero no del reactor. En ese caso, como es normal, se produjo el arranque de las bombas de agua de alimentación auxiliar encargadas de llevar agua a los generadores de vapor que refrigeran el reactor, pero por un error de alineamiento las válvulas de aislamiento estaban cerradas. En consecuencia, los generadores de vapor se secaron y se produjo un aumento de temperatura y de presión en el circuito primario, lo que ocasionó una parada automática del reactor por alta presión.

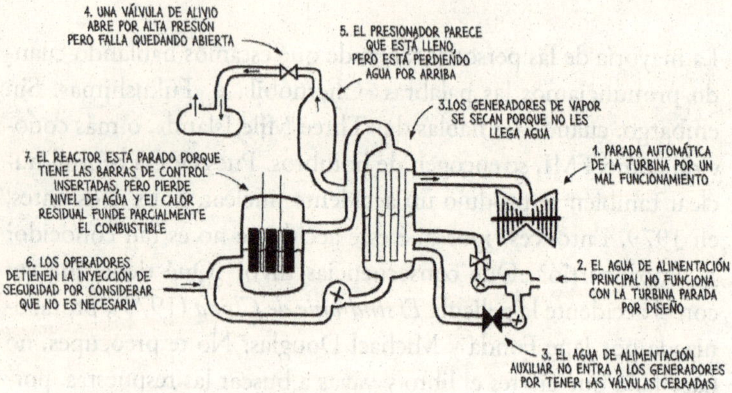

En estos casos se produce automáticamente la apertura de unas válvulas de alivio para hacer disminuir la presión del circuito primario y evitar que se rompa. Pero una de las dos válvulas no cerró al bajar la presión y la instrumentación no lo indicó correctamente en la sala de control. Debido a la pérdida de presión, actuó automáticamente lo que llamamos la **inyección de seguridad**, que consiste en la entrada de agua a mucha presión para compensar la fuga de circuito. ¿Qué pasó? Es como si intentas llenar con agua un cuenco que tiene un agujero en el fondo: el agua entraba por un lugar, pero seguía saliendo por la válvula de alivio que estaba abierta. Además, los operadores, que no sabían que tenían la válvula abierta, observaban que el nivel del depósito (presionador) estaba completamente lleno. Algo parecido ocurre con una botella de una bebida gaseosa cuando se abre después de haber sido agitada: comienza a perder líquido, pero al mismo tiempo la botella parece llena.

En ese momento, los operadores decidieron finalizar la inyección de seguridad, porque no la consideraban necesaria y temían que aumentara demasiado la presión. Lógico por una parte, si lo piensas, ya que para ellos esa botella de bebida gaseosa ya estaba llena. La consecuencia directa fue que observaron un descenso brusco de nivel y el núcleo del reactor quedó parcialmente descubierto de agua, subiendo su temperatura hasta fundirse aproximadamente la mitad del núcleo (el uranio y las varillas que lo contienen). Es lo que se conoce como un **accidente severo**.

Durante la mañana, los operadores consiguieron cerrar una válvula anterior a la válvula de alivio que estaba abierta, consiguiendo detener la fuga. Esto les permitió reanudar la inyección de seguridad y el núcleo volvió a estar refrigerado durante la tarde del mismo día del accidente.

La burbuja de hidrógeno y parada fría

Cuando se descubrió el núcleo del reactor, en la mañana del 28 de marzo, una reacción química a alta temperatura entre el agua y los tubos zircaloy (una aleación con la que se fabrican las varillas que contienen uranio) produjo una cantidad importante de hidrógeno. Del 30 de marzo al 1 de abril, los operadores eliminaron esa burbuja de hidrógeno abriendo periódicamente una válvula de venteo del circuito primario. Se temió que pudiera explotar, pero afortunadamente no había suficiente oxígeno en el sistema.

El 27 de abril de 1979 los operadores establecieron la circulación de agua por convección natural. La central estaba en lo que se considera **parada fría**, es decir, con el agua a menos de 100 °C y presión atmosférica. La tapa del reactor se retiró en julio de 1984 permitiendo el acceso a los restos del núcleo. La investigación posterior reveló que al menos el 45 % del núcleo (62 toneladas) se había derretido y 19 toneladas habían terminado en la parte inferior de la vasija, pero sin dañarla. La mayor parte del material central fundido **(corium)** había permanecido en la región central. En resumidas cuentas: el reactor se quedó seco y al no tener refrigeración, se produjo la fusión parcial del núcleo, pero afortunadamente se mantuvo la integridad del edificio de contención, lo que evitó la dispersión de la contaminación radiactiva.

Efectos radiológicos en la salud

El accidente de Three Mile Island causó una lógica preocupación por los posibles efectos en la salud de las personas que vivían alrededor de la central. El Departamento de Salud de Pensilvania mantuvo durante 18 años un registro de más de 30.000 personas que vivían dentro de un radio de 8 km alrededor de la central en el momento del accidente. El programa se suspendió en 1997 sin ninguna evidencia de efectos inusuales en la salud. Más de una docena de estudios de salud independientes se llevaron a cabo para evaluar las emisiones de radiación y los posibles efectos sobre las personas y el medioambiente, y ninguno encontró ningún efecto adverso para la salud, como el cáncer, que pudiera estar relacionado con el accidente de TMI. El único efecto detectable fue el estrés psicológico durante y justo después del accidente. La dosis de radiación media recibida por personas que viven dentro de los 16 km más cercanos a la central fue de 0,08 mSv, o para que te hagas una idea, una dosis equivalente a una radiografía de tórax.

En junio de 1996, 17 años después del accidente TMI-2, la jueza del tribunal del distrito de Harrisburg, Sylvia Rambo (sí, como el famoso personaje interpretado por Sylvester Stallone), desestimó una demanda colectiva que alegaba que el accidente había tenido efectos en la salud. Su conclusión fue que los abogados de la acusación habían tenido «casi dos décadas para reunir pruebas en apoyo de sus respectivos casos. La escasez de pruebas alegadas en apoyo del caso de los demandantes es manifiesta».

La limpieza de TMI-2

Las tareas de desmantelamiento y descontaminación del reactor de TMI-2 duraron casi 12 años y costaron aproximadamente 973 millones de dólares. Fue todo un desafío tecnológico y radiológico para los Estados Unidos. El agua utilizada para refrigerar tuvo que ser procesada y se retiraron unas 100 toneladas de combustible de la vasija, todo ello sin riesgo para los trabajadores y la población.

El combustible dañado permaneció cubierto de agua durante todo el desmantelamiento. En octubre de 1985, después de casi seis años de preparativos, los trabajadores parados en una plataforma sobre el reactor y manipulando herramientas de mango largo comenzaron a levantar el combustible en botes que colgaban debajo de la plataforma. En total, se enviaron 342 botes de restos de combustible de manera segura para su almacenamiento a largo plazo en el Laboratorio Nacional de Idaho, un programa que se completó en abril de 1990. El combustible se almacenó en seco en contenedores de hormigón.

El síndrome de China

El 16 de marzo de 1979, doce días antes del accidente de TMI-2, se estrenó la película *El síndrome de China*, interpretada por Jack Lemmon, Jane Fonda y Michael Douglas (quien también la producía). Narraba la historia de un equipo de televisión que descubría encubrimientos en la seguridad de un reactor nuclear. El título de la película hace referencia a la hipótesis de que, si el núcleo del reactor se fundiera, teóricamente atravesaría la Tierra hasta llegar a China. Dicha hipótesis es obviamente falsa por varios motivos: por un lado, el núcleo fundido del reactor se iría enfriando en su camino descendente, no llegando ni mucho menos al manto de la Tierra. De hecho, el núcleo de TMI se fundió parcialmente y no llegó a salir de la vasija del reactor. En segundo lugar, si hipotéticamente el núcleo fundido saliera de la vasija y atravesara el edificio de contención, y posteriormente toda la corteza terrestre para llegar al manto, quedaría disuelto en este, no alcanzando el otro extremo de la Tierra. Y, en tercer lugar, las antípodas de Estados Unidos no están situadas en China, sino en el océano Índico.

La película, que optó a varias estatuillas en la ceremonia de los Oscar de ese año, fue un rotundo éxito debido a la macabra casualidad de que el accidente ocurriera 12 días más tarde, de tal forma que muchas personas piensan que narra la historia de TMI, desconociendo que el accidente fuera posterior. Incluso se dice que el éxito de la cinta fue relevante para el fracaso de los planes nucleares que tenía Estados Unidos en la época, extendiendo la filosofía antinuclear en el imaginario del país (para que luego digan que las películas son inofensivas…).

En cualquier caso…

El accidente de TMI se produjo por una combinación de errores de alineamiento de los equipos (posición de válvulas), deficiencias de la instrumentación y carencias en la formación de los operadores para hacer frente a accidentes. Afortunadamente, la experiencia sirvió para mejorar la seguridad en el resto de las centrales nucleares del mundo y para formar mejor a los operadores, que aprendimos de la desafortunada experiencia. No es bueno aprender de accidentes, pero estarás de acuerdo conmigo en que es mucho peor no aprender de ellos. También se produjeron errores de comunicación a la opinión pública que causaron temores injustificados, puesto que la dosis de radiactividad que se emitió fue muy baja y no supuso un riesgo para la población, como demostraron los múltiples estudios posteriores. El edificio de contención cumplió perfectamente con su misión, que era contener la radiactividad tras un accidente nuclear. Y, en mi opinión, si Chernóbil hubiera tenido un edificio similar, probablemente sería tan desconocida como Three Mile Island.

12

Chernóbil no es un argumento válido contra la energía nuclear

Durante la madrugada del 26 de abril de 1986, tal y como estaba previsto, se inició una prueba en la unidad número cuatro de la central nuclear Vladímir Ilich Lenin, más conocida como Chernóbil. Con esta acción se pretendía comprobar la capacidad de enfriar el núcleo del reactor en caso de pérdida del suministro eléctrico exterior, alimentando 4 de las 8 bombas de agua de refrigeración con la energía residual existente durante el descenso de revoluciones del turbogrupo, cuando ya no llegara vapor a la turbina. La prueba debía realizarse entre los 700 y 1000 MW de potencia térmica.

Este punto de partida es conocido por muchos. Sin embargo, mi intención con este capítulo es repasar la secuencia de eventos que desencadenaron el accidente de Chernóbil para explicar, con argumentos sólidos y desde diversos puntos de análisis tanto de diseño como de operación, por qué una catástrofe de características similares no se puede producir en las centrales nucleares actuales, ni por sus causas, ni por sus consecuencias. Quizás te parezca una afirmación un poco presuntuosa, pero ya verás que cuando te explique lo que ocurrió y por qué ocurrió, podrás sacar tus propias conclusiones.

Es una cuestión de tecnología

RBMK son las iniciales de Reaktor Bolshoy Moshchnosti Kanalnyy, que significa «reactor de gran potencia de tipo canal». Sí, mejor RBMK, que era el tipo de reactor de Chernóbil. El diseño original de este tipo de reactores no tenía como objetivo principal la producción de energía eléctrica, que era su uso secundario, sino que se diseñó para la producción de plutonio para fabricar bombas atómicas. Aunque no consta que Chernóbil se utilizara para fabricar armamento porque en esa época la Unión Soviética ya tenía otros métodos más eficientes. Brevemente, eran reactores de uranio con un enriquecimiento del 2% de uranio-235, de agua ligera en ebullición y moderados por grafito. El núcleo contenía 190 toneladas de uranio, el doble que un reactor actual.

Los reactores RBMK se consideran **intrínsecamente inseguros** debido a la suma de una serie de coeficientes nucleares positivos. Sin entrar en detalles que necesitarían varias clases de física nuclear (y no creo que ahora tengamos el tiempo para ello), la conclusión práctica es que un aumento de potencia del reactor se traducía en un aumento de temperatura que provocaba, a su vez, un nuevo incremento de la potencia. Es un proceso que se retroalimentaba. Ante esta forma de funcionamiento, el control del reactor era especialmente complejo y conllevaba unos importantes riesgos asociados, como veremos más adelante. ¿Honestamente? Te aseguro que no me gustaría operar un reactor así.

Según la World Nuclear Association, el 65% de los reactores del mundo son de tecnología PWR (agua a presión), el 17% son BWR (agua en ebullición), el 11% son PHWR (agua pesada presurizada) y el resto tiene otras tecnologías. Los respectivos núcleos contienen en torno a 100 toneladas de uranio enriquecido entre el 2 y 5%. La mayoría absoluta de esos reactores fueron diseñados y todos se utilizan exclusivamente para la generación de energía eléctrica. Estos tipos de reactores se consideran **intrínsecamente seguros** gracias, y a diferencia de lo que sucede con el modelo RBMK, a un resultado negativo total de sus coeficientes. Es decir, la consecuencia es que un aumento de la temperatura del reactor comporta una disminución de potencia, lo que facilita su control y aumenta su seguridad.

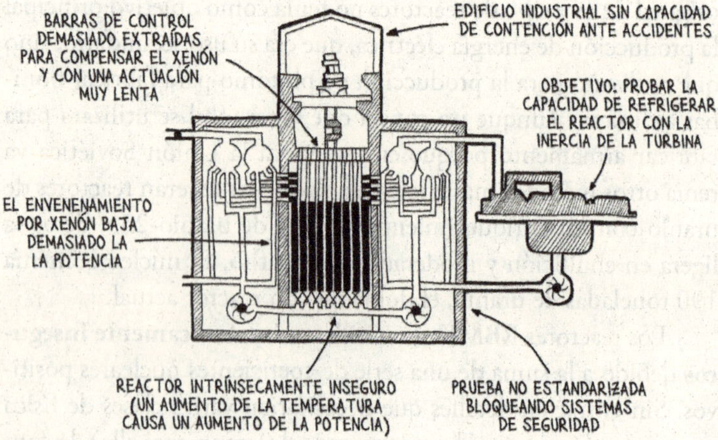

Una prueba suicida

Por la información disponible (y que seguro recordarás si has visto la serie de HBO que ha supuesto un éxito mundial, y de la que te hablaré en otro capítulo más adelante) sabemos que en Chernóbil, al iniciar la bajada de potencia hasta el nivel deseado, el administrador de la red eléctrica obligó a detener la maniobra durante unas 9 horas, lo que supuso que la concentración de xenón aumentara por encima de lo previsto. Es lo que llamamos **envenenamiento por xenón**. El xenón es un gas que se genera como producto de la fisión del uranio y por la desintegración del yodo-135, y cuya principal característica es su gran capacidad de absorción de neutrones causantes de las fisiones, y la consecuencia es la bajada de potencia del reactor, al disminuir las fisiones. Vamos, que la situación era ya inestable de por sí debido a esto. Una vez obtenido el permiso del administrador para retomar el descenso de potencia hasta el nivel de la prueba, esta cayó de manera inesperada hasta unos 30 MW térmicos, muy por debajo de lo previsto, muy probablemente por la citada presencia del xenón.

Después de unas dos horas, se consiguió estabilizar el reactor a una potencia de 200 MW térmicos. Estos cambios de potencia hicieron que subiera todavía más la concentración de xenón y, para evitar que el reactor se apagara por el efecto de absorción de neutrones que ya te he mencionado, se tomó la decisión de extraer las barras de control (los frenos del reactor) más allá de lo permitido, dejándose introducidas solo seis de las treinta barras que se necesitaban. No hace falta decirlo, esta decisión llevó a la central a una situación de elevado riesgo. Lo más sensato en estas circunstancias habría sido detener la prueba e insertar todas las barras de control. Pero eso, como todos sabemos, no ocurrió.

En esta situación, ya compleja desde el punto de vista de la operación, hay que tener en cuenta que la disposición de los equipos para la prueba que se pretendía realizar obligaba a bloquear la parada automática del reactor y, para poder observar la capacidad de refrigeración, se hizo lo mismo con los equipos de refrigeración de emergencia. Un auténtico suicidio. Para realizar la prueba programada, y estando con cuatro de las ocho bombas de recirculación del refrigerante paradas, se cerraron las válvulas de vapor de admisión del único turboalternador que estaba funcionando. Las cuatro bombas restantes, alimentadas solo con la electricidad producida durante la parada del alternador, no fueron capaces de refrigerar el núcleo del reactor y los equipos de emergencia no entraron en funcionamiento, puesto que habían sido intencionadamente dejados fuera de servicio, como requería la prueba. Cuesta abajo y sin frenos.

Con el reactor ya fuera de control, la temperatura del refrigerante subió y empezó a hervir. Debido a los coeficientes positivos explicados un poco más arriba, aumentaron la potencia y la temperatura, que se retroalimentaron mutuamente causando lo que técnicamente se denomina una **excursión de potencia**. De acuerdo con algunas estimaciones, la potencia del reactor aumentó hasta alrededor de 30.000 MW térmicos, diez veces su potencia nominal. ¿Sabes lo que es meter un cubito de hielo en un vaso de agua caliente y ver cómo desaparece a gran velocidad? Pues algo parecido sucedió, ya que la elevada temperatura que ya tenía el combustible hizo que el refrigerante se vaporizase y desencadenó una gran explosión química de vapor que dañó la envolvente del reactor. En ningún momento se produjo una explosión nuclear, ya que se trata de algo físicamente imposible debido al bajo enriquecimiento del uranio de los reactores nucleares. Como ya sabes, te recuerdo que este enriquecimiento se sitúa entre el 2 % y el 5 %, mientras que el necesario en una bomba atómica es del 90 %.

¿Qué hicieron los operadores ante este escenario? Ahora sí, intentaron proceder a la parada manual del reactor pulsando el famoso botón AZ-5, pero las barras de control no se insertaron correctamente, quizás debido a que ya existía cierta deformación en el núcleo, imposibilitando mecánicamente el deslizamiento de las barras entre la estructura. Las barras de control, por motivos puramente económicos, tenían la parte inicial de grafito, que es un buen moderador de neutrones, es decir, que ayuda a bajar la velocidad de los neutrones contribuyendo a que fisionen nuevos núcleos de uranio. ¿Qué significa esto? Que la consecuencia de intentar insertarlas fue un mayor aumento de la potencia. Además, aunque las barras de control se hubieran insertado completamente en el núcleo, su efecto habría sido probablemente nulo debido a la lentitud del proceso: unos 20 segundos para la inserción y 10 segundos más para ser efectivas. En definitiva, las barras de control se insertaron tarde y mal.

Sin embargo, en la actualidad…

Hasta aquí, lo que pasó en Chernóbil es imposible que pase en cualquiera de los reactores actuales, porque a diferencia de Chernóbil, en los reactores actuales la seguridad es la premisa básica para la operación y existe un control técnico y administrativo muy estricto sobre cualquier acción y, por supuesto, sobre cualquier actuación sobre las barras de control para evitar tanto inserciones como extracciones fuera de un determinado margen. De hecho, para que te hagas una idea, las barras de control de los reactores actuales no han tenido nunca la punta de grafito, la inserción de emergencia se produce en un tiempo mucho menor y su efecto, la parada del reactor, es inmediato: menos de 2,7 segundos en los PWR y 1,5 segundos en los BWR. Vamos, lo mismo que un estornudo.

Frente a una situación de riesgo, la obligación de los operadores es comprobar o actuar manualmente sobre la parada de seguridad del reactor, deteniendo la central, para minimizar las necesidades de refrigeración. La seguridad es siempre el primer parámetro tanto en el diseño de la instalación como en sus criterios de funcionamiento, aplicados por los operadores en todas sus acciones. Además, como ya te he dicho antes, la tecnología del diseño de los reactores actuales hace que, ante un posible recalentamiento, la potencia del reactor disminuya.

Es necesario tener también en cuenta que en los reactores actuales está absolutamente prohibido, como es lógico, realizar pruebas que dejen fuera de servicio los sistemas de seguridad de la central sin disponer de medios y planes de actuación alternativos probados que puedan cumplir sus funciones y garantizar, en todo momento, la seguridad de la instalación. Cualquier prueba que se realiza, además de una conservadora cadena de toma de decisiones que evite riesgos, se apoya en la experiencia internacional y está supervisada por el organismo regulador.

El accidente está en marcha

Pero volvamos a Chernóbil. La rotura de la envolvente del reactor permitió la entrada de oxígeno que, combinado con el grafito y las altas temperaturas, provocó un gran incendio. Una segunda explosión arrojó fragmentos de los canales de combustible y del grafito caliente. Existe cierta controversia entre los expertos sobre el carácter de esta segunda explosión: es posible, aunque poco probable, que la desencadenara la producción de hidrógeno a partir de las reacciones químicas del vapor con el circonio, porque esa generación es muy lenta, así que probablemente la segunda explosión fue de vapor. Dos trabajadores murieron instantáneamente como resultado de estas explosiones. El grafito siguió ardiendo y los productos de fisión se comenzaron a liberar al medioambiente.

Se inyectaron entre 200 y 300 toneladas de agua por hora en la mitad intacta del reactor usando las bombas de alimentación auxiliar, pero después de mediodía tuvieron que dejar de hacerlo debido al peligro de inundación de los otros reactores. El problema también en parte fue que no se disponía de un procedimiento claro de actuación, y desde el primer segundo hasta el décimo día después del accidente, unas 5000 toneladas de boro, dolomita, arena, arcilla y plomo fueron lanzadas al núcleo en llamas desde helicópteros en un esfuerzo titánico por extinguir el incendio y limitar la liberación de partículas radiactivas al exterior.

Es muy relevante tener en cuenta que el edificio que contenía el reactor de Chernóbil era una construcción industrial, con estructura metálica y sin capacidad de blindaje ni de contención ante accidentes, como lamentablemente se pudo comprobar. De nuevo el diseño nos lleva a otro argumento fundamental: en las centrales nucleares actuales los reactores se encuentran en el interior de los **edificios de contención**, construcciones diseñadas para soportar tanto posibles accidentes en su interior, evitando así la emisión de material radiactivo al exterior, como para proteger el reactor ante posibles agresiones externas, como el impacto de un avión. Dichos edificios disponen también de sistemas para filtrar el aire contaminado antes de su liberación al exterior en caso de ser necesaria la despresurización del recinto y también de recombinadores de hidrógeno activos y pasivos (que no necesitan alimentación eléctrica), que combinan las moléculas de hidrógeno con el oxígeno formando agua y evitando así las posibles explosiones de hidrógeno. Como puedes comprobar, un Chernóbil es técnicamente irreproducible en nuestros reactores.

Más diferencias

Sabemos que los operadores de Chernóbil no conocían adecuadamente el funcionamiento de su central en las condiciones de la prueba que se pretendía realizar y, aunque disponían de un simulador donde entrenarse, se compartía por todos los turnos de operación de 14 reactores. Imagínate que está sucediendo ante ti una de las mayores catástrofes nucleares de la historia, tú no tienes los conocimientos necesarios y estás en una sala que se parece al puente de mando de la Estrella de la Muerte de *La guerra de las galaxias*. Además, en la antigua Unión Soviética no existía un regulador en materia nuclear homologable internacionalmente que supervisara la operación segura de sus centrales nucleares.

La mayoría de los operadores actuales somos ingenieros o con estudios equivalentes y obtenemos nuestra licencia tras una durísima formación, como ya te he contado en profundidad en un capítulo anterior del libro. Es habitual que exista un simulador por reactor en el que se ejercitan ante todas las situaciones que puedan aparecer durante la operación de la central, como averías, accidentes de diversa gravedad y combinaciones de ambos. Además, como ya sabes, quien concede la licencia tras ese período de formación suele ser el regulador de cada país y la cualificación mínima para superar todas las pruebas es de 8 sobre 10. En fin, que la exigencia es máxima por la seguridad de todos.

Además del fuerte compromiso con la seguridad de los operadores, el regulador dispone de un cuerpo técnico y normativo homologado internacionalmente, con inspectores residentes en todas las centrales con rango de agente de la autoridad, que tienen acceso a toda la información y a todos los recintos de la instalación para poder realizar su labor.

El personal que hizo frente a la emergencia de Chernóbil carecía de formación específica, no disponía de equipos de protección individual adecuados y no llevaba el necesario dosímetro, que habría servido para supervisar y limitar la dosis radiactiva que recibió. Los medios, preparación y formación actuales nada tienen que ver con lo que conocemos de la actuación de respuesta ante ese accidente.

Para garantizar la seguridad de la población, en la Unión Soviética existía un plan de emergencia nuclear desde el año 1964, pero no se llegó a aplicar durante la emergencia de Chernóbil. Y no queda ahí la cosa, ya que las autoridades trataron inicialmente de ocultar el accidente y tardaron mucho tiempo en informar de lo sucedido y poner en marcha los protocolos para proteger a la población. Todas las centrales nucleares actuales disponen de planes de emergencia interiores y exteriores que se actualizan periódicamente, tienen logística preparada en la eventualidad de este tipo de sucesos (como vehículos y megafonía en los municipios) y además se realizan simulacros anuales en el interior de las centrales con apoyo exterior, como bomberos y ejército. De cada simulacro se extraen lecciones para mejorar los procedimientos y la formación. Además, todo el personal involucrado en la gestión de una emergencia se entrena periódicamente y recibe una formación específica, y están claramente establecidos los protocolos de evacuación y los de profilaxis de la población (pastillas de yodo) por si fuese necesario activarlos.

En este sentido, la organización de respuesta ante una emergencia en las centrales nucleares dispone de una rigurosa formación sobre todos los accidentes postulados, entrenamiento en simulacros periódicos, equipos de protección individual según los estándares internacionales y dosímetros homologados para limitar su dosis, que está previamente establecida en la legislación vigente. Y todo ello supervisado por el organismo regulador. Justamente, todo de lo que se carecía en Chernóbil hace más de treinta años.

En conclusión

A menudo el grave accidente nuclear de Chernóbil y sus consecuencias suelen utilizarse como argumentos contra el uso de la energía nuclear. Aunque suele faltar mucha información sobre la realidad y el contexto de lo que pasó el 26 de abril de 1986, con frecuencia existen casos de clara intencionalidad y pretensión de confundir a partir del miedo a lo que podría ocurrir en nuestros reactores.

Estos argumentos no solo representan una falacia lógica, la llamada «muestra sesgada» que induce a una conclusión errónea gracias a generalizar («como hay accidentes nucleares, ninguna central es segura y puede pasar en todo el mundo»), sino que generan un temor infundado sobre el funcionamiento de las centrales nucleares actuales. ¿O acaso dejamos de volar en aviones porque existan accidentes aislados o de funcionamiento con algunos de ellos?

En definitiva, Chernóbil fue un grave accidente nuclear del cual hemos aprendido muchas y muy valiosas lecciones, pero en ningún caso es un argumento válido contra el uso de la energía nuclear por las insalvables diferencias sobre los reactores actuales. Pero, por favor, no creas todo lo que te digo, contrástalo con fuentes fiables y obtén tus propias conclusiones.

13

Chernóbil no será inhabitable durante miles de años

Se suele decir que, cuando solo tienes un martillo, todo te parecen clavos. La mayor parte de los mitos relacionados con la energía nuclear apelan al miedo irracional. Como te decía, los detractores de esta energía suelen utilizar el accidente de Chernóbil y sus consecuencias como argumento, habitualmente citando cifras de años de inhabitabilidad que acostumbran a ser proporcionales a su miedo o a su interés por magnificar de manera artificial las consecuencias del accidente. ¿Qué produce más miedo, 500 años o 24.000 años de radiactividad?

Decaimiento radiactivo

La radiactividad decrece con el tiempo de forma inversamente exponencial. No te preocupes si no estás acostumbrado a esos términos matemáticos, porque te lo explico con palabras muy sencillas: la radiactividad disminuye de manera muy rápida durante los primeros años y de manera muy lenta después. Como vimos en el capítulo «Todo es radiactivo», los isótopos radiactivos emiten partículas y ondas electromagnéticas muy energéticas hasta conseguir la estabilidad, es decir, hasta dejar de ser radiactivos.

La mayor parte de los isótopos radiactivos vertidos al medioambiente durante el accidente de Chernóbil ya han decaído en otros isótopos estables, quedando únicamente el cesio-137 y el estroncio-90 como los mayores contribuyentes a las dosis recibidas por las personas, con un **período de semidesintegración** de aproximadamente treinta años cada uno. Esto significa que cada treinta años que pasan la dosis que producen es la mitad.

El yodo-131 es probablemente el isótopo más temido durante un accidente nuclear y para el que afortunadamente existe una buena solución: las pastillas de yodo no radiactivo. Al ser un gas, es fácilmente inhalado y se deposita en la glándula tiroides. Si incorporamos en nuestro organismo yodo radiactivo, estaría irradiándonos desde nuestro interior hasta que dejara de ser radiactivo. Y eso ocurriría durante varios días, ya que su período de semidesintegración (recuerda, su dosis radiactiva se reduce a la mitad) es de ocho días. Si tenemos una muestra de un gramo, al cabo de ocho días tendremos 0,5 gramos, mientras que los 0,5 gramos restantes se habrán convertido en xenón-131, que no es radiactivo, 8 días más tarde tendremos 0,25 gramos, y así sucesivamente. La solución simple es tomar pastillas de yodo no radiactivo, que se deposita también en la tiroides hasta saturarla, evitando que el yodo-131 se incorpore y ayudando a que sea excretado sin causar daños en nuestro organismo.

En el accidente de Chernóbil se liberaron todos los gases nobles, además de elementos volátiles como yodo, cesio, estroncio, telurio, plutonio y uranio (ya sabes, si algún día te quedas sin ideas para ponerle nombre a tu mascota, puedes acudir a la tabla periódica que tiene algunos muy originales). Por fortuna, todos estos isótopos —excepto el plutonio y el uranio— decaen en pocos años, y estos dos últimos, al decaer tan lentamente, producen una dosis extremadamente baja. En la actualidad los únicos contribuyentes significativos a la dosis de radiación en las personas son el cesio-137 y el estroncio-90, lo que significa que los niveles de dosis caerán aproximadamente al ritmo de desintegración de estos dos isótopos: cada treinta años, la mitad.

Como te explicaba, la contaminación por plutonio y uranio no contribuye significativamente a la dosis radiactiva debido a su tipo de desintegración (partículas alfa, que son núcleos de helio) y su largo período de desintegración: 24.000 años para el plutonio-239 y 4500 millones de años para el uranio-238 (la edad de la Tierra), el mismo uranio que encontramos en el subsuelo, en el granito de nuestras cocinas y que usamos para producir energía nuclear. Lo reitero porque creo que es importante saber que cuanto más tiempo tarda en decaer un isótopo, menos radiactivo es y, por lo tanto, produce una dosis menor. Sin embargo, se debe considerar su presencia al desarrollar actividades económicas del sector primario, como la agricultura y la ganadería. Recuerda, lo importante siempre es la dosis.

Décadas después del grave accidente de Chernóbil los niveles de radiación iniciales han disminuido en más de un orden de magnitud (se han dividido por más de diez), llegando incluso a niveles equiparables al fondo natural anual mundial, que es la dosis radiactiva que recibimos los seres humanos solo por vivir en el planeta. Por lo tanto, es posible habitar gran parte de la actual zona de exclusión de Chernóbil sin mayor riesgo para la salud (a lo mejor a los alérgicos al polvo les resulta perjudicial por eso de las ruinas y el estado del lugar), incluso estando expuesto en zonas concretas a niveles de radiación mayores, pero que siguen sin ser perjudiciales para la salud. Las personas que viajan a Chernóbil acompañadas de un detector de radiactividad Geiger suelen explicar (con gráficas) que han recibido más dosis durante el viaje en avión que durante su estancia en la zona de exclusión.

Las zonas donde hoy en día se considera que existe un incremento en el riesgo de padecer consecuencias para la salud es parte de la ciudad de Prípiat y los primeros kilómetros al norte de la central nuclear. Más de 100 mSv/año podrían aumentar la probabilidad de desarrollar un cáncer. Si tomamos un mapa con los lugares más radiactivos del área de exclusión, la dosis actual es de unos 12,7 µSv/h, que corresponde a una dosis de 111 mSv anuales. Esta dosis, siendo considerable y por tanto no recomendable para vivir permanentemente, es incluso menor que la que existe de forma natural en la playa de Guarapari, en Brasil, debido a un mineral que contiene torio y que es muy común en las montañas que alimentan de arena las playas de la zona. Aunque si lo que te interesa para tu residencia es el buen tiempo, quizás prefieras más exposición a la radiactividad a cambio de estar tumbado en la playa (siempre con protección solar, por supuesto).

De viaje turístico por Chernóbil

La **irradiación** es el impacto de las partículas de alta energía emitidas por los isótopos radiactivos en nuestro cuerpo, de igual forma que impacta la luz solar en nuestra piel. En función de la cantidad de dosis recibida, podemos distinguir dos clases de efectos. Si la dosis es altísima, la irradiación nos producirá efectos similares a grandes quemaduras con un deterioro importante de la piel y de los órganos. Si la dosis es muy baja, como nos encontramos cada día y nos encontraríamos en una visita a Chernóbil, las consecuencias dependerían de la probabilidad. En el peor y más improbable de los casos, se podría desarrollar un cáncer, y en el mejor de los casos y más probable, la irradiación sería totalmente inofensiva.

Habiendo aclarado esto, no sé si sabes que en la actualidad se puede visitar Chernóbil, siempre acompañado de un guía y siguiendo disciplinadamente sus indicaciones para evitar la **contaminación radiactiva** externa e interna. La contaminación externa es la adherencia a nuestra ropa o a nuestra piel de isótopos radiactivos. Estos materiales nos están emitiendo partículas de alta energía, es decir, radiactividad, mientras los tengamos adheridos. Podemos pensar en la contaminación radiactiva como suciedad radiactiva, aunque no sea visible; como el olor en la ropa cuando has freído comida y que no se va así por las buenas, acompañándote todo el día.

Por fortuna, la contaminación externa es muy fácil de eliminar, tanto como la suciedad convencional de esa ropa que huele a fritanga. Si la contaminación está en nuestra ropa, basta con quitárnosla. Si está en nuestra piel, la solución es lavarla con abundante agua y jabón. Pero si la contaminación es interna, la facilidad de eliminación depende del tipo de sustancia: unas se excretan con la respiración o la orina, y otras permanecen mucho más tiempo en el cuerpo, siendo necesario en algunas ocasiones tomar fármacos para ayudar a eliminarlas.

Toma nota por si te interesa hacer el viaje: para realizar una visita con seguridad a Chernóbil no está permitido fumar, comer, ni beber en los espacios abiertos. Está prohibido sentarse en el suelo y dejar objetos personales en él. No está permitido comer ningún tipo de frutos silvestres, ni beber agua de los pozos, ni tocar la vegetación o los objetos que se encuentran en el suelo. El objetivo de todas estas normas es evidente: no llevarnos a casa isótopos radiactivos, ni en nuestra ropa, ni en nuestra piel, ni en el interior de nuestro cuerpo. De hecho, en cada excursión hacen pasar por pórticos que detectan si existe contaminación.

Las visitas se realizan en todo momento con dosímetros, que permiten saber la cantidad de irradiación que estamos recibiendo en todo momento, además de la acumulada durante todo el día. En el caso de una visita a Chernóbil, la dosis de irradiación es muy baja; como te decía, menor incluso que la que recibiremos en el vuelo que nos llevará a Ucrania debido a los rayos cósmicos, y mucho menor que la de una simple radiografía. Por tanto, teniendo en cuenta las precauciones y comprendiendo los conceptos que te he explicado, es completamente seguro viajar a Chernóbil. Pero, por favor, si decides realizar ese interesante viaje, hazlo con el debido respeto al sufrimiento de muchas personas y cumpliendo escrupulosamente con todas las normas de protección radiológica.

14

¿Es la serie *Chernobyl* de HBO fiel a la realidad?

En 2019 se emitió la miniserie *Chernobyl* en la plataforma de televisión HBO, con un notable éxito de audiencia y de crítica (sin ir más lejos, ganó varios Globos de Oro, diez premios Emmy y se encuentra entre las series mejor valoradas de la plataforma IMDb). La serie consta de cinco capítulos en los que se dramatiza el accidente de la central nuclear de Chernóbil en 1986, en la República Socialista Soviética de Ucrania, perteneciente a la actualmente desaparecida Unión Soviética. El propio creador de la serie, Craig Mazin, declaró tras el estreno que «la lección de *Chernobyl* no es que la energía nuclear moderna sea peligrosa. La lección es que la mentira, la arrogancia y la supresión de la crítica son peligrosas».

Como bien sabrás, que una serie de televisión o película esté basada en hechos reales no significa que sea un documental ni que los acontecimientos que muestra sean científicamente demostrables; solo hay que ver *Titanic*, por ejemplo, cuya narración mezcla realidad (el hundimiento del barco) y ficción (la historia de amor), y cuyo final todavía suscita discusiones sobre la famosa tabla de madera flotante. En general, es habitual que el autor, basándose en documentos, libros o testimonios de los protagonistas reales, plasme en una pieza audiovisual su propia visión de lo ocurrido. Si estás leyendo este libro es probable que hayas tenido oportunidad de ver la serie *Chernobyl* y te preguntes si todo lo que muestra es cierto. La respuesta rápida es que sí; a grandes rasgos, la historia que muestra es correcta, pero una respuesta más detallada obliga a repasar los errores técnicos y médicos de la serie, alguno de ellos de bulto. Si no has visto la serie y quieres verla antes de leer mis comentarios, puedes saltarte este capítulo; aquí te espero. De lo contrario, «¡alerta, *spoilers*!».

Los personajes

Los autores de la serie, por la propia estructura narrativa, necesitaban enfatizar el papel de algunos personajes. Por ejemplo, se muestra a un Valeri Legásov (interpretado por Jared Harris y, podríamos decir que, protagonista de la serie) como un destacado físico nuclear (en realidad era doctor en Química Inorgánica) que está presente en todas las acciones de los equipos de emergencia, cuando en la realidad apenas se le vio sobre el terreno. Curiosamente, el personaje de Ulana Khomyuk (interpretada por la nominada al Oscar Emily Watson), una física nuclear que intenta tenazmente descubrir las causas del accidente, no es un personaje real, sino que representa a todos los científicos que trabajaron en la investigación y que en la serie habría sido poco práctico mostrar (si no queríamos que, en vez de cinco capítulos, durase veinte).

Uno de los mitos que se representan en la serie (y que, de hecho, es una leyenda urbana bastante común a la hora de hablar del accidente de Chernóbil) tiene que ver con la que posiblemente sea una de las historias más dramáticas en las operaciones posteriores al accidente: la de los tres buzos que supuestamente se sacrificaron para evitar una explosión que habría afectado a toda Europa y que más adelante analizaremos. La realidad es que los tres sobrevivieron a su acción (y que la verdadera solución requirió de una misión de drenaje realizada por un grupo de bomberos bien entrenados). Uno de ellos, Borís Baranov, murió en 2005 tras un paro cardíaco (sin relación aparente con la dosis recibida), y los otros dos, Valeri

A. Bezpalov y Alekséi Ananenko, siguen vivos hoy en día. Pero, claro, esto es menos hollywoodiense (aunque no le resta mérito al hecho de que se prestaran voluntarios).

Errores técnicos

En el primer episodio, en el que se narra la secuencia final de eventos del accidente, se produce un fallo en la traducción del inglés (idioma original de la serie) al español, debido a que distintos actores dicen reiteradamente que se deben extraer las barras de control para detener el reactor (vale, este error tal vez no te afecte tanto si viste la serie en versión original). Como ya sabes a estas alturas, las barras de control de un reactor nuclear son sus frenos, ya que absorben neutrones y detienen la reacción en cadena. ¿Te imaginas que alguien te indica que para frenar un coche has de acelerar? Así pues, es fácil deducir que, si quieres detener un reactor nuclear, debes insertar las barras de control, no extraerlas.

Valeri Legásov nos explica en la serie que el uranio-235 es como una bala que lo atraviesa absolutamente todo y que no se detendrá en miles de años. La metáfora es tan aterradora... como técnicamente falsa. El uranio-235, igual que el resto de los isótopos del elemento, es un emisor de partículas alfa (núcleos de helio), que es un tipo de radiación ionizante (radiactividad) que se puede detener fácilmente con una hoja de papel o la piel del cuerpo humano. Sí puede causar daño en los tejidos internos muy blandos, como son los pulmones, así que el riesgo está sobre todo en respirar o tragar un emisor alfa. De ahí que, técnicamente, no sea una bala que lo atraviesa todo. En general, los núcleos más pesados como los del uranio y del temido plutonio son emisores alfa, con un mayor poder de causar daños, pero también son fáciles de detener en las primeras capas de la piel humana.

Además, el mayor riesgo del uranio no es el propio elemento en sí, sino los productos de su fisión. Cuando bombardeamos con un neutrón el núcleo del uranio-235, se producen habitualmente dos nuevos fragmentos, que son dos elementos químicos de menor masa atómica que el uranio, varios neutrones y mucha energía (por eso fisionamos). Estos fragmentos, que llamamos **productos de fisión,** son también inestables, así que resultan radiactivos hasta que consiguen la estabilidad. La mayoría de ellos lo consiguen en unos días, una pequeña minoría puede llegar a tardar miles de años, pero otra pequeña parte, la más peligrosa, suele tener un período de semidesintegración (eliminación de la mitad de la cantidad) de unos treinta años. Por consiguiente, la impactante afirmación atribuida a Legásov es claramente falsa (a lo mejor se vinieron arriba con el dramatismo), ya que las supuestas balas se detienen con un blindaje muy débil y la mayor parte de ellas dejan de existir durante las primeras décadas.

En la serie se afirma que el reactor número 4 de Chernóbil seguía encendido (fisionando uranio) después de la segunda explosión de vapor. Un reactor nuclear mantiene una **reacción en cadena** en la que los neutrones generados en unas fisiones alcanzan otros núcleos de uranio-235 y producen nuevas fisiones. Pero los neutrones deben **moderarse** (ralentizarse) para alcanzar su objetivo. El moderador principal de un reactor RBMK es el famoso grafito, una parte del cual saltó por los aires cuando se produjo la segunda explosión de vapor, cayendo en las proximidades del reactor en forma de escombros (y cuyos trozos sostienen los bomberos incautamente con las manos). Además, al evaporarse súbitamente el refrigerante, también se perdió el segundo moderador, el agua. Los neutrones se fugaban del núcleo no consiguiendo fisionar más uranio-235 y la reacción en cadena se detuvo. La conclusión es evidente: tras la segunda explosión, el reactor dejó de funcionar.

En una secuencia terroríficamente bucólica, varios habitantes de Prípiat observan desde el llamado «puente de la muerte» un enorme resplandor que surge de la central nuclear accidentada, presumiblemente de la **radiación de Cherenkov**. Este efecto se produce en medios transparentes y densos como el agua cuando las partículas cargadas viajan más rápido que la luz. Sí, has leído bien: más rápido que la luz en el agua, pero siempre por debajo de la velocidad de la luz en el vacío. No es posible observar ese fenómeno en el aire, salvo en las proximidades del combustible en determinadas condiciones, y mucho menos en forma de columna hacia el cielo. Por lo que la escena podía necesitar de algo que se viera para poder transmitir esa terrorífica sensación (y evitar que no se entendiera el hecho de que muchas personas estuvieran expuestas a algo invisible), pero el recurso usado no es cierto. De hecho, todavía hay más: no existe evidencia de que las personas que estaban sobre el puente perdieran la vida tras el macabro espectáculo.

También se afirma en la serie que se podría haber producido una explosión de 3 a 4 megatones (millones de toneladas de TNT equivalentes) que habría contaminado toda Europa. Ucrania y Bielorrusia serían inhabitables durante al menos cien años. El origen de este mito fue un documental de la BBC que citaba las grabaciones originales de Valeri Legásov, pero en ellas no se habla de tal explosión (de nuevo, es obvio que un dato así es tan espeluznante como dramático…). Si el **corium** (combustible fundido) del reactor hubiera alcanzado la piscina de supresión, se podría haber producido una nueva explosión de vapor (la tercera, después de que las dos primeras destruyeran el núcleo), pero según varios cálculos, y en el caso más desfavorable, habría alcanzado los 13 kilotones, que es 1000 veces menos potente que lo dicho en la serie. La única forma de conseguir una explosión de esa potencia hubiese sido con una bomba atómica. Y, de nuevo, si fuera de uranio necesitaríamos un enriquecimiento (proporción de uranio-235) mayor del 90 %, mientras que el reactor de Chernóbil utilizaba solo un 2 %.

Errores médicos

El cine y las series de televisión suelen tomarse licencias narrativas para hacer más espectaculares los acontecimientos y provocar mayores sensaciones en los espectadores. La trágica historia de Vasili Ignatenko, bombero que acudió a la central en los primeros momentos del accidente, y de su esposa Liudmila son un buen ejemplo de errores médicos y exageración de los síntomas de los efectos de la radiactividad. El bombero fue de las primeras personas que entró en contacto con los restos de grafito altamente activado que saltó por los aires tras las explosiones de vapor del reactor. La dosis que recibió el bombero justificaba la aparatosa dermatitis que mostraba al entrar al hospital (similar a una enorme insolación), pero no la imagen que se puede ver al final de su vida, con un aspecto más similar a un zombi que a una persona que ha sufrido el síndrome de irradiación aguda.

La historia paralela de Liudmila, la mujer embarazada del bombero, también es digna de mención. La serie dice que tras la muerte de su esposo ella da a luz a su hija Natasha, que muere a las pocas horas por una cirrosis y problemas congénitos debido a la radiactividad que absorbió en lugar de la madre. Cuando una persona ha recibido una dosis de radiación ionizante no se vuelve radiactiva, a no ser que se haya contaminado con material radiactivo. Por ejemplo, si te haces una radiografía, los rayos X atraviesan tu cuerpo, pueden o no haberte producido un daño (es muy poco probable), pero tú no te has convertido en radiactivo. De igual forma, si recibes una dosis de insolación que aumenta tu riesgo de cáncer de piel, no puedes contagiar esa dosis y ese riesgo a otras personas. Así pues, Vasili no supuso ningún riesgo para su esposa ni para su futura hija.

En la parte final del quinto y último capítulo, se muestra una secuencia de imágenes acompañadas de texto en el que supuestamente se aportan datos reales sobre el accidente y sus consecuencias. Quizás la afirmación más grave es que tras Chernóbil se produjo un pico de casos de cáncer en Ucrania y Bielorrusia. Los estudios de UNSCEAR muestran un aumento de casos de cáncer de tiroides entre la población, pero no de otros cánceres (salvo el personal que atendió al accidente), y solo se detectó un ligero aumento en la incidencia de la leucemia en Ucrania, que podría ser explicado por la mejora en el diagnóstico después de las medidas tomadas tras el accidente. De hecho, tanto UNSCEAR como la OMS estiman en unas 4000 las muertes debidas a Chernóbil como extrapolación de modelos controvertidos (por ser exagerados) de los efectos a bajas dosis de radiactividad. Es cierto que existen otras fuentes que hablan de cifras mayores, pero también utilizan modelos, no datos estadísticos. Incluso organizaciones como Greenpeace han citado cifras de hasta 500.000 muertes sin explicar de dónde han obtenido dicha cifra. En mi opinión, sin duda el accidente de Chernóbil fue muy grave en términos de pérdida de vidas humanas, pero no tan grave como la mayoría de las personas piensa.

¿Positiva o negativa?

Cuando conocí la existencia de una serie de televisión sobre el accidente de Chernóbil, meses antes de su estreno, pensé que una parte de mi trabajo divulgativo habría sido en balde, puesto que la serie haría que los mitos antinucleares crecieran. Seguramente las personas contrarias a la energía nuclear pensaron lo mismo. Pero al ver la serie, y en especial en el último capítulo, intuí que despertaría el interés sobre la energía nuclear en muchas personas y gran parte de ellas comprenderían que las causas del accidente estuvieron más en un diseño desastroso y una nefasta gestión política del accidente que en la propia energía nuclear. Así pues, más allá de comprensibles licencias cinematográficas y de algunos errores científicos y técnicos, considero que *Chernobyl* es una excelente serie que tendrá unas consecuencias positivas sobre el futuro de la energía nuclear.

15

Fukushima no causó muertes por radiactividad

Como seguramente sabrás, el 11 de marzo de 2011 se produjo un terremoto de magnitud 9 frente a la costa este de Japón, generando un tsunami que causó enormes daños en la costa y que se llevó la vida de unas 20.000 personas. A consecuencia del tsunami, la central nuclear de Fukushima Daiichi, que resistió sin dificultad el terremoto, perdió sus generadores diésel y por tanto su capacidad de refrigerar tres de sus reactores, provocando un accidente nuclear clasificado como de nivel 7 en la Escala Internacional de Eventos Nucleares (INES). Después de varias explosiones de hidrógeno durante los días 12, 14 y 15 de marzo, cantidades sustanciales de materiales radiactivos se emitieron al medioambiente.

Fue un accidente muy grave, sin paliativos. Fue grave porque produjo importantes emisiones radiactivas, grave porque obligó a muchos profesionales nucleares a realizar un enorme esfuerzo de mitigación recibiendo más dosis radiactivas de lo habitual, y grave porque causó un gran estrés y miedo a muchas personas, induciendo a una evacuación probablemente innecesaria que causó muertes. Sin embargo, en contra de lo que puedas pensar, hasta la fecha no se ha podido probar científicamente que ninguna muerte fuese causada por la radiactividad, y no se espera un incremento en la incidencia de cáncer en el futuro. Así que, dentro de la innegable gravedad del accidente, estos datos deben tenerse en cuenta para ponderarlo adecuadamente.

Hablemos de la gravedad del accidente

Las personas que vivían cerca de la central nuclear fueron expuestas a la radiación ionizante producida esencialmente por el yodo-131 y el cesio-137. El primero tiene un período de semidesintegración de ocho días y puede inhalarse o ingerirse a través del agua o de alimentos contaminados, sobre todo leche y vegetales. En el cuerpo humano, el yodo se concentra en la glándula tiroides, por eso es importante saturarla con yodo no radiactivo ingerido en pastillas, evitando así la deposición del yodo radiactivo. El cesio-137 tiene un período de semidesintegración de treinta años e implica un riesgo a largo plazo que se debe considerar en la dosis.

Un informe de la Organización Mundial de la Salud (OMS) en mayo de 2012 estimó la dosis de radiación que recibieron las personas que residían fuera de las áreas evacuadas durante el año posterior al accidente. La conclusión principal del informe fue que la mayoría de las personas en la prefectura de Fukushima habrían recibido una dosis de radiación de entre 1 y 10 mSv durante el primer año después del accidente o, lo que es lo mismo, el equivalente a la exposición a una tomografía computarizada del abdomen. Si comparamos este dato con la dosis que habrían recibido debido a fuentes naturales, 2,4 mSv, no son valores alarmantes. Cierto es que en dos zonas concretas las dosis fueron más altas: entre 10 y 50 mSv (que durante mucho tiempo ha sido el límite legal de dosis anual para los trabajadores nucleares en casi todo el mundo, actualmente reducido a 20 mSv), lo cual siempre está por debajo de los 100 mSv/año que se considera el umbral de riesgo de aumento de probabilidad de padecer cáncer (que, por ejemplo, equivaldría a 100.000 radiografías de un brazo).

Lo que dicen los informes sobre los efectos

Según el Comité Científico de Naciones Unidas sobre los Efectos de la Radiación Atómica (UNSCEAR), no se han observado efectos de radiación aguda en ninguno de los 20.115 trabajadores que participaron en las tareas de mitigación del accidente de Fukushima. UNSCEAR envió a 72 expertos a la zona a realizar mediciones para analizar la exposición a la radiación ionizante del accidente de unos 2 millones de personas. El informe final de UNSCEAR sobre los efectos de la radiación del accidente se publicó en 2014. La conclusión fue que las tasas de cáncer o de enfermedades hereditarias probablemente no mostrarían un aumento debido a que las dosis que recibieron los habitantes fueron muy bajas. Para que te hagas una idea, se espera que las personas de la prefectura de Fukushima reciban una dosis de 10 mSv durante toda su vida debido al accidente, mientras que la radiación de origen natural (radón, rayos cósmicos, materiales de construcción, alimentos) les proporcionará unos 170 mSv. El propio informe de UNSCEAR indicaba que «el efecto de salud más importante es sobre el bienestar mental y social, relacionado con el enorme impacto del terremoto, tsunami y accidente nuclear, y el miedo y el estigma relacionados con el riesgo percibido de exposición a la radiación». Así que de nuevo los mitos y creencias han tenido más impacto sobre las personas que el daño nuclear en sí.

Según los registros de la Compañía de Energía Eléctrica de Tokio (TEPCO), la dosis efectiva promedio de los trabajadores durante los primeros 19 meses después del accidente fue de aproximadamente 12 mSv, el equivalente a haberse realizado una angiografía coronaria. Alrededor del 35 % de los empleados recibió dosis totales de más de 10 mSv durante ese período.

En 2015, UNSCEAR publicó un libro blanco que evalúa toda la información disponible revisada por pares. La conclusión es que ninguna persona sufrió lesiones agudas por radiación ionizante y no se produjeron muertes entre los trabajadores ni entre el público debido a la exposición a la radiación resultante del accidente. Además, teniendo en cuenta las dosis recibidas, tampoco se espera en el futuro un incremento detectable en la incidencia del cáncer.

Para los doce trabajadores que se estimó que habían recibido las dosis de radiación absorbida más altas en la tiroides, se consideró un mayor riesgo de desarrollar cáncer, aunque afortunadamente es uno de los cánceres con mayor probabilidad de curación (entre el 80 y el 90 % de los pacientes consiguen librarse de la enfermedad). En alrededor de 160 trabajadores adicionales, que recibieron dosis efectivas de todo el cuerpo estimadas en más de 100 mSv, podría esperarse un mayor riesgo de padecer cáncer en el futuro, aunque los estudios epidemiológicos muy probablemente no lo detectarían debido a la dificultad de confirmar una pequeña fluctuación en la estadística de la incidencia de cáncer. En otras palabras, tampoco lo podremos saber.

Lo que está claro es que desde una perspectiva de salud global, los riesgos para la salud directamente relacionados con la exposición a la radiación son muy bajos en Japón y extremadamente bajos en los países vecinos y el resto del mundo.

Sí que hubo víctimas mortales, pero no por radiactividad

La evacuación de la población de la prefectura de Fukushima se realizó siguiendo el principio de precaución, pero estudios posteriores han llegado a la conclusión de que en la mayoría de las zonas dicha evacuación fue innecesaria, puesto que supuso más perjuicios que beneficios, ya que las dosis eran muy bajas. Se calcula que se evacuaron más de 100.000 personas y que se produjeron durante los primeros meses más de 1000 muertes prematuras, particularmente entre personas mayores que sufrieron el trauma de abandonar sus hogares. Como suele decirse, en este caso fue peor el remedio que la enfermedad.

Lamentablemente, eso no es todo. Un estudio publicado en 2019 realizado por el instituto IZA alemán analizó la cadena de acontecimientos que siguió al accidente nuclear y concluyó que el frío fue la causa de más de 1280 muertes en los tres años posteriores a la catástrofe. ¿Qué relación encontraron? Tras el accidente, el Gobierno japonés, también siguiendo el principio de precaución, decidió parar todas sus centrales nucleares, que producían el 30 % de la electricidad del país. El apagón nuclear obligó a aumentar la producción eléctrica de las centrales térmicas convencionales, alimentadas por carbón y gas natural, lo que incrementó las emisiones contaminantes (cuyas consecuencias podrían ser motivo de otro estudio) y repercutió al alza en el precio de la electricidad. Muchas personas no podían pagar la factura eléctrica y pasaban los inviernos sin encender la calefacción, aumentando de este modo la mortalidad. Parece una cadena de desdichas macabras.

De las desgracias también se aprende

Lo cierto es que la evacuación de la población tiene por objetivo prevenir los riesgos para la salud de las personas debido a la exposición a la radiactividad y, *a priori*, podría ser una medida que tuviese sentido. Sin embargo, el proceso de evacuación, especialmente durante un desastre natural (no olvidemos que Fukushima había sufrido uno de los mayores seísmos registrados en la historia y un enorme tsunami), puede presentar graves riesgos para la salud, especialmente para las personas más vulnerables.

Es por ello que la OMS plantea que los servicios de salud deben mejorar su capacitación para hacer frente a evacuaciones relacionadas con desastres, mejorando el apoyo psicológico y el bienestar de los evacuados. Varias voces autorizadas y estudios han concluido que se debe evaluar con más rigor la conveniencia de realizar una evacuación en caso de accidente nuclear para, como decía, medir si el remedio puede ser peor que la enfermedad.

16

Podemos comer pescado de Fukushima

«Un ministro japonés opina que se tendrá que verter agua radiactiva de Fukushima al mar», «Japón amenaza con verter agua radiactiva de Fukushima en el océano», «Fukushima contra sus pescadores: el agua radiactiva de la central amenaza con hundir su industria» y así durante varios días seguidos en septiembre de 2019. Mis notificaciones de Twitter echaban humo, así como mi buzón de mensajes directos. Todos los medios de comunicación se hacían eco de las palabras pronunciadas por el saliente ministro nipón de Medioambiente, Yoshiaki Harada: «Creo que no hay más opción que verterla al mar». El poco tacto del político, Fukushima, el agua radiactiva y los medios de comunicación formaron un cóctel explosivo. Pero vamos a analizar con calma los datos.

Tras el accidente de la central nuclear de Fukushima en 2011 se acumularon miles de toneladas de agua contaminada radiactivamente que provenía del enfriamiento de los reactores accidentados. En contra de lo que se suele pensar, salvo los primeros días, el agua utilizada para mantener refrigerados los reactores dañados no se ha lanzado al océano, sino que se ha ido almacenando en enormes contenedores. El agua almacenada en Fukushima es radiactiva porque contiene disueltos isótopos radiactivos. La mayor parte de ellos son minerales, así que se pueden eliminar con facilidad utilizando **desmineralizadores**, que son unos depósitos que contienen unas resinas (en forma de bolitas de 1 milímetro de diámetro) capaces de retener toda clase de minerales. Una vez saturadas, las resinas se tratan como residuos radiactivos de media actividad y se almacenan con seguridad, como te explicaré en otro capítulo más adelante. Este tratamiento ya se ha realizado en Fukushima, pero existe un isótopo radiactivo para el que no tenemos tratamiento, el tritio.

Te presento al tritio

Aproximadamente $7x10^{16}$ Bq (un siete seguido de 16 ceros de desintegraciones por segundo) de tritio se producen anualmente en la atmósfera debido a los rayos cósmicos que, como su nombre indica, provienen del espacio. El tritio es un isótopo radiactivo del hidrógeno (hidrógeno-3) que contiene dos neutrones, un protón y un electrón. Su período de semidesintegración es de 12,3 años; es decir, cada 12,3 años permanece la mitad del tritio, porque la otra mitad se ha desintegrado en un isótopo no radiactivo del helio.

El tritio es un emisor de electrones muy poco energéticos (18,6 keV máximo) que pueden ser detenidos con una simple hoja de papel, por eso tienen dificultades para atravesar las paredes celulares y alcanzar el ADN. ¿Y por qué no pasan ni un folio ni la piel? Porque se dispersan en las nubes de electrones de otras moléculas a través de colisiones inelásticas y sufren el **efecto Bremsstrahlung**. Este efecto con nombre impronunciable consiste en la generación de radiación electromagnética (ondas de la misma naturaleza que la luz y la radio) muy poco ionizante, es decir, con muy poca capacidad para dañar las células y su ADN. En resumen, la dosis radiactiva producida por el tritio es extremadamente baja.

Pero todavía hay más. La mitad del tritio que entra en el cuerpo humano es metabolizada y la otra mitad es excretada (es la forma elegante de decir que lo expulsamos del cuerpo) en unos diez días cuando se encuentra en el agua del cuerpo, y cuarenta días cuando está en la materia orgánica.

Hay quien cree que el tritio es cancerígeno en dosis extremadamente altas, pero es solo una hipótesis, porque nunca se han apreciado efectos adversos para la salud en humanos. Estudios con ratones en laboratorio han registrado daños, pero no mortales, tras hacerles ingerir cantidades desorbitadas de tritio. A más de uno le gustaría que le ocurriera lo mismo a la cerveza.

Los riesgos para la salud del agua contaminada con tritio son tan bajos que no existe un límite legal uniforme en todos los países, y los establecidos son aleatorios. Para que te hagas una idea, en Estados Unidos el límite es de 740 Bq/litro (desintegraciones por segundo y por litro) para el agua potable, mientras que en Canadá el límite legal es de 7000 Bq/litro, casi diez veces más. Por ejemplo, en torno a 1 Bq/litro está presente en el agua mineral y, de manera habitual, unos 100 Bq de tritio están presentes en un cuerpo humano de unos 65 kg. Por lo que, insisto, estos límites no tienen base científica porque no se amparan en ningún estudio que demuestre que por encima de ellos exista un riesgo para la salud de las personas. Podemos decir que son límites extremadamente conservadores.

¿Cuál es la concentración típica de tritio natural en el agua de mar? Por si te lo estás preguntando, es de aproximadamente 1 Bq/litro. No es la única concentración de isótopos radiactivos que se halla en el agua del mar: por ejemplo, altas concentraciones de potasio-40, rubidio-87 y otros tantos se encuentran en los océanos del mundo, la absoluta mayoría de origen natural. Afortunadamente, la vida media biológica del tritio en la fauna y flora marina es menor que en los seres humanos, apenas dos días, y la dilución del agua tritiada en el agua del mar evitaría que cualquier dosis significativa llegara a las personas a través de la ingesta de pescado.

¿De qué modo te puede afectar el tritio?

El impacto en el cuerpo humano, suponiendo una ingestión anual de 60 kg de pescado que ha incorporado 0,15 Bq/kg de tritio, genera una dosis de 0,0002 µSv, algo realmente insignificante si tenemos en cuenta, por ejemplo, que la dosis equivalente a comerte un plátano al día durante un año equivaldría a 36,5 µSv. No quiero disuadirte de que comas pescado o plátanos porque, es más, la dosis media de radiación natural en la Tierra es de 2400 µSv (2,4 mSv) al año, es decir, que tan solo por vivir en la Tierra durante un año ya estás absorbiendo una radiación 12 millones de veces mayor que por comer 60 kg de pescado con tritio de Fukushima.

En marzo de 2016 había aproximadamente 820.000 m^3 de agua radiactiva almacenada en depósitos en Fukushima, dentro de cuyos tanques se estima que existe aproximadamente un 0,058 % del valor total de tritio que ya tenemos de forma natural en el medioambiente o, lo que es lo mismo, un 1 % del tritio generado cada año por los rayos cósmicos. Dicho de otra forma, la descarga diluida del tritio de Fukushima, con cuya noticia comenzábamos este capítulo, supondría un incremento del 0,058 % de la actividad global de tritio. Algo insignificante.

Ve poniendo la mesa

¿A que ahora las palabras del ministro japonés ya no te parecen tan descabelladas? La dilución de tritio y el posterior vertido a ríos y mares es una práctica habitual en las centrales nucleares, industria, hospitales y laboratorios, siempre conforme a los límites legales de cada país que, como te he explicado, son extremadamente conservadores. En 2013 el Organismo Internacional de la Energía Atómica (OIEA) ya recomendaba a Japón desmineralizar el agua contaminada y posteriormente diluirla en el océano Pacífico, así que no se trata de un plan fruto de la improvisación, sino de la conclusión de un estudio muy riguroso realizado por múltiples expertos en 2016 a petición del Gobierno nipón.

Por consiguiente, a pesar de los comprensibles temores de los pescadores japoneses y de los consumidores de todo el mundo, una dilución del agua con tritio almacenada en Fukushima seguiría proporcionando resultados de contaminación radiactiva inferiores a los límites legales en los alimentos obtenidos del mar, y su consumo continuaría siendo seguro. No olvides que estamos hablando de dosis muy bajas de un isótopo del que no se han documentado daños en nuestra salud. Así que, si te gusta el sushi de Fukushima, puedes disfrutarlo con total tranquilidad.

17

La industria nuclear no tropieza dos veces con la misma piedra

«Sin seguridad no hay negocio». Es una de las frases que más veces he escuchado de los equipos de dirección de las centrales nucleares. La seguridad está marcada a fuego en el ADN de los profesionales nucleares. Probablemente no exista otra industria con similar compromiso con la seguridad, salvo quizás la aeronáutica y la astronáutica, pero desde luego ninguna con un mayor intercambio de información. La industria nuclear no está formada por mejores personas que el resto de los sectores, pero la razón de este intercambio constante es muy simple y no suele darse en otros campos: las centrales nucleares no se hacen competencia entre sí y los que trabajamos en las centrales nucleares españolas deseamos que las centrales nucleares de, por ejemplo, Corea del Sur funcionen con seguridad y para ello compartimos con ellas nuestra experiencia.

Es habitual que los tres mayores accidentes de la industria nuclear mundial sean citados por los detractores de esta tecnología para justificar el cierre de todas las centrales nucleares, independientemente del tipo de tecnología empleada, de su ubicación o de cualquier otra consideración. Cuando me enfrento a este tipo de opiniones en Twitter (y en «la vida real») suelo responder que hacer esto es un claro ejemplo de una falacia de muestra sesgada o generalización apresurada (esas que inducen a una conclusión errónea por generalizar). Siempre encontrarás un accidente o algo que ha salido mal para desacreditar cualquier tecnología. La clave es comprobar si ese riesgo es aplicable al resto de las situaciones y aprender de esos errores para que no se repitan. Si bien es cierto que la seguridad absoluta no existe (y quien la venda miente), también lo es que la industria nuclear ha reaccionado tras cada uno de los accidentes para evitar que se repitan.

Con la intención de demostrar que la industria nuclear aprende de su experiencia, repasaré brevemente los tres accidentes nucleares de reactores comerciales de los que te acabo de hablar en capítulos pasados (Three Mile Island, Chernóbil y Fukushima) y te explicaré qué acciones concretas se realizaron para mejorar la seguridad a raíz de la experiencia adquirida. De este modo podrás saber más sobre en qué consiste el intercambio de información en el sector nuclear y por qué creo que te sorprenderá.

Three Mile Island

Como ya te conté en el capítulo dedicado al accidente de Three Mile Island, el 28 de marzo de 1979 se produjo en el reactor número 2 de esta central nuclear una secuencia de eventos que acabó, en resumidas cuentas, con la fusión parcial del núcleo del reactor (y que, como sabemos, afortunadamente todo se mantuvo dentro del edificio de contención).

El accidente de Three Mile Island tuvo un gran impacto sobre la industria nuclear, mucho mayor que el de Chernóbil: supuso la creación de INPO (Institute of Nuclear Power Operations) con el objetivo de promover los más altos estándares de seguridad nuclear y la compartición de experiencia operativa, el desarrollo e implementación de los Procedimientos de Operación de Emergencia (POE) y la creación de las Guías de Gestión de Accidentes Severos (GGAS). También llevó a la mejora en la instrumentación del nivel de la vasija de los reactores y a la creación de la instrumentación postaccidente capaz de soportar condiciones adversas en el edificio de contención, al entrenamiento obligatorio de los operadores en simuladores y a la implementación del APS (Análisis Probabilista de Seguridad).

Todas estas mejoras se incorporaron en el diseño y en la documentación del resto de las centrales nucleares, incluso en las que estaban en construcción en el momento del accidente, como es el caso de Almaraz y Ascó en España.

Chernóbil

Posiblemente es el accidente nuclear que más ha calado en la opinión pública mundial. Tuvo lugar, como ya sabes, el 26 de abril de 1986 y comenzó cuando se realizaba una prueba a baja potencia con el objetivo de determinar si, en caso de pérdida de suministro eléctrico exterior, la energía producida por el generador podría alimentar las bombas del refrigerante hasta la puesta en operación de los generadores diésel de emergencia.

El largo etcétera de irregularidades de la prueba ya son historia, así como las consecuencias: incendios, medios de mitigación inexistentes, personal de emergencia no cualificado y sin protección radiológica y tardanza en la evacuación de la población. Después de lo aprendido, con toda seguridad se trate del accidente menos reproducible en la actualidad por el cúmulo de despropósitos impensables en los reactores actuales.

El accidente de Chernóbil ayudó a mejorar el diseño de las centrales, supuso la mejora de los planes de emergencia (interiores y exteriores), la creación de procedimientos de operación orientados a síntomas y mejores controles radiológicos. Sin embargo, la mayor consecuencia de Chernóbil para la industria nuclear fue la creación de WANO (World Association of Nuclear Operators), organización que engloba a todas las compañías propietarias de centrales nucleares, con el objetivo de compartir experiencia operativa y establecer los estándares para maximizar la seguridad. Quédate con ese nombre porque más adelante te explicaré la importancia que tiene en nuestra forma de trabajar hoy en día.

Fukushima

El 11 de marzo de 2011 un terremoto de magnitud 9 Mw y un posterior tsunami afectó a los tres reactores en funcionamiento de la central nuclear Fukushima Daiichi (Japón), que pararon automáticamente, como estaba previsto por diseño. La red eléctrica nipona se encontraba dañada por el seísmo, así que los generadores diésel de emergencia arrancaron de manera automática, pero posteriormente se inundaron por el tsunami y dejaron de funcionar.

Como sabes, la situación fue una secuencia de fallos tecnológicos debidos a la pérdida de alimentación eléctrica que acabó con la fusión de los núcleos de los tres reactores activos y el sobrecalentamiento de las piscinas de combustible por pérdida de refrigeración y de inventario de agua, la evacuación de la población, el daño económico y medioambiental, y el desmantelamiento, que durará décadas.

A raíz de esto, el Consejo Europeo acordó la realización de unas **pruebas de resistencia** para valorar la capacidad de las centrales nucleares de soportar situaciones más allá de sus bases de diseño y determinar los márgenes de seguridad y las posibles medidas de mejora. Acciones similares tuvieron lugar en el resto de los países con centrales nucleares de todo el mundo.

Tras el informe final de dichas pruebas, los reguladores de cada país europeo emitieron unas instrucciones para implementar una serie de mejoras en las centrales nucleares. Puesto que algunas ya estaban operativas, no todas las medidas se instalaron en todas las centrales nucleares. Las más destacadas fueron:

- Centros de apoyo en emergencia centralizados con medios humanos y materiales con capacidad de intervención en cualquier central nuclear de cada país en menos de 24 horas.

- Construcción de helipuertos en las centrales para recibir los equipos por aire.
- Centros Alternativos de Gestión de Emergencias (CAGE), situados en cada una de las centrales nucleares. Edificios aislados, autónomos, sísmicos, protegidos radiológicamente y con capacidad para alimentar y dar descanso a todo el equipo de emergencia. Los periodistas los llamarían «bunkers». Cada unidad de cada central nuclear ya disponía de un Centro de Apoyo Técnico (CAT) para dirigir una emergencia, que es una sala independiente de la sala de control donde se instalan todos los responsables de cada área para coordinar a sus efectivos.
- Recombinadores pasivos autocatalíticos (PAR, por sus siglas en inglés), capaces de combinar el hidrógeno producido durante la fusión del núcleo con el oxígeno del aire produciendo agua, sin necesidad de alimentación eléctrica y reduciendo el riesgo de explosiones en el edificio de contención, como ocurrió en Fukushima.
- Venteo filtrado de la contención: sistema pasivo (sin alimentación eléctrica) que posibilita la despresurización controlada del edificio de contención en caso de fusión del núcleo, evitando su rotura por sobrepresión y la reducción de la cantidad de material radiactivo que podría liberarse al exterior.
- Medios alternativos fijos y portátiles para suministrar agua a la piscina de combustible usado, que se añaden a los ya existentes. En caso de pérdida total de alimentación eléctrica, para mantener refrigerado el combustible es suficiente con compensar las pérdidas de agua por evaporación.
- Sellos térmicos pasivos de las bombas del refrigerante del reactor (unidades PWR de Westinghouse). La fuga de agua por el eje de rotación de estas bombas es un potencial ries-

go de pérdida del refrigerante del reactor en caso de pérdida de alimentación eléctrica, como tuvo Fukushima. Los nuevos sellos se activan por alta temperatura sin necesidad de alimentación eléctrica y bloquean el paso del agua, evitando la fuga.

- Generadores diésel portátiles capaces de conectarse a la instalación fija de la central y suministrar energía a los equipos necesarios para hacer frente a una pérdida total de corriente alterna exterior e interior de duración prolongada, como en el caso de Fukushima.
- Bombas autónomas con motor diésel de varias presiones para inyectar agua desde el exterior de los edificios en los circuitos primario y secundario, reposición a depósitos críticos, inundación de la cavidad del reactor en caso de fallo de la vasija y rociado externo de la contención para despresurizarla. Con estos equipos, Fukushima probablemente habría mitigado con éxito los accidentes.
- Camiones cisterna para alimentar a los generadores diésel y las motobombas portátiles, además de camiones remolcadores dotados de pala para desplazar escombros y capacidad para trasladar los equipos portátiles a cualquier lugar de la planta.
- Turbobomba (bomba alimentada por turbina) de agua de alimentación auxiliar a los generadores de vapor (PWR): mejoras en la operación local y manual de este equipo, ya perteneciente al diseño original, para garantizar la refrigeración del reactor en caso de pérdida de alimentación eléctrica, aprovechando el vapor generado por el calor del núcleo para mover la turbina que hace girar la bomba.
- Sistema contraincendios sísmico, capaz de hacer frente a un incendio en cualquier lugar crítico de la central coincidente con el seísmo de mayor intensidad esperable en la zona. En algunas centrales no sustituye al anterior sistema, sino que lo duplica, y en otras ya estaba disponible.

- Incremento de los márgenes sísmicos en equipos cuyo uso no estaba previsto en los accidentes base de diseño (ABD) y que podrían ser útiles en accidentes severos o de daño extenso. En resumen, hacer las centrales todavía más robustas ante terremotos. Como dato para considerar, Fukushima resistió sin dificultades un seísmo de mayor magnitud que la prevista en su diseño.
- Estaciones meteorológicas portátiles autónomas, equipos portátiles de iluminación exterior, mochilas con herramientas, instrumentos e instrucciones, equipos de comunicaciones autónomos con telefonía TETRA y teléfonos vía satélite.
- Guías de Mitigación de Daño Extenso (GMDE). Nuevas guías para hacer frente a situaciones más allá de la base de diseño, haciendo uso de todos los equipos y sistemas del diseño original junto con las mejoras ya citadas tras Fukushima.
- Formación a todo el personal involucrado en el Plan de Emergencia Interior (PEI) de la central para utilizar las nuevas guías (GMDE) y equipos en caso de daño extenso, tanto inicialmente como en reentrenamientos periódicos. Se considera incluso la pérdida de la estructura habitual de mando y control de la emergencia. Coloquialmente hablando, solemos decir que en este tipo de emergencias se postula que los operadores de la sala de control desaparecen. Uno de los escenarios que simulamos es que la tripulación de operación se pierda por estrellarse un avión contra el edificio donde se encuentra la sala de control. Con un macabro sentido del humor, solemos llamar a ese escenario «el avionazo».
- Colaboración del ejército de cada país (en España la UME, Unidad Militar de Emergencias) para el traslado de personas, transporte por tierra o por aire de equipos desde el centro de emergencias centralizado o desde otras centrales nucleares, liberación de accesos, búsqueda y rescate de

personas, lucha contraincendios, comunicaciones y vigilancia radiológica.

En definitiva, el objetivo de estas medidas no solo es aprender de los posibles errores del pasado, sino también dotar a las centrales nucleares de herramientas flexibles para hacer frente a accidentes no previstos en el diseño, permitiendo adaptar los medios a las circunstancias. Es lo que se ha llamado estrategia **FLEX** (apócope de «flexibilidad»).

Aprendemos de la experiencia

Los accidentes nucleares han sido enormes experiencias operativas que han dado lugar a mejoras en los diseños, formación y procedimientos, y a la creación de organismos internacionales como WANO, la Asociación Mundial de Operadores Nucleares (¿te acordabas o ya te habías olvidado del significado?). ¿Cómo funciona?

Primero, cuando ocurre cualquier situación imprevista en una central nuclear, además de realizar las notificaciones preceptivas al organismo regulador, se envía un informe detallado a WANO explicando el suceso, sus causas, las acciones tomadas y las lecciones aprendidas. En este caso, WANO revisa la experiencia operativa y la envía a las centrales susceptibles de sufrir el mismo suceso. En cada central un equipo de personas analiza el informe, determina si es aplicable en su instalación y analiza si se dispone de los medios materiales y humanos necesarios para evitarlo. Si la central está preparada para el suceso, no es necesario realizar nada más y se archiva. Pero, de no ser así, se emite un informe a la Dirección de la central recomendando las medidas necesarias (vamos, para que no los pille desprevenidos, por aquello de que el que avisa no es traidor).

La experiencia operativa va más allá, ya que se incorpora a la formación: estudiamos las causas de los sucesos propios y ajenos para evitar repetirlos y reproducimos en el simulador (sin previo aviso, si no sería trampa) sucesos de otras centrales para comprobar nuestra respuesta y la de la planta. Al final de cada año se implementan en cada central decenas de modificaciones de diseño (mejoras) relacionadas con la experiencia operativa: desde pequeños ajustes en algún equipo hasta sistemas completamente nuevos.

El análisis de la experiencia operativa, la implementación de mejoras y la formación del personal son comprobados por WANO periódicamente. En muchos casos, las mejoras recomendadas por WANO fruto de esta experiencia operativa acaban incluyéndose en las bases de licencia de la instalación. Esto significa que el CSN vigilará la implementación de estas modificaciones para autorizar la operación de la central. Como ves, a los profesionales nucleares no nos gusta dejar cabos sueltos.

18

Seguridad es el segundo nombre de una central nuclear

La palabra «seguridad» aparece constantemente en mi trabajo. No te llegas a hacer una idea: revisión de seguridad, análisis de seguridad, monitor de seguridad, inyección de seguridad, estudio de seguridad, sistemas de seguridad, seguridad, seguridad, seguridad... En las centrales nucleares esta palabra está implícita en todos los procesos y etapas para garantizar la protección de las personas y del medioambiente en cualquier situación, desde la operación normal hasta los accidentes. Desde que se diseña una central nuclear, se construye, se opera, y hasta su desmantelamiento, la seguridad es el pilar fundamental de todas las decisiones. Vamos, no se las llama «centrales nucleares de seguridad» de milagro.

La **cultura de la seguridad** es un concepto que engloba las actitudes y valores de las personas y de una empresa en los aspectos relativos a la seguridad, tanto en su forma de entenderla como en su comportamiento diario. No basta con decirlo, ¡hay que hacerlo! Cualquiera que haya trabajado en una central nuclear, aunque sea temporalmente, te podrá confirmar que en ese lugar «se respira seguridad». Tanto las personas que operamos las centrales nucleares como los organismos y autoridades independientes vigilamos minuciosamente, con exigencia y con constancia, la seguridad de las instalaciones. Si tienes curiosidad sobre cómo se implementa la seguridad nuclear, sigue leyendo...

En las centrales nucleares no nos gusta correr riesgos

Como cualquier otra actividad industrial, la energía nuclear conlleva unos riesgos nucleares, además de los laborales, que no podemos olvidar. El **riesgo** se define como la probabilidad de que ocurra un accidente multiplicado por el daño que causa dicho accidente. De esta forma, el riesgo de que impacte un meteorito que cause la extinción de la humanidad es muy bajo, no porque los daños fueran mínimos, sino porque su probabilidad también es muy baja, aunque no es cero (si ahora te has quedado con las ganas de saber sobre esa probabilidad, investiga o sintoniza el programa de Iker Jiménez).

La seguridad nuclear sirve para conseguir dos cosas: por un lado, reducir la probabilidad de que ocurra un accidente (medidas preventivas, estudios, análisis y operación segura de la planta) y, por el otro, mitigar sus consecuencias (sistemas de seguridad y entrenamiento del personal de emergencia).

Durante muchos años se han ido perfeccionando los métodos de cálculo y de evaluación para analizar y cuantificar todos los escenarios posibles que puedan afectar a la seguridad de una central nuclear. Se comienza por estudiar todas las causas internas (rotura de tuberías, fallos de equipos, incendios) y externas (terremotos, huracanes, pérdida de corriente eléctrica) que pueden afectar a una central nuclear. Con todos estos datos, se definen unos **accidentes base de diseño**. Conociendo esos posibles accidentes, se pueden determinar las medidas necesarias para prevenirlos y para darles una respuesta, en caso de que falle la prevención. Estas medidas comienzan en el diseño de los equipos y sistemas, pero también en los procedimientos que seguimos los operadores y en nuestro entrenamiento inicial y periódico. ¿Sabes los duros entrenamientos militares de las películas? Casi que a veces los operadores nos sentimos dentro de uno no con nuestro cuerpo, pero sí con el cerebro.

Los principios de seguridad del diseño de las centrales nucleares son: mantener una reacción nuclear en cadena controlada y estable; evacuar el calor generado por dicha reacción tanto en operación normal como durante un accidente; y finalmente confinar las sustancias radiactivas para evitar daños a las personas y al medioambiente. ¡Y hasta suena sencillo y todo!

Como nada es infalible, pueden existir fallos de diseño, mecánicos, eléctricos o errores humanos, así que en las centrales nucleares se utiliza el concepto de **defensa en profundidad**, que consiste en incorporar tres niveles de protección: (1) múltiples barreras de protección para evitar la emisión de material radiactivo; (2) protección de las propias barreras mediante las llamadas salvaguardias tecnológicas; (3) procedimientos para operar los equipos y para el caso de que fallen las barreras. Parece un poco lioso, pero verás que no lo es tanto.

Barreras de protección

Los materiales radiactivos están confinados mediante múltiples barreras para evitar que escapen al exterior. Si una barrera se rompe, actuará la siguiente, y así sucesivamente. Primero están las pastillas de combustible que, por su estructura, confinan la absoluta mayoría de los productos radiactivos. Después están las varillas donde se alojan las pastillas de combustible, que están presurizadas con helio, un gas inerte que no reacciona químicamente con otros elementos, de manera que se evita que los productos radiactivos escapen al refrigerante del reactor. Luego está la barrera de presión del circuito primario, compuesta por la vasija del reactor y sus circuitos de refrigeración, que contiene confinados los productos radiactivos en caso de fisuras grandes en las varillas.

Por último, por si fuera poco, está el edificio de contención, hecho de un recubrimiento de acero estanco y un espeso muro de hormigón armado resistente a accidentes internos y agresiones externas. Para que te hagas una idea de la importancia de este edificio, basta con comparar los accidentes de Three Mile Island (con edificio de contención y sin consecuencias radiológicas destacables) y Chernóbil (sin edificio de contención y con graves consecuencias radiológicas).

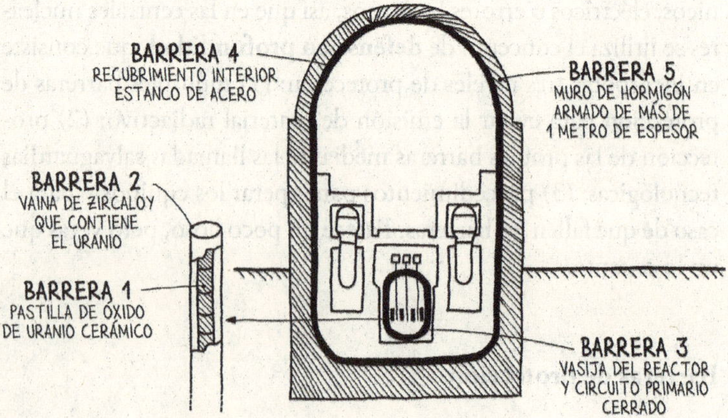

Protección de las barreras

Para mantener una correcta reacción en cadena se diseña el reactor para que sea **intrínsecamente seguro**, es decir, que sea estable. En todos los reactores actuales un aumento de temperatura provoca una disminución de potencia del reactor, por lo que se consigue disminuir la temperatura y estabilizarse. Como ya has podido averiguar en el capítulo que he dedicado a ello (o si has visto la serie de HBO), el reactor RBMK de Chernóbil era **intrínsecamente inseguro**, puesto que un aumento de temperatura provocaba un aumento de potencia. Como te puedes imaginar, un aumento de potencia hace que el reactor se caliente más y produzca un nuevo aumento de potencia.

Los reactores tienen mecanismos capaces de parar el reactor, es decir, de detener la reacción en cadena. Como te expliqué, los neutrones que surgen de las fisiones reducen su velocidad colisionando con las moléculas de agua y causan nuevas fisiones. ¿Cómo detenemos esa reacción en cadena? Lo has adivinado (imagino que porque has estado atento), reduciendo el número de neutrones con algo que los absorba: las famosas **barras de control**, que están fabricadas con materiales absorbentes de neutrones, habitualmente plata, indio y cadmio. En un reactor PWR, las barras de control son capaces de insertarse por gravedad y detener la reacción en cadena en menos de 2,7 segundos. Todavía más sorprendente es el mecanismo de inserción de un BWR, que se realiza de forma hidráulica por la parte inferior en menos de 1,5 segundos, mediante unos acumuladores presurizados con nitrógeno. En serio, estamos hablando de una velocidad sorprendente: para que te hagas una idea, en esa fracción de tiempo solo podrás leer siete palabras (o sea, que un reactor BWR detiene su reacción nuclear mucho antes de que tú puedas leer esta frase).

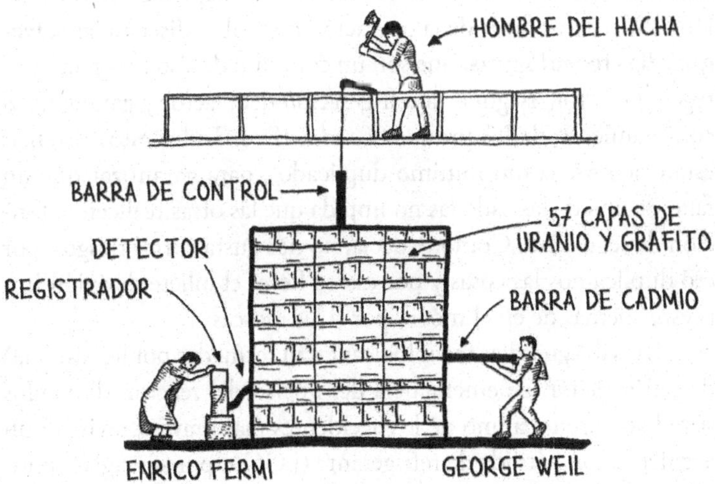

La parada de seguridad en un reactor BWR se llama **SCRAM**, que es el acrónimo de *safety control rod axe man*, el hombre encargado de cortar con un hacha una cuerda para detener en emergencia el reactor de Fermi de 1942, el primer reactor nuclear de la historia. Como lo estás leyendo, un señor preparado con un hacha que, ante una señal de Enrico Fermi (premio Nobel de Física en 1938), debía cortar rápidamente una cuerda que insertaba unas barras de control en el primer reactor experimental. En el mundo existen todo tipo de trabajos. Alguien con mucho sentido del humor decidió mantener el mismo acrónimo en los reactores actuales de agua en ebullición (BWR), aunque afortunadamente no tenemos a ningún señor preparado con un hacha.

En los reactores PWR de agua a presión se suele utilizar el término **trip** y en español **disparo**, en referencia a las protecciones eléctricas («ha disparado el magnetotérmico»), aunque estarás de acuerdo conmigo en que se trata de un nombre muy poco afortunado. Un antiguo compañero solía decir: «¡Ten cuidado, que podemos *tripear*!».

La operación normal de una central nuclear utiliza una serie de equipos, en muchos casos comunes con otros tipos de centrales térmicas. Pero, como ya te comenté unos capítulos atrás, para afrontar sucesos fuera de la operación normal se diseñan las **salvaguardias tecnológicas**, que son un conjunto de sistemas para proteger el reactor, asegurar la refrigeración del reactor y garantizar el confinamiento de los productos radiactivos. Todos estos sistemas están siempre como mínimo duplicados, para garantizar que un fallo de una de las cadenas no impida que las otras realicen la función de seguridad. Como te decía, no nos gusta correr riesgos, por eso duplicamos las cosas y por eso tú llevas el billete de avión impreso, además de en el móvil, por si las moscas.

Las salvaguardias tecnológicas están formadas por los sistemas de refrigeración de emergencia del núcleo del reactor, diseñados para hacer frente a uno de los accidentes más graves previstos: un accidente con pérdida de refrigerante (LOCA, por sus siglas en inglés, *loss of coolant accident*), que es una rotura del circuito del refrigerante del reactor o de la barrera de presión. También forman parte de las salvaguardias las alimentaciones eléctricas alternativas, tanto desde el exterior (es habitual que las centrales nucleares tengan presas hidroeléctricas conectables directamente) como generadores diésel de emergencia, para suministrar alimentación eléctrica para todos los sistemas de seguridad. Y finalmente el aislamiento del edificio de contención (donde está el reactor), que cierra automáticamente todas las entradas y salidas de tuberías del edificio en caso de accidente, dejando solo abiertas las necesarias para mitigar el accidente.

Procedimientos

Todas las operaciones que se realizan en una central nuclear deben estar respaldadas por un procedimiento, que recopila todos los pasos que deben seguir los operadores; un poco como la receta cuyos pasos no te puedes saltar. Son documentos que recopilan las mejores prácticas y la experiencia tanto propia como ajena para operar los equipos en todas las circunstancias. Tenemos indicaciones y procedimientos para todo. ¡A veces solemos decir que pronto nos escribirán un procedimiento para ir al aseo!

Pero ahora en serio, excepto para eso, dependiendo de la situación, se utilizan diferentes categorías de procedimientos, como procedimientos generales y de operación particular (para realizar maniobras normales), de operación de fallo (para hacer frente a pérdida de equipos, instrumentos o controles), de emergencia (accidentes previstos), de accidentes severos (con fusión del núcleo), de daño extenso (utilizando los equipos portátiles y sistemas adicionales de seguridad instalados tras el accidente de Fukushima), el plan de emergencia interior y los planes de emergencia exterior.

En la formación continua se nos inculca lo que se llama «adherencia al procedimiento». Esto no significa que te quedes pegado al libro, sino que sigas paso a paso lo que te indica. Por supuesto, en caso de encontrar un error, lo más prudente es detener la ejecución del procedimiento y no seguir hasta tener resuelta la incidencia. Como te decía, al tener incorporada la experiencia, los procedimientos son cada vez más útiles y garantizan una mayor seguridad en las maniobras.

La escala INES

Seguro que estás familiarizado con la escala sismológica de Richter y sabes interpretar la cifra o qué significa cuando sale en las noticias «terremoto de magnitud 5 en la escala Richter». Pues en cuestiones nucleares el organismo regulador de cada país clasifica cualquier suceso importante en el funcionamiento de una central nuclear según la **escala INES** (International Nuclear Event Scale), asignando un nivel de gravedad desde 0 a 7. Los tres primeros niveles, del 1 al 3, corresponden a incidentes, y desde el 4 hasta el 7 son accidentes. Como referencia, el incendio producido en Vandellós I (España, 1989) fue clasificado como INES 3 (incidente importante, sin emisión de material radiactivo), mientras que Chernóbil y Fukushima fueron INES 7 (accidentes graves).

¿Ahora entiendes eso que te decía al principio de seguridad, seguridad, seguridad? Como hemos visto, en cuestiones de energía nuclear es fundamental tener una buena cultura de seguridad que se plasme no solo en palabras, sino en los comportamientos de los profesionales nucleares. Debe ser algo implícito, de ahí la expresión «cultura». Para conseguir la máxima seguridad es necesario un buen diseño que incorpore todas las mejoras en seguridad disponibles, un adecuado mantenimiento de los equipos y sistemas de seguridad, pruebas periódicas de estos, una actualizada formación de los profesionales y una toma de decisiones conservadora ante situaciones de riesgo. Nada es perfecto y sin duda todo es mejorable, pero te aseguro que todos esos requisitos se dan en las centrales nucleares.

RESIDUOS

19

Conoce los residuos radiactivos

Nuestra sociedad cada vez es más consciente de la necesidad de tratar correctamente los residuos que genera. Es algo que se percibe en nuestra vida cotidiana. Clasificamos nuestros residuos, utilizamos los contenedores adecuados, empleamos menos bolsas de plástico… y, al mismo tiempo, somos conscientes de que el mar está repleto de nuestros residuos y que es necesario reciclar lo máximo posible, porque es beneficioso para el medioambiente.

Fruto de esa consciencia sobre los residuos y del miedo que produce todo lo radiactivo, si unimos las dos palabras aparece la terrorífica expresión «residuos radiactivos» que ya nos hace llevarnos las manos a la cabeza. Porque si estamos preocupados por los residuos de plástico, ¿cómo no vamos a preocuparnos por los residuos radiactivos? En mi experiencia divulgativa he observado una gran preocupación por saber cómo se gestionan los residuos radiactivos, y me gustaría enfatizar que en este caso se dan dos circunstancias. La primera es que probablemente los residuos radiactivos sean los residuos potencialmente peligrosos cuya gestión esté más estandarizada y sea más rigurosa (como te explicaré más abajo). Y la segunda circunstancia es que todas las energías generan residuos peligrosos en algún momento de su ciclo de vida.

Todos sabemos que los combustibles fósiles lanzan sus residuos tóxicos a la atmósfera a través de los tubos de escape de los vehículos de combustión, chimeneas de barcos, chimeneas de centrales térmicas de gas y carbón… Pero pocas personas saben que la fabricación de algunos componentes para las energías renovables también genera residuos tóxicos (como el arsénico, en forma de arseniuro de galio, de los paneles solares de alta eficiencia), que deben ser gestionados con seguridad.

Una característica que diferencia los residuos radiactivos de los tóxicos es que los primeros decaen (con diferentes duraciones), pero los segundos siguen siendo tóxicos por siempre. ¿Este es un argumento para rechazar las energías renovables? Por supuesto que no, como tampoco lo es para rechazar la energía nuclear. Sin embargo, creo que siempre es mejor gestionar los residuos generados con seguridad que lanzarlos a la atmósfera.

¿Qué son los residuos radiactivos?

Se considera un residuo radiactivo aquel que incluye cualquier material radiactivo o contaminado radiactivamente (impregnado con sustancias radiactivas) que ya no tiene utilidad. El combustible usado en los reactores nucleares puede considerarse un residuo, pero también puede considerarse un recurso.

Como ya te he adelantado en un capítulo anterior, el **período de semidesintegración (o semivida)** de un isótopo radiactivo, o radioisótopo, es el tiempo necesario para que el contenido radiactivo se reduzca a la mitad como consecuencia del decaimiento radiactivo. Los radioisótopos con semividas largas suelen ser emisores alfa (núcleos de helio) y beta (electrones), lo que facilita su manejo, mientras que aquellos con semividas cortas suelen emitir rayos gamma, más penetrantes y peligrosos. Es importante insistir en esto porque es uno de los típicos casos en los que la intuición nos engaña: los materiales radiactivos más duraderos, como el uranio o el plutonio, suponen un riesgo mucho menor para nuestra salud que aquellos menos duraderos, que emiten toda su radiactividad en mucho menos tiempo. Imagínate que tomas un veneno en pequeñas dosis durante toda tu vida o el mismo veneno concentrado en un vaso. Sin duda asusta más la duración del primero, pero la peligrosidad del segundo es mucho mayor.

¿Cómo clasificamos los residuos?

Todos los isótopos radiactivos acaban decayendo en última instancia hasta convertirse en elementos no radiactivos para alcanzar la estabilidad. Cuanto más radiactivo es un isótopo, más rápido se descompone, ya que el decaimiento es exponencial (decae primero más rápidamente y después más lentamente). Los residuos radiactivos se suelen clasificar en tres grupos basándose en su actividad inicial y en su período de semidesintegración: residuos de muy baja actividad (RBBA), residuos de baja y media actividad (RBMA) y residuos de alta actividad (RAA), habitualmente combustible usado.

Para poder tratar correctamente los residuos radiactivos es necesaria una correcta identificación y clasificación. Los **residuos de muy baja actividad (RBBA)** provienen generalmente del desmantelamiento de centrales nucleares y dejarán de ser radiactivos en menos de cinco años. Los **residuos de baja y media actividad (RBMA)** suelen ser herramientas, ropa de trabajo, instrumental médico y otros materiales utilizados en algunas industrias, hospitales, laboratorios de investigación e instalaciones nucleares. Los radioisótopos de los residuos de RBMA tienen un período de semidesintegración menor de treinta años. Y finalmente, los **residuos de alta actividad (RAA)** contienen unas considerables concentraciones de isótopos radiactivos con períodos de semidesintegración superiores a los treinta años, en algunos casos miles de años. La mayor parte de estos residuos está formada por los elementos combustibles usados en las centrales nucleares.

Origen de los residuos radiactivos

Existen tres grandes grupos de actividades en las que se producen residuos radiactivos: generación de energía eléctrica, aplicaciones pacíficas no energéticas y aplicaciones militares de la energía nuclear.

Los residuos relacionados con la generación eléctrica se producen en todo el ciclo del combustible nuclear: las etapas de minería, conversión y enriquecimiento del uranio, la fabricación de elementos combustibles, la operación de los reactores y el desmantelamiento.

El segundo grupo lo integran los residuos generados por las aplicaciones no energéticas de la tecnología nuclear: la producción de isótopos radiactivos, la investigación, la medicina, la industria o la agricultura.

Y finalmente el tercer grupo se asocia a fines militares. En España no disponemos de ese tipo de residuos, pero en los países con armamento nuclear y propulsión marítima nuclear el tratamiento de los residuos radiactivos es muy similar al energético.

¿Vamos a conocer de dónde vienen los residuos radiactivos?

Minería del uranio

Los residuos de la minería del uranio son sólidos formados por partes de la roca extraída que tienen un contenido tan bajo en uranio que no es rentable su aprovechamiento y que se acumulan en las denominadas escombreras. Los principales materiales residuales son los restos de mineral de los que se ha separado el máximo posible de uranio, estériles de planta, que se apilan en los denominados diques de estériles, que generalmente se localizan dentro del recinto de la propia fábrica. Vamos, para que te hagas una idea, se parecen a esos botes de mayonesa que desechas porque ya no puedes aprovechar más lo que queda en el fondo.

El concentrado de óxido de uranio de la minería, conocido como la «torta amarilla» o «yellowcake» (U3O8) (aunque el nombre lo sugiera, no tiene nada de comestible), no es significativamente radiactivo, apenas más que el granito utilizado en los edificios. Se refina y luego se convierte en hexafluoruro de uranio (UF_6) en forma de gas. El UF_6 se enriquece para aumentar el contenido del isótopo U-235 del 0,71 % en que se encuentra en la naturaleza hasta aproximadamente el 3-5 %. Luego se convierte en un óxido cerámico duro (UO_2) para fabricar elementos combustibles. En todas estas actividades se generan pequeñas cantidades de RBBA y RBMA, que se tratan adecuadamente.

Residuos de operación de centrales nucleares

En la operación de una central nuclear se producen algunos residuos radiactivos, como drenajes de equipos y suelos procedentes de los sistemas de purgas y recogida de fugas de equipos. También se generan residuos de descontaminación en las tareas de eliminación de partículas de polvo superficiales de componentes y herramientas, o bien de partículas concentradas en los sistemas de descontaminación. Igualmente se producen residuos de lavandería provenientes de las prendas de vestir (buzos, guantes y calcetines) y material de limpieza diverso lavado dentro de la propia instalación.

Aunque quizás los residuos más radiactivos de una central nuclear, aparte del combustible usado, son las resinas de los desmineralizadores, que son unas bolitas de aproximadamente un milímetro de diámetro que retienen los minerales (tanto radiactivos como estables) del agua contaminada del circuito primario, permitiendo su posterior descarga al medioambiente con seguridad. Las resinas gastadas son habitualmente residuos de media actividad.

Combustible usado

El combustible usado de los reactores nucleares, cuyo aspecto es igual al del combustible nuevo, aunque algo más oscuro, emite radiación alfa, beta y gamma, además de generar calor como consecuencia de las desintegraciones radiactivas. La diferencia entre ambos es su composición química. El combustible nuevo está constituido únicamente por óxido de uranio. Tras su paso por el reactor, el combustible usado contiene óxido de uranio y casi todos los elementos de la tabla periódica, fruto de las fisiones. El combustible usado también se puede reciclar para recuperar gran parte del uranio y el plutonio presente para ser utilizado nuevamente como material energético, como te explicaré en otro capítulo.

Residuos del desmantelamiento

Los principales materiales radiactivos de una central nuclear, aparte del combustible usado, son los hormigones y estructuras de relleno, materiales férricos, otros materiales y aleaciones diversas. Una vez se produce la parada definitiva de una central nuclear, se procede lo antes posible a la retirada de todo el combustible usado, tanto en el núcleo del reactor como el almacenado en las piscinas. En el caso de los reactores de agua ligera, se procede a la concentración y solidificación con cemento de las sustancias radiactivas contenidas en el agua de refrigeración y otros líquidos radiactivos, obteniendo residuos sólidos de baja y media actividad, que se retiran de la central.

Posteriormente se procede a la descontaminación, que son las operaciones de limpieza de pequeños depósitos de residuos en bombas, circuitos, equipos, etc. Además de cualquier contaminación de la superficie de la planta, la radiactividad restante proviene de **productos de activación** tales como componentes de acero que han estado expuestos durante mucho tiempo a la irradiación de neutrones y se han «activado», es decir, se han vuelto radiactivos por el impacto de dichos neutrones. Al activarse, se forman isótopos radiactivos como el hierro-55, cobalto-60, níquel-63 y carbono-14. Los dos primeros son altamente radiactivos, emiten rayos gamma, pero con vidas medias cortas, de forma que tras cincuenta años su actividad es despreciable.

Por último, se realiza el desmantelamiento de la instalación, que es el desmontaje y demolición de todas las estructuras de la central. El 85 % del material total de una central nuclear nunca llega a ser radiactivo ni se contamina, así que se tratan como residuos y escombros convencionales.

Residuos radiactivos de aplicaciones no energéticas

Seguro que cuando piensas en residuos radiactivos solo se te vienen a la cabeza imágenes de centrales nucleares, pero este tipo de residuo también se genera con otro tipo de aplicaciones. A ver si alguno te sorprende.

Este grupo se conoce como el de los «pequeños productores», porque incluso en los países de tecnología más avanzada, el volumen de residuos generado de esta categoría, que comprende RBBA y RBMA, es bajo, pero esto no implica que la gestión no deba ser igual de rigurosa. En la Unión Europea el volumen de residuos radiactivos para gestionar es de unos 37.000 m^3/año, la mayor parte de baja actividad y corto período de semidesintegración.

Como consecuencia de la utilización y manipulación de isótopos no encapsulados en medicina nuclear para el diagnóstico y tratamiento de pacientes, se produce una pequeña cantidad de residuos radiactivos de período corto y baja concentración que también se deben gestionar.

Los residuos líquidos, procedentes de las dosis administradas y que son eliminados por los pacientes ingresados, son de vida media corta, y tras un período de espera en depósitos protegidos, pierden gran parte de su actividad, pudiendo ser vertidos en la red de desagüe, previa dilución (mezclados con agua). Los residuos sólidos provienen de fuentes de calibración (para ajustar los instrumentos), jeringas contaminadas, tubos y viales utilizados en técnicas analíticas, y se almacenan en recipientes blindados hasta perder su actividad, y si persiste son retirados por la empresa de gestión de los residuos radiactivos (ENRESA en España). Los residuos gaseosos, vapores o partículas radiactivas en suspensión generados son monitorizados, y se utilizan sistemas de filtrado de la ventilación para evitar que los trabajadores de estas instalaciones radiactivas superen los límites permitidos de inhalación anual.

En los servicios de medicina nuclear, considerados como instalaciones radiactivas de segunda categoría, se siguen las normas de protección radiológica para evitar riesgos de irradiación externa y de contaminación tanto en los pacientes como en el personal sanitario. En los servicios de radioterapia se generan residuos sólidos en forma de fuentes encapsuladas (pilas de cobalto, agujas, alambres o semillas de material radiactivo), de muy poco volumen, pero de actividad media.

En los centros de investigación, los residuos proceden de reactores de enseñanza e investigación, celdas calientes metalúrgicas, plantas piloto y servicios de descontaminación, dando lugar a residuos de naturaleza física, química y radiactiva muy variable.

¿Quién paga la fiesta?

Un mito muy extendido sobre la gestión de los residuos radiactivos es que los ciudadanos la costeamos con nuestros impuestos. En España, la empresa pública ENRESA realiza la gestión, financiada con la aportación de las empresas que generan los residuos radiactivos, como obliga el Plan General de Residuos Radiactivos desde 2006. Las empresas propietarias de las centrales nucleares no pueden repercutir el coste de la gestión de sus residuos en la factura eléctrica, porque no tienen potestad para marcar el precio que cobran por la electricidad que producen, ya que proviene de una compleja subasta. También es habitual que muchas personas desconozcan que la provisión de fondos también incluye la construcción del almacenamiento geológico profundo, que también te explicaré en un capítulo posterior. Este almacén, una vez sellado, dejará de tener gastos porque se diseña para no necesitar supervisión ni mantenimiento.

Como has podido comprobar, vivimos rodeados de residuos radiactivos y no solo los generan las centrales nucleares, sino también la medicina, la investigación y otras industrias. Pero puedes dormir muy tranquilo, porque estos residuos se gestionan con un grado de seguridad y profesionalidad que, insisto, ojalá tuviéramos en otros sectores de nuestra sociedad.

20

Riesgos de los residuos radiactivos

Las personas no solemos evaluar bien los riesgos cuando nos falta información. Es cierto que los residuos radiactivos son potencialmente peligrosos, pero lo son menos que muchos otros residuos químicos altamente tóxicos que generan otros sectores de la industria, incluyendo las energías renovables, que tan buena prensa tienen.

La mayor parte de dichos residuos tóxicos no dejan de ser peligrosos con el tiempo, a diferencia de los residuos radiactivos, que, como bien sabes, y en función de su composición, dejan de ser peligrosos pasados desde horas hasta miles de años. La clave en la gestión de cualquier residuo potencialmente peligroso es conocer bien los riesgos y tomar las medidas de seguridad oportunas para que no cause daños a las personas y al medioambiente, y eso es precisamente lo que ocurre con los residuos radiactivos. Así pues, prediquemos con el ejemplo: te explicaré los riesgos de los residuos radiactivos y cómo nos protegemos de ellos para poder vivir tranquilos.

Los riesgos de las radiaciones ionizantes

Llamamos **irradiación** a la emisión de energía de un material radiactivo a su entorno, y **contaminación radiactiva** a la presencia de materiales radiactivos en cualquier superficie, materia o medio, incluyendo las personas. Es más fácil entender la contaminación como suciedad radiactiva. Por descontado, toda contaminación radiactiva produce una irradiación.

Como ya te he adelantado, las radiaciones ionizantes se encuentran en la naturaleza y en múltiples aplicaciones beneficiosas para nuestra sociedad. Desde el descubrimiento de los rayos X y los elementos radiactivos, el estudio de los efectos biológicos de las radiaciones ionizantes, o sea, su impacto, no ha cesado como consecuencia de su uso cada vez mayor en medicina, ciencia e industria, así como en generación eléctrica y en usos militares.

De hecho, los efectos biológicos de las radiaciones ionizantes se han investigado más a fondo que los de prácticamente cualquier otro agente ambiental. Como en cualquier otro fenómeno físico y químico, un mal uso de las radiaciones ionizantes puede producir efectos perjudiciales en la salud. La energía de las radiaciones ionizantes, al atravesar las células vivas, puede dar lugar a iones y radicales libres que rompen los enlaces químicos y provocan cambios moleculares que dañan las células afectadas. Cualquier parte de las células puede ser alterada por la radiación ionizante, pero el ADN es el blanco biológico más delicado. Las lesiones producidas por la radiación ionizante de partículas (neutrones o núcleos de helio) son menos reparables que las generadas por fotones (rayos X o gamma), porque tienen masa.

El daño en las moléculas de ADN que queda sin reparar o es mal reparado puede manifestarse en forma de mutaciones cuya frecuencia está en relación con la dosis recibida. Si como consecuencia de la irradiación se produce un daño muy severo, la célula morirá. En cambio, si el número de células que muere es pequeño, no habrá consecuencias, ya que nuestro cuerpo tiene capacidad para reponer estas células que ha perdido. Pero, si el número de células que muere en un tejido por la irradiación es alto, se producirá un efecto perjudicial, que dependerá del tejido u órgano afectado por la radiación. Estos efectos se producen tras exposiciones a dosis altas y se conocen como **deterministas**.

Los primeros efectos deterministas aparecen solo a partir de dosis de 1 Gy (Gray). Hablamos de una dosis equiparable a que nos realicen más de 660 radiografías de la columna... ¡de golpe! Tranquilo, a nadie se le va a ir la mano con la máquina; una dosis de esta magnitud solamente se puede dar en el caso de un accidente radiológico (accidente manejando radiactividad). Generalmente estos primeros efectos consisten en náuseas, vómitos y enrojecimiento superficial de la piel. Cuando las dosis recibidas por la persona son mayores, se pueden manifestar diarreas, pérdida o caída del vello y esterilidad. Aunque, si has visto la serie *Chernobyl* de HBO, dichos efectos no se manifiestan tan rápidamente. Cosas de la televisión...

Pero no siempre la exposición a radiación produce la muerte de la célula. A dosis bajas, el daño generado es más leve y normalmente implica una alteración en la molécula de ADN, que es lo que se conoce como «mutación genética»..., pero no como los X-MEN que te debes de estar imaginando. La exposición a la radiación no ha hecho, de momento, que alguien pueda atravesar paredes o mover objetos con la mente. Más bien hablamos de que determinadas mutaciones pueden favorecer el desarrollo de un cáncer o de enfermedades genéticas heredables. Estos efectos, denominados **estocásticos**, se producen tras la exposición a dosis bajas de radiación y son de naturaleza probabilística. Podríamos llegar a describirlos como el resultado de una macabra lotería.

Lo llamo «lotería» porque el hecho de aumentar la dosis de radiación recibida no aumenta la gravedad del efecto, sino la probabilidad de que ocurra. Por ejemplo, una dosis mayor aumentaría la probabilidad de que se desarrolle un cáncer, pero no implica que el cáncer vaya a ser más grave. Los efectos que puede producir la radiación ionizante en nuestra salud dependen de multitud de factores, como la dosis y el tipo de radiación, la edad del individuo en el momento de la irradiación (por lo general, los más jóvenes tienen una mayor sensibilidad a las radiaciones ionizantes) y factores genéticos.

Vamos a protegernos de los residuos radiactivos

El riesgo principal de los residuos radiactivos es la emisión de isótopos radiactivos al medioambiente, así que la mejor forma de proteger nuestra salud y nuestro entorno es confinarlos. Parece muy sencillo, y realmente lo es. Disponemos de tres formas fundamentales de protección frente a las radiaciones ionizantes: reduciendo el tiempo de exposición (tiempo que estamos frente a la fuente), alejándonos de la fuente e interponiendo barreras eficaces. En otras palabras: tiempo, distancia y blindaje. En definitiva, si lo piensas, es lo que harías ante cualquier riesgo obvio de tu vida, por ejemplo, con un mal amigo.

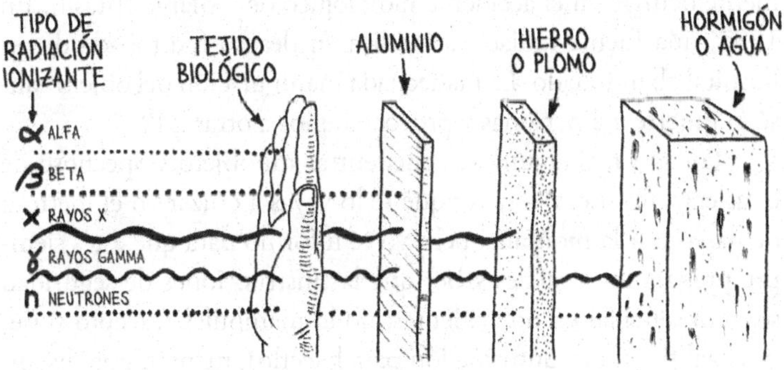

El principio que sigue el almacenamiento de cualquier tipo de residuo radiactivo es el aislamiento del entorno humano, interponiendo entre el residuo y las personas un sistema de barreras que impida su retorno o que minimice los riesgos a un valor prácticamente nulo en ese caso. Con los residuos radiactivos, el sistema de barreras debe mantener su eficacia hasta que la radiactividad haya disminuido por decaimiento radiactivo hasta los niveles del fondo natural. ¿Sabes todas esas puertas y medidas de seguridad que siempre pasan los ladrones de guante blanco en las películas de Hollywood, tipo *Ocean's eleven*? Pues algo similar.

Fuentes radiactivas perdidas

De vez en cuando aparece en los medios de comunicación una noticia sobre la pérdida de una fuente radiactiva, habitualmente un artilugio portátil de color amarillo (para ser más fácilmente identificable) o un maletín señalizado con tréboles radiactivos (esos tan reconocibles también en las películas y series). Estas fuentes radiactivas generalmente provienen de la industria y de la medicina (temas de los que te hablé en profundidad en el capítulo sobre las aplicaciones de la tecnología nuclear), puesto que las de las centrales nucleares permanecen habitualmente dentro de ellas. Una manipulación inadecuada de una fuente puede proporcionar una alta dosis con graves consecuencias para la salud, como lamentablemente ocurrió en el accidente radiológico de Goiânia (Brasil). En 1987, una fuente radiactiva médica en desuso fue robada de un hospital abandonado. La inadecuada manipulación del objeto causó la muerte a 4 personas y provocó daños a otras 249.

Por favor, si alguna vez encuentras un objeto sospechoso de estas características —no es que te lo vayas a cruzar en el metro o de paseo por la montaña, pero yo te informo para que estés siempre preparado—, debes saber que las instrucciones de seguridad son tan sencillas como evidentes: no lo manipules (excepto si tienes cualificación y autorización para hacerlo), mantén una distancia prudencial (unos metros es suficiente) y avisa a la policía. Ellos sabrán con quién contactar para recoger el objeto con seguridad y devolverlo a su dueño.

En definitiva, como ya te he ido diciendo repetidamente a lo largo del libro, el miedo se debe al desconocimiento. Estamos rodeados de máquinas, herramientas, sustancias y objetos potencialmente peligrosos…, entre ellos, los residuos radiactivos, ni más ni menos. La solución no es vivir en una burbuja, sino conocer los riesgos y tomar las medidas de seguridad necesarias para prevenir cualquier daño.

21

Ideas absurdas para deshacerse de los residuos radiactivos

Una de las cuestiones que más ha preocupado siempre ha sido la gestión de los residuos radiactivos. ¿Cómo nos deshacemos de ellos? No es tan fácil como bajarlos al contenedor de reciclaje. En el pasado, antes de que este tema estuviese técnicamente resuelto (a pesar de que algunas personas no lo crean) como lo está hoy en día, se consideraron numerosas opciones para la gestión a largo plazo de los **residuos radiactivos de alta actividad (RAA)**. Algunas de esas ideas eran realmente disparatadas, otras tenían cierto sentido y se investigaron, algunas de ellas se llegaron a experimentar, pero todas fueron descartadas al final por diferentes motivos. ¿Te gustaría conocer esas ideas absurdas para gestionar los residuos radiactivos? Te las explico a continuación.

Enviar residuos al espacio

Una de este tipo de ideas «felices» más habituales. En numerosas ocasiones me han preguntado por ella, como si fuese absurdo que no se llevase a cabo algo tan elemental. El objetivo de esta opción sería eliminar los residuos radiactivos de la Tierra expulsándolos al espacio exterior, o mejor todavía, al Sol, mediante un cohete o un transbordador espacial. Y sí, aunque parezca disparatada y loca, la propuesta fue investigada en Estados Unidos por la NASA a finales de los años

70 del siglo pasado. Entre 1974 y 1982, la NASA examinó el uso del transbordador espacial para eliminar ciertos tipos de residuos nucleares enviándolos a una órbita solar entre la Tierra y Venus.

El sistema final propuesto (1982) involucraba tres naves espaciales: (1) un transbordador espacial reforzado con impulsores de cohetes líquidos, (2) un vehículo de lanzamiento no tripulado Shuttle-C y (3) un vehículo de inyección solar de dos etapas. Lanzar cualquier carga hacia el Sol requiere una enorme energía, porque la Tierra viaja a unos 29,8 km/s alrededor de nuestra estrella. Imagina que estás girando una piedra sujeta con una cuerda con gran velocidad a tu alrededor. Si intentas acercarla, tendrás que utilizar mucha fuerza, porque la piedra tiende a escaparse. Como habrás supuesto, esta propuesta fue finalmente abandonada debido al alto coste y a los aspectos de seguridad asociados con el riesgo de fallo del lanzamiento.

Sobre la Tierra

Francia investigó en 1991 el almacenamiento en superficie a largo plazo, que implicaría instalaciones especialmente construidas en la superficie de la Tierra que no se rellenarían ni sellarían permanentemente. Esta opción permitiría la supervisión y la recuperación del combustible usado en cualquier momento sin gastos excesivos. La información se transmitiría a las generaciones futuras, pero evidentemente no se podría garantizar la estabilidad de dichas sociedades. Como sospechas, ningún país ha planificado implementar este sistema precisamente por esos inconvenientes.

Rocas fundidas

El plan sería el siguiente: los RAA en forma líquida o sólida se colocarían en una cavidad excavada o un pozo profundo. El calor generado por los residuos se acumularía y produciría temperaturas altas que fundirían la roca circundante y disolverían los radionucleidos en el material fundido. A medida que la roca se enfriara, se cristalizaría e incorporaría los radionucleidos en la matriz de la roca, dispersando así los residuos en un gran volumen de roca. ¡Como si el combustible fuese un chicle del que deshacerse!

La fundición de rocas tampoco se ha implementado en ningún lugar para almacenar residuos radiactivos. Científicos rusos propusieron que los RAA, en especial el plutonio, se colocasen en un pozo profundo e inmovilizasen mediante una explosión nuclear. La alteración de la masa rocosa, de las aguas subterráneas, y el uso de armas provocaron el rechazo general de esta opción (tal vez porque combinar «explosión nuclear» y deshacerse de residuos radiactivos, en general, parece una mala idea).

Lanzamiento al mar

«De los creadores de "Lancémoslos al espacio" llega... "Lancémoslos al mar"». Fuera bromas, el planteamiento era que los residuos radiactivos se arrojarían al mar en envases diseñados para implosionar en profundidad, lo que daría como resultado la liberación directa y la dispersión de material radiactivo en el mar, o el hundimiento intacto en el fondo del mar. Con el tiempo, la contención física de los contenedores fallaría y los radionucleidos restantes se dispersarían y diluirían en el agua. Se produciría una mayor dilución a medida que los radionucleidos migraran del sitio de lanzamiento, transportados por las corrientes.

Lamentablemente, esta idea se llevó a cabo. Los países que en algún momento entre 1940 y 1982 lanzaron al mar RBBA (residuos de muy baja actividad) y RBMA (residuos de media y baja actividad) fueron Bélgica, Francia, Alemania, Italia, Holanda, Suecia, Suiza, el Reino Unido, Japón, Corea del Sur, EE. UU. y la antigua Unión Soviética. España nunca realizó esta práctica, que está prohibida internacionalmente desde 1982. Salvo en casos contados realizados por la antigua Unión Soviética (combustible de submarinos nucleares), los vertidos fueron de residuos de baja y media actividad, no de alta actividad (RAA, combustible usado), y procedían de centrales nucleares, hospitales, industrias y centros de investigación.

Teniendo en cuenta el tiempo pasado, afortunadamente la mayor parte de la radiactividad ya ha decaído hacia valores medios del océano y los pocos isótopos de vidas más largas se habrán diluido, por lo que previsiblemente esta actividad no supone un riesgo para el ecosistema ni para las personas. La acertada y valiente campaña de Greenpeace contra esta práctica poco ética sirvió, por un lado, para contribuir a prohibirla, aunque por otro lado también para extender la falsa idea de que es una práctica habitual y para que dicha organización utilice su oposición a la energía nuclear como un modo de vida (aunque reconozco que esto último es una opinión personal).

Fondos marinos

Una idea algo más sofisticada que la anterior. Los contenedores de residuos radiactivos se enterrarían en un entorno geológico bajo el fondo oceánico. O sea, abajo, abajo… del todo. La propuesta tenía dos opciones: un almacén bajo el lecho marino al que se accedería desde una pequeña isla deshabitada, o el enterramiento de residuos en sedimentos oceánicos profundos. El almacenamiento bajo el fondo marino se consideró en Suecia y en el Reino Unido, pero no se ha implementado en ningún lugar y no está permitido por varios acuerdos internacionales (aunque yo, personalmente, cada vez que me lo imagino lo veo como salido de una película de espías al más puro estilo James Bond).

Almacenamiento en zonas de subducción

Estas zonas son áreas donde una sección más densa de la corteza terrestre desciende por debajo de otra sección más ligera y flotante. La idea de esta opción sería eliminar los residuos de forma que se arrastren hacia el manto de la Tierra. De nuevo, abajo, abajo del todo…, pero de la Tierra, en vez del mar. Esta opción tampoco se ha implementado en ningún lugar. Como el acceso a las zonas de subducción se realizaría por mar, se consideraría un almacenamiento marino, y no está permitido por los acuerdos internacionales.

Almacenamiento en el hielo

¡Pocos sitios nos quedan ya! Esta idea proponía que los contenedores de residuos generadores de calor se colocasen en capas de hielo estables, como las que se encuentran (o encontraban, por aquel entonces) en Groenlandia y en la Antártida. Los contenedores derretirían el hielo circundante y se hundirían profundamente en la capa de hielo, donde el agua se volvería a congelar sobre los residuos creando una gruesa barrera de aislamiento y blindaje. La opción de almacenamiento en capas de hielo nunca se implementó y fue rechazada por todos los países que firmaron el Tratado Antártico de 1959 y que se comprometieron a proporcionar una solución a la gestión de residuos radiactivos dentro de sus fronteras nacionales. Desde entonces está prohibido almacenar definitivamente (salvo por cuestiones de reprocesamiento) residuos de un país en otro, como de vez en cuando aparece en los medios de comunicación. Además, el Organismo Internacional de la Energía Atómica (OIEA) vela por su cumplimiento.

Ya lo ves, la imaginación del hombre no tiene límites, aunque algunas veces se nos ocurran verdaderas ideas «de bombero» (un afectuoso saludo a mis compañeros bomberos). Como veremos en el siguiente capítulo, el almacenamiento geológico profundo y el reciclaje son las opciones de consenso para gestionar los residuos radiactivos, especialmente la segunda, sobre la que se está trabajando muy intensamente.

22

Almacenar residuos radiactivos con seguridad

Muchas personas consideran que la energía nuclear es necesaria, confían en la seguridad de nuestros reactores y en la integridad de los profesionales nucleares, pero están preocupadas por los residuos radiactivos, en especial por la gestión de los **residuos radiactivos de alta actividad (RAA)**, esencialmente el combustible usado en los reactores nucleares. Si eres una de esas personas, o simplemente quieres saber cómo se gestionan los residuos, te aseguro que te llevarás más de una sorpresa si continúas leyendo este capítulo.

La gestión de los RAA puede seguir dos estrategias: el ciclo cerrado y el ciclo abierto. En el ciclo cerrado, se recicla el combustible (actualmente solo de forma parcial), mientras que en el ciclo abierto el combustible se considera como residuo y se gestiona de forma segura. Similar a lo que haces con los residuos de tu casa hoy por hoy: algunos los reutilizas o reciclas, mientras que otros los gestionas para deshacerte de ellos. En España, pese a optarse inicialmente por el reciclaje, se sigue desde inicios de los años ochenta por el ciclo abierto, lo que implica actuaciones en las centrales nucleares (optimización del almacenamiento y almacenes temporales individualizados, ATI), actuaciones integradas (almacén temporal centralizado, ATC) y actuaciones a largo plazo (almacén geológico profundo, AGP). Quizás te parezca un poco lioso, pero verás que son etapas muy claras.

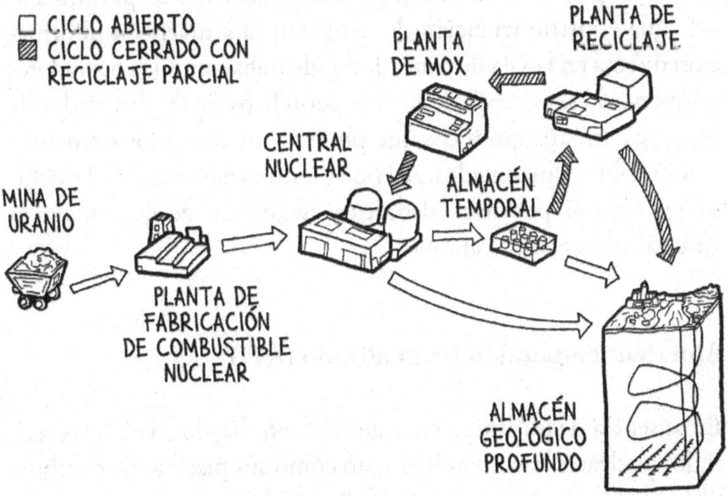

Piscinas de combustible usado

Una vez se ha utilizado el combustible en el reactor de una central nuclear, generalmente tras cuatro años y medio en el reactor, se almacena temporalmente (durante al menos cinco años) en una piscina ubicada en la propia central nuclear para su enfriamiento y decaimiento radiactivo. El agua conduce muy bien el calor, es un gran blindaje contra la radiación ionizante, es transparente, por lo que se tiene una buena observación de los elementos de combustible usado, es fácilmente manejable y es muy barata. Como puedes ver, todo son ventajas.

Las piscinas de combustible usado suelen ser de hormigón armado con un doble revestimiento interno de acero inoxidable y resistentes a movimientos sísmicos. Como ya te adelanté en el capítulo dedicado a ellas, su profundidad oscila entre los 11 y los 13 metros, los cuatro primeros metros para almacenarlos, los cuatro siguientes para moverlos y los cuatro últimos metros son suficientes para proporcionar el blindaje necesario para las personas que los manejan. Hagamos un repaso: las piscinas cuentan con detectores de fugas, sistemas de refrigeración y sistemas de purificación del agua e instrumentación de temperatura y nivel con información directa en la sala de control, donde trabajamos los operadores y supervisores. Se realizan análisis periódicos de la actividad y de otros parámetros químicos que pudieran afectar a los elementos combustibles almacenados. Así pues, todo está bajo control (incluso qué hacer si, por casualidad, te cayeses en una de ellas, que ya lo aprendiste en el otro capítulo).

Almacén temporal individualizado (ATI)

En ausencia de un almacén temporal centralizado (ATC), las centrales nucleares españolas han visto cómo sus piscinas de combustible usado se han ido saturando. Los ATI (almacenes temporales individualizados) se basan en la utilización de contenedores para almacenar en seco, en una atmósfera inerte de helio, los elementos combustibles usados después de haber sido enfriados al menos cinco años en las piscinas de combustible. Los contenedores cumplen su cometido de manera totalmente pasiva, sin necesidad de alimentación eléctrica: mantener la subcriticidad del combustible (no puede producirse una reacción en cadena), confinar el material radiactivo (no puede salir), evacuación del calor residual (debido al decaimiento radiactivo) y, por supuesto, la protección de las personas y del medioambiente.

Eso sí, los elementos combustibles que se almacenan en los contenedores deben cumplir una serie de requisitos, entre los que destaca un tiempo mínimo desde que se descargaron del reactor, un grado de quemado máximo (la cantidad de energía que hemos extraído de ellos) y un enriquecimiento inicial dado. Los contenedores son fruto de la experiencia de décadas en centrales nucleares de varios países y están diseñados para soportar el máximo terremoto previsible y unas condiciones ambientales extremas en el emplazamiento (no como tus cajas de almacenaje de IKEA). Se pueden instalar tanto a la intemperie como en un edificio. Es importante destacar que los ATI no son «cementerios nucleares», apelativo despectivo que se suele utilizar por su relación con la muerte, sino almacenes temporales capaces de funcionar con seguridad entre sesenta y cien años (ampliables), según cada diseño. Puedo entender que la palabra «temporal» y «cien años» para ti no vayan de la mano, pero así es; lo que para nosotros es «para siempre», para este almacén es una fase más.

Además, puedes permanecer al lado de uno de estos contenedores con total tranquilidad, incluso en situaciones catastróficas. Como referencia, te diré algo que poca gente sabe: los contenedores de combustible usado que estaban almacenados en Fukushima resistieron sin daños tanto el terremoto como el posterior tsunami. Desde luego, fue una prueba involuntaria de su resistencia, pero sin duda extraordinaria.

Almacén temporal centralizado (ATC)

Un ATC es una instalación probada y en funcionamiento en los países más avanzados del mundo y sirve para mantener almacenado con seguridad el combustible nuclear usado hasta implantar una solución definitiva: el almacenamiento geológico profundo o el reciclaje. Sería algo así como la criogenización que sale en las historias de ciencia ficción (o incluso el famoso mito de Walt Disney), donde congelan a alguien esperando a un futuro más avanzado. Países como Suiza (Zwilag), Suecia (Clab), Alemania (Ahaus/Gorleben), Reino Unido (Sellafield) y Holanda (Habog) utilizan esta solución, que no requiere para su ubicación características muy especiales.

El ATC minimiza el número de instalaciones nucleares, optimiza los recursos tanto humanos como económicos destinados a la seguridad física y radiológica del combustible usado, y soluciona la necesidad de gestionar los RAA almacenados fuera de España (residuos del reprocesado de parte del combustible utilizado en Vandellós I en Francia, que te explico en otro capítulo).

El ATC español está diseñado para albergar durante un período de sesenta años (ampliables) unas 6700 toneladas de elementos combustibles irradiados procedentes de la operación de las centrales nucleares, así como los residuos vitrificados y otros residuos de media actividad que no pueden ser almacenados en otros almacenes. El ATC tendrá características modulares y podrá ampliarse en caso de alargamiento de la operación de las centrales o de construcción de otras nuevas (para que la casa no se nos quede pequeña, vaya). Un dato muy importante de cara a la seguridad es que la refrigeración del combustible usado se realizará por circulación natural de aire, sin necesidad de alimentación eléctrica. ¡Cuando se nos vaya la luz no habrá problema!

Pero eso no es todo, el ATC tendrá en el mismo emplazamiento un centro tecnológico sobre técnicas de gestión avanzada del combustible gastado, como la viabilidad de la separación y transmutación de los residuos de período largo y la utilización óptima de los materiales energéticos recuperados en el proceso.

La estructura elegida para el ATC por parte de la Empresa Nacional de Residuos Radiactivos (ENRESA) es la llamada «de cámaras» o «bóvedas de almacenamiento», que consiste en una estructura integral de aproximadamente 283 m de largo, 78 m de ancho y 26 m de alto respecto al suelo. Constaría de un edificio de recepción en el que se descargaría el contenedor del vehículo de transporte, un edificio de procesos en el que se llevarían a cabo distintos procesos mecánicos para el acondicionamiento del combustible usado y el resto de los residuos. Pero todo esto que te cuento depende de que finalmente se pueda construir.

Almacén geológico profundo (AGP)

Muchas personas se preocupan por el legado que dejamos a las generaciones futuras. Los residuos que lanzamos a la atmósfera, y en especial el exceso de dióxido de carbono, permanecerán durante muchos siglos y serán un terrible legado. La industria nuclear es consciente de su responsabilidad con la sociedad. El planteamiento del AGP es evitar pasar a las generaciones futuras la responsabilidad de la gestión de los residuos radiactivos que generamos en la actualidad, porque, como veíamos antes, una gestión temporal podría ser de sesenta a cien años y muchos de nosotros (o la gran mayoría) ya no estaremos aquí para ver qué se hace después. Para ello, un AGP, una vez sellado, no necesita supervisión ni tiene gastos de gestión. Es un concepto difícil de comprender para algunas personas, pero realmente no necesita vigilancia porque se diseña específicamente para ello.

La opción del AGP es considerada por el consenso internacional como la más segura y viable para la gestión final de los residuos radiactivos de alta actividad y larga vida y está basada en el concepto de barreras múltiples. Tras el almacenamiento temporal de los RAA, e independientemente de la vía escogida, su etapa final es el almacenamiento definitivo, bien de aquellos residuos de los que ya no se ha podido obtener un uso alternativo o bien porque se ha decidido no reutilizarlos.

La evidencia científica dice que existen lugares que han permanecido inalterables durante millones de años (necesitamos unos 10.000). El objetivo es disponer de un sistema pasivo de barreras tecnológicas y naturales entre el residuo allí depositado y la biosfera, de manera que se garantice que los radionucleidos nunca llegarán al exterior, considerando cualquier situación de evolución normal o anormal actual y futura. Aunque es la antigüedad de la agricultura, 10.000 años es muy poco tiempo en términos geológicos (ahí donde la ves, la Tierra tiene alrededor de 4500 millones de años).

Las barreras naturales son las del lugar donde se decidirá colocar el AGP y, por tanto, la interacción del hombre solo se ve reflejada a la hora de seleccionarlas para que junto con las barreras de ingeniería cumplan los requisitos requeridos de protección. Los residuos se colocan en el interior de unas cápsulas fabricadas a partir de metales nobles y materiales cerámicos, titanio, aleaciones de ti-

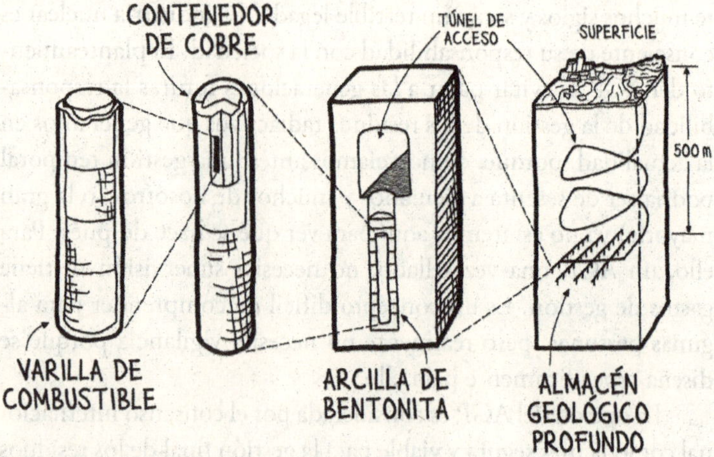

tanio, aceros inoxidables, aceros con bajo contenido en carbono o cobre. Es lo más parecido a esconder un tesoro de estos inaccesibles para que nadie encuentre jamás.

Conviene retrasar el almacenamiento definitivo del combustible usado unos 40-50 años para reducir el calor generado y su actividad. Pasados unos 10.000 años, la mayor parte de la radiactividad del residuo habrá desaparecido. La cantidad de radiactividad que quede entonces será similar a la del mineral de uranio natural de donde se originó, aunque más concentrado. En la mayoría de los países el almacenamiento de residuos de alta actividad debe ser reversible o recuperable, aunque el depósito se selle para satisfacer los requisitos de seguridad.

Reactores nucleares naturales

¿Sabías que existieron reactores nucleares naturales? La propia naturaleza ya nos ha demostrado que el aislamiento geológico es totalmente posible. El caso más significativo ocurrió hace casi 2000 millones de años en Oklo, en lo que hoy es Gabón (África).

Varios reactores nucleares naturales espontáneos funcionaron dentro de una rica veta de mineral de uranio. En ese momento de la vida de la Tierra, la concentración de U-235 en todo el uranio natural era aproximadamente del 3 % (actualmente es del 0,71 %). ¡Estos reactores nucleares naturales funcionaron durante unos 500.000 años antes de desaparecer! Produjeron todos los radionucleidos encontrados en los residuos de alta actividad, incluyendo más de 5 toneladas de productos de fisión y 1,5 toneladas de plutonio, que permanecieron en el sitio y finalmente se descompusieron en elementos no radiactivos.

¿Y cómo se alcanza un sitio tan remoto?, te estarás preguntando. La excavación de un depósito subterráneo profundo se realiza utilizando tecnología estándar de minería o ingeniería civil y se centra en formaciones graníticas, arcillosas, salinas o de tobas volcánicas a profundidades de entre 250 y 1000 metros.

El programa sueco KBS-3 utiliza un contenedor de cobre revestido de acero para alojar el combustible usado depositado a 500 metros de profundidad en un lecho de roca granítica, rodeado por arcilla de bentonita para proporcionar el adecuado sellado y un nivel muy alto de contención de la radiactividad. De hecho, el programa de AGP de Finlandia también se basa en el concepto de KBS-3. La empresa de gestión de residuos nucleares del país, Posiva Oy, espera que el repositorio conocido como Onkalo, en el emplazamiento de Olkiluoto, comience las operaciones de almacenamiento en 2023.

Los depósitos de cobre nativo (puro) han demostrado que el cobre utilizado en el contenedor puede permanecer sin cambios dentro del lecho de roca granítica por períodos extremadamente largos, si las condiciones geoquímicas son apropiadas. Si lo piensas, tiene sentido; los hallazgos de antiguas herramientas de cobre o de cañones en el fondo del lecho marino de muchos miles de años de antigüedad demuestran la resistencia a la corrosión del cobre, lo que lo convierte en un material adecuado para las cápsulas de almacenamiento a largo plazo de residuos radiactivos.

Almacenamiento de residuos de muy baja, baja y media actividad

No todos los residuos radiactivos son de alta actividad y no todos pertenecen a las centrales nucleares. En España, los residuos de muy baja actividad (RBBA) y los residuos de baja y media actividad (RBMA) se almacenan en El Cabril, situado en Córdoba y fechado en 1961, diseñado para cubrir el total de las necesidades actuales de almacenamiento de este tipo de residuos del país, incluidos los procedentes del desmantelamiento de las centrales nucleares.

El Cabril tiene dos zonas de almacenamiento, una de RBMA, formada por dos plataformas, y otra zona de almacenamiento para los RBBA, formada por una plataforma constituida por cuatro estructuras que se construirán a medida que se vayan necesitando. Las instalaciones de El Cabril se caracterizan por su automatismo, minimizando así la exposición de los trabajadores, resistencia sísmica a los terremotos previsibles en la zona y por almacenar todos los residuos en forma sólida, minimizando el riesgo de filtraciones.

¿Quieres saber cómo se gestiona desde el inicio? Te lo cuento: los residuos radiactivos que llegan a las instalaciones se descargan en un edificio de acondicionamiento o en alguno de los almacenes temporales. La mayoría de ellos, procedentes de las centrales nucleares, llegan ya acondicionados en bidones de 220 litros. Los residuos radiactivos procedentes de hospitales, centros de investigación o industrias son tratados y acondicionados en las propias instalaciones de El Cabril.

Los bidones se introducen en contenedores de hormigón con una capacidad de 18 bidones de 220 litros, que se inmovilizan mediante mortero inyectado. Este bloque compacto se introduce en una celda de almacenamiento, que es una estructura de hormigón armado. Una vez completa la celda de almacenamiento con 320 contenedores, se construye la losa superior de cierre con hormigón armado y se impermeabiliza. Cada una de las 28 celdas de almacenamiento tiene un sumidero conectado con la red de control de infiltraciones bajo las plataformas. O sea, ¿cuántos litros dentro de bidones, dentro de contenedores, dentro de celdas hay? Ya hago el cálculo yo por ti: hablamos de 35.481.600 litros.

Una vez completada la capacidad de las plataformas, se realizará una última cobertura con diferentes capas, siendo la última de tierra vegetal, buscando su integración en el entorno. En este momento comenzará la fase de vigilancia y control del emplazamiento durante 300 años.

Los RBBA son materiales sólidos, generalmente chatarras y escombros, que están mínimamente contaminados con isótopos radiactivos y que provienen, en su mayor parte, del desmantelamiento de centrales nucleares. Los RBBA pueden llegar a la instalación en sacas, bidones o contenedores y almacenarse directamente en la estructura específica de almacenamiento o pasar primero al área destinada a su tratamiento si fuera necesario. Cuando se complete cada estructura, se cubrirá con diferentes capas, siendo la última de tierra vegetal para su integración en el entorno. En este momento comenzará la fase de vigilancia y control del emplazamiento durante 60 años, que con toda seguridad te parecerá poco después de haber leído antes 300 años.

Como ves, la gestión de los residuos radiactivos se realiza con seguridad y responsabilidad. Ojalá todos los residuos que generamos como sociedad tuvieran una gestión tan respetuosa con el medio ambiente como los radiactivos.

23

¿Cómo viaja el material radiactivo?

Lo creas o no, el material radiactivo viaja en tren, en avión o va por carretera como tú. Ahora en serio, el transporte de materiales radiactivos es un asunto que suscita temores injustificados. Me gusta pensar, y lo he ido reiterando a lo largo de los capítulos, que el miedo se mitiga con conocimiento (un poco la razón de este libro, a decir verdad), así que déjame quitarte los temores explicándote cómo se transportan esos materiales para que tú mismo decidas si debes salir corriendo si ves un ferrocarril nuclear circulando en tu ciudad o continuar con tus quehaceres diarios como si nada.

Los materiales radiactivos representan una proporción muy pequeña de todos los materiales peligrosos transportados cada año. Para que te hagas una idea: solo el 1 % de los materiales peligrosos transportados en los EE. UU. es nuclear, y estamos hablando del mayor país del mundo productor de energía nuclear. Sin embargo, no existe la misma percepción del riesgo respecto a otros materiales potencialmente peligrosos. En el mundo, cada año se realizan unos 20 millones de transportes de material radiactivo por carretera, ferrocarril, aire y mar. Pero quizás te sorprenda saber que alrededor del 95 % de esos transportes radiactivos no están relacionados con la energía nuclear, y sí con la medicina, la investigación y la industria. Si quieres saber cómo se transportan estos materiales, sigue leyendo…

El Organismo Internacional de Energía Atómica (OIEA) elabora reglamentos internacionales para el transporte de todos los materiales radiactivos desde 1961. Estos, afortunadamente, son adoptados por todos los países, así como por las empresas de transporte aéreo, marítimo y terrestre. El objetivo de la reglamentación es evidente: proteger a las personas y al medio ambiente de los efectos de la radiación ionizante durante el transporte de estos materiales, tanto en condiciones normales como en situaciones anormales o durante un accidente.

¿Sabes cuando vas a enviar por mensajería un paquete delicado y te aseguras de que esté embalado a prueba de bombas? Pues, más o menos, ese es el principio fundamental que sigue el transporte de material radiactivo. La protección la garantiza el riguroso diseño del embalaje, independientemente de cómo se transporte el material: contención del contenido radiactivo (para que no pierda su protección), control de los niveles de radiación externos (se mide antes de realizar el transporte), prevención de la criticidad (para evitar que se pueda producir una reacción en cadena) y capacidad de disipación del calor (por el decaimiento radiactivo). Todo ello, insisto, en cualquier situación, tanto en condiciones normales de transporte como durante un eventual accidente (que a todos nos ha llegado un paquete roto o en condiciones dudosas...).

Combustible nuclear viajero: nuevo y usado

Existen unos 450 reactores de energía nuclear operables en 31 países, pero la extracción de uranio se produce en solo 30. El transporte es una parte importante dentro del ciclo del combustible nuclear: con muy pocas excepciones, los materiales del ciclo del combustible nuclear se transportan en forma sólida, que es la más segura.

El concentrado de óxido de uranio (que ya te dije que se llamaba «torta amarilla» o «yellowcake»), se transporta de las minas a las plantas de conversión. El transporte se realiza en bidones de 200 litros, cada uno con unos 400 kilos de material, dentro de contenedores normales de seis metros. No se requiere protección contra la radiación ionizante más allá de la limpieza exterior de los contenedores. Cada año, unas

60.000 toneladas de *yellowcake* se transportan de manera segura por todo el mundo, y no, los conductores de los camiones no emiten luz por la noche como si fuesen la decoración navideña de El Corte Inglés.

En Europa Occidental, Asia y EE. UU., el medio más común para transportar elementos de combustible nuevos es el camión. Una carga de camión típica que suministra a un reactor de agua ligera contiene unas seis toneladas de combustible (lo mismo que pesa un elefante). En Rusia y Europa del Este se utiliza con mayor frecuencia el transporte por tren. El transporte intercontinental se realiza principalmente por mar, aunque en ocasiones también por vía aérea.

La operación anual de un reactor de agua ligera de 1000 MWe, como la mayoría de los reactores que operamos en España, requiere una carga de combustible promedio de 20 toneladas de uranio, que se pueden transportar en cinco camiones con remolque convencionales. Los elementos combustibles, como te he dicho, van alojados en contenedores especialmente construidos para protegerlos durante el transporte.

Por su lado, el combustible usado de un reactor nuclear todavía contiene un 96 % de uranio, mayoritariamente U-238, y algo menos del 1 % de U-235, además de un 3 % de productos de fisión y un 1 % de plutonio, así como una pequeña cantidad de transuránicos (elementos más pesados que el uranio, formados en reacciones de captura de neutrones). Como ya te he contado, el combustible usado es altamente radiactivo y emite mucho calor, por lo que se almacena inicial y temporalmente en piscinas de agua hasta que su radiactividad y emisión de calor hayan disminuido significativamente. Una vez pasado ese tiempo, que como sabes debe ser al menos de cinco años, el combustible puede extraerse de la piscina, almacenarse en un contenedor en seco (sin agua) y transportarse con seguridad.

Categorías de contenedores

No te voy a aburrir explicando todos los tipos de contenedores (exceptuados, tipo A, tipo B y tipo C), porque si algún día tienes que trabajar con ellos te los explicarán con todo detalle, pero me gustaría darte unas pinceladas sobre los más robustos y seguros, los contenedores de **tipo B**, utilizados para el combustible usado y el combustible reprocesado. Estos contenedores disponen de blindajes contra la radiación gamma y neutrónica (para que puedas estar a su lado sin riesgo) y cumplen todas sus funciones incluso en condiciones de accidente extremas. Los contenedores tipo B pueden pesar hasta 110 toneladas y contener de 6 a 17 toneladas de combustible. Los elementos combustibles usados se transportan en contenedores blindados con acero, o una combinación de acero, plomo y distintos absorbentes neutrónicos.

Contenedores dignos de tener un programa de TV

Puedes estar tranquilo, desde 1971 se han transportado al menos 25.000 contenedores de combustible usado —que se dice rápido— sin accidentes radiológicos, cubriendo millones de kilómetros por tierra y mar. De hecho, nunca se ha producido un accidente en el que un contenedor de transporte de combustible usado haya sido abierto o se haya vertido su contenido al medio ambiente. Los contenedores se someten a múltiples pruebas durante su diseño precisamente para detectar cualquier defecto de diseño o de fabricación (no así las cajas de cartón que nos manda mos diariamente en este país y que así llegan a su destino). La lista de pruebas que realizan a los contenedores sería digna de un programa de Discovery Max: caídas desde 9 metros sobre una superficie indeformable, caída sobre una barra vertical para comprobar la perforación, prueba de aplastamiento, fuego a 800 ºC durante 60 minutos, inmersión de hasta 200 metros de profundidad o impacto sobre un blanco indeformable a 325 km/h. Si tienes curiosidad, entra en YouTube y busca, por ejemplo, «nuclear cask testing»; encontrarás unos vídeos espectaculares donde se muestran algunas de esas pruebas: desde choques de trenes cargados con contenedores, locomotoras atropellando a camiones cargados con contenedores, camiones chocando contra muros de hormigón y grandes incendios de contenedores. Muy recomendable para los fans del cine de catástrofes.

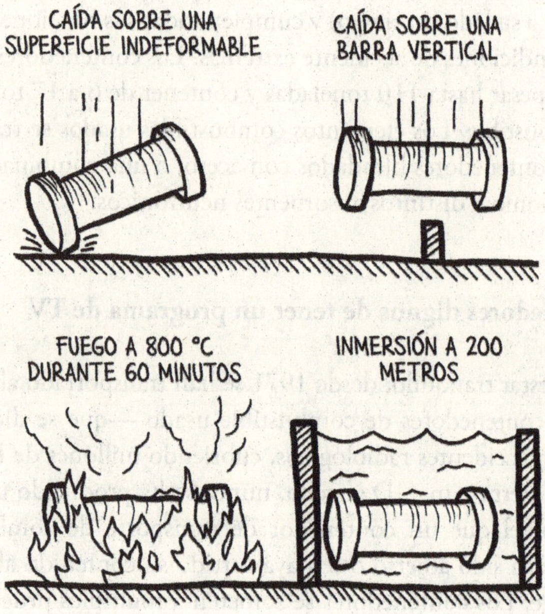

Entre 1971 y 2004 ocurrieron cuatro accidentes durante el transporte de contenedores cargados con combustible usado, pero en ninguno de ellos se produjeron emisiones radiactivas. El más destacable ocurrió el 8 de diciembre de 1971 en Estados Unidos, cuando un camión que transportaba un contenedor de combustible usado se salió de la carretera para evitar una colisión frontal. El conductor murió en el accidente y el contenedor salió del remolque y cayó en una zanja. El contenedor sufrió daño en dos pernos, en la pintura y en parte del aislamiento térmico, pero no emitió material radiactivo. Una vez recuperado, se reparó y volvió a ponerse en servicio tres meses más tarde.

24

Combustible usado: ¿residuo o recurso?

Habrás escuchado mil veces el término «energías limpias». ¿Te cuento un secreto? No existen las energías limpias, como tampoco existe la agricultura ecológica. Y tiene sentido, ya que toda actividad humana supone una alteración del ecosistema. Sería más adecuado hablar en términos comparativos, como «energías más limpias» o «agricultura más ecológica». Todas las energías generan residuos en algún momento de su ciclo de vida. Todas ellas necesitan de la minería para extraer los materiales necesarios para construir las instalaciones y equipos, y todas las energías generan residuos durante su construcción, operación o desmantelamiento, algunos radiactivos y otros tóxicos. Las energías renovables no son una excepción, aunque afortunadamente, como en el caso de la energía nuclear, no emiten residuos al medioambiente durante la generación de electricidad.

Así pues, podemos calificar las energías renovables (especialmente la solar, eólica e hidráulica) y la nuclear como energías más limpias que las que queman combustibles fósiles y que lanzan sus residuos directamente a la atmósfera. No se trata tan solo de eso, sino también que la cantidad de residuos generados por la energía nuclear es muy pequeña en comparación con las tecnologías de generación de electricidad basadas en combustibles fósiles.

El **combustible nuclear usado** se puede tratar como un residuo o como un recurso energético. En muchos lugares leerás la expresión «combustible gastado». En mi opinión, es un término poco preciso porque los reactores actuales apenas extraen el 5 % de la energía contenida en el combustible, algo que cambiará con los reactores de cuarta generación, que podrán aprovechar cerca del 99 % de su energía. Quizás ahora que has averiguado gracias a este libro que solo extraemos un mísero 5 % de la energía del combustible entiendas por qué sigue siendo radiactivo durante miles de años. ¿Considerarías que un producto del que extraes solo el 5 % de su capacidad está gastado, que es un residuo? ¿O por el contrario es un recurso que puedes y debes seguir aprovechando? ¿Quieres saber qué se puede hacer para mejorar el rendimiento del combustible? Sigue leyendo, que te lo explico.

¡Al contenedor de reciclaje!

Lo que te voy a explicar es algo que sabe poca gente. El combustible nuclear usado se ha reciclado durante décadas para aprovechar todos los materiales fisionables y reducir el volumen de los residuos de alta actividad. El reciclaje se basa en la recuperación del uranio y del plutonio remanente en el combustible usado para generar nuevos combustibles. Se están también desarrollando nuevas tecnologías de separación de los **actínidos** de vida larga (que, aunque suene a una familia de arañas, se trata en realidad de los elementos más pesados de la tabla periódica), esos que son radiactivos durante miles de años, y que podrían ser convertidos en isótopos estables en reactores de neutrones rápidos.

Una característica única de la energía nuclear es que del combustible usado se pueden recuperar materiales para fabricar combustible nuevo para las centrales nucleares existentes y futuras. ¿Entiendes ahora mejor la diferencia de matiz entre decir «combustible gastado» y «combustible usado» que llevo unos capítulos explicando?

Francia, Rusia, India, China y Japón tienen medios para reciclar el combustible nuclear usado, aunque en otros países como España todavía se considera el combustible usado como un residuo en lugar de un recurso. Tras la entrada en vigor del Tratado de No Proliferación Nuclear (NPT, por sus siglas en inglés) en 1968, se comenzó a **reciclar** (el término **reprocesar** se utiliza habitualmente en el sector militar) el combustible usado para recuperar el plutonio y el uranio no fisionados en los reactores y cerrar así el ciclo del combustible, obteniendo más energía del uranio original. No es un reciclaje total, pero no negarás que es un gran avance. Una razón secundaria del reciclaje es reducir el volumen de material que gestionar como un residuo de alta actividad a nada menos que una quinta parte de su volumen, un valor considerable.

Todas estas consideraciones se basan en reactores nucleares actuales, de segunda y tercera generación, pero el cambio a reactores de cuarta generación a finales de la década de 2020 está previsto que cambie radicalmente la perspectiva: podrán utilizar todo el combustible usado de los reactores actuales. Si te paras a pensar un poco, serán capaces de consumir no solo todo el uranio que extraigamos de las minas (ahora solo el 5 % y algo más con el reciclaje parcial), sino también podrán consumir el combustible usado por los reactores actuales almacenado como residuo, o sea, que estaremos «reciclando» con carácter retroactivo, por así decirlo. Un poco como si te guardases todas las pilas usadas que tienes por casa para aprovecharlas dentro de unos años.

Transmutación

La transmutación, además de sonar a palabra de película de superhéroes, es uno de los santos griales de la energía nuclear, junto con el ciclo del torio y la fusión nuclear, todos ellos con una aureola de misterio que intentaré descifrar.

La **transmutación** es una reacción nuclear por la que un elemento o isótopo se convierte en otro elemento, bien por decaimiento radiactivo o mediante el bombardeo de su núcleo con una partícula, normalmente un neutrón. Mediante este tipo de reacciones se pueden llegar a transformar los actínidos en productos de fisión y los productos de fisión de vida larga en isótopos radiactivos de vida más corta para tener residuos inocuos en pocos cientos de años, en lugar de en miles. Vamos, que la transmutación, en efecto, podría estar en una peli de superhéroes por lo que significa.

La transmutación de un isótopo en otro se logra mediante el bombardeo de neutrones en un reactor nuclear o un acelerador. En este último, un haz de protones de alta energía que golpea un manto de metal pesado produce una lluvia de neutrones por **espalación** (una palabra muy molona que significa la emisión de neutrones por el impacto de protones). Los neutrones pueden causar fisión en un conjunto de combustible subcrítico (incapaz de mantener una reacción en cadena), pero, a diferencia de un reactor convencional, la fisión cesa cuando se apaga el acelerador. Exacto, es tan fácil como apagar y encender el interruptor de la luz. El combustible puede ser uranio, plutonio o torio, posiblemente mezclado con residuos de larga vida de reactores convencionales.

La transmutación se inicia principalmente por neutrones rápidos y como estos son más abundantes en los reactores de, valga la redundancia, neutrones rápidos (que por eso se llaman así, claro), estos reactores son los preferidos para realizar este proceso. Pero, antes de que corras a publicarlo en Twitter, tengo que decirte que se trata de una tecnología experimental y que todavía no tiene resultados concluyentes.

Una de las funciones principales del reactor de neutrones rápidos Superphénix de Francia en los últimos dos años de operación fue la prueba de utilizar elementos combustibles que contenían altas concentraciones de actínidos minoritarios. ¡No me negarás que el Superphénix tiene uno de los nombres de reactor más potentes que has escuchado!

MOX

El **combustible de óxido mixto de uranio y plutonio** (MOX) supone casi el 5 % del combustible nuclear utilizado actualmente en el mundo. El MOX se fabrica a partir del plutonio recuperado en el reciclaje del combustible usado, mezclado con uranio empobrecido o con uranio natural, por lo que se puede decir que es mayoritariamente combustible reciclado. Así que, si lo piensas, ya puedes utilizarlo como argumento cuando alguien te diga que el combustible usado es un residuo o basura que se almacena en cementerios.

El combustible MOX también sirve para reciclar plutonio proveniente de bombas atómicas y utilizarlo para producir electricidad, algo que te explicaré más adelante en el capítulo sobre los recursos de uranio. En un reactor nuclear se produce la fisión de isótopos como el uranio-235 y la formación de isótopos nuevos y más pesados debido a la captura de neutrones, principalmente por parte del uranio-238, que es más del 95 % del uranio del combustible nuevo. El U-238 se convierte en plutonio-239 y tras sucesivas capturas de neutrones se convierte en Pu-240, Pu-241 y Pu-242, así como otros isótopos transuránicos (los que están más a la derecha del plutonio en la tabla periódica). El Pu-239 y Pu-241 también son fisibles, como el U-235.

El combustible MOX se empleó por primera vez en un reactor térmico en 1963, pero no se utilizó comercialmente hasta la década de 1980. Alrededor de cuarenta reactores en Europa (Bélgica, Suiza, Alemania y Francia) tienen licencia para usar MOX y más de treinta lo están usando. Solo una planta en Europa produce actualmente cantidades comerciales de combustible MOX, la planta MELOX en Francia (generando el 10 % de la electricidad francesa), pero Japón y Estados Unidos construyen plantas para producirlo.

Rusia lidera el desarrollo de reactores rápidos y tiene planes a largo plazo para construir una nueva generación de reactores rápidos impulsados por MOX. Su reactor rápido BN-800, el primer reactor de cuarta generación, se puso en marcha a mediados de 2014 en Beloyarsk, en los Urales, y funciona comercialmente desde 2016. El BN-800 es un banco de pruebas para el BN-1200 de 1220 MWe, que actualmente está en fase de diseño. Para que te hagas una idea, un total de diez reactores BN-1200 están planificados para 2030.

REMIX

Si tienes más de cuarenta años, quizás te resulte familiar la palabra REMIX. No, no estamos hablando de una mezcla de música de discoteca, el combustible REMIX se produce directamente a partir de una mezcla de uranio reciclado y plutonio del combustible usado reciclado. Este combustible se puede reciclar repetidamente con una carga del 100 % en reactores actuales VVER-1000, y reciclarse hasta cinco veces, de modo que, con menos de tres cargas de combustible en circulación, un reactor podría funcionar durante sesenta años con el mismo combustible. Vuelve a leer la última frase, porque probablemente necesitarás asimilarla mejor. Es como si alguien te dijera que el combustible de tu coche se puede reciclar y solo vas a tener que parar a repostar durante su vida... tres veces.

Se espera que REMIX genere un ahorro en el almacenamiento de combustible usado y los costes de almacenamiento en comparación con el ciclo de combustible de un solo uso y con el coste del reciclaje, aunque se espera que este último disminuya. Comparado con el ciclo MOX, REMIX tiene la ventaja de no causar la acumulación de uranio reciclado ni permitir ningún plutonio separado. La empresa rusa Rosatom ha propuesto un ciclo de combustible que involucre tanto reactores térmicos como rápidos, utilizando dos tipos de combustible MOX y reduciendo la demanda de uranio en aproximadamente un 30 %, y potencialmente mucho más. Rosatom prevé implementar este sistema en los reactores reproductores rápidos existentes y cuando el primer BN-1200 esté en funcionamiento.

Definitivamente, recurso

Como te he explicado, el combustible nuclear usado se puede considerar un residuo, pero, teniendo en cuenta que solo se le ha extraído el 5 % de su energía y que existe la tecnología para aumentar esa proporción de aprovechamiento, también es un enorme recurso energético que podemos y debemos utilizar, junto con todas las energías renovables, si realmente queremos reducir nuestra dependencia de los combustibles fósiles y mitigar el calentamiento global.

CONTROVERSIA

25

Ecologistas en contra y a favor de la energía nuclear

En 1958, Isaac Asimov, uno de mis grandes referentes en la divulgación, mostraba las dos caras de la energía nuclear en un relato breve titulado *Asnos estúpidos*. Puedes encontrarlo en Google simplemente tecleando su título y, si quieres leerlo, puedes dejarme un momento y luego vuelves, que te espero...

¿Lo has leído? Entonces puedes saltarte el resto del párrafo. En caso contrario, quédate y te haré un breve resumen. Naron tenía en su poder un gran libro que contenía la lista de las razas galácticas que habían conseguido la inteligencia, y otro más pequeño donde anotaba las razas que habían alcanzado la madurez. El baremo para pasar de un libro a otro era haber conocido la energía termonuclear. Un mensajero le dijo que un nuevo grupo de organismos había alcanzado la madurez y Naron anotó el nombre de su planeta en el libro pequeño, «la Tierra». Preguntó al mensajero si ya habían salido de su cuna y explorado el espacio. Ante su negativa, quiso saber dónde realizaban las pruebas nucleares. El mensajero respondió que en su propio planeta. Con gesto pausado, Naron sacó su pluma y tachó el nombre del planeta murmurando: «¡Asnos estúpidos!».

Para Asimov, el dominio de la energía nuclear era un síntoma de madurez como civilización. Sin embargo, el uso militar de la energía nuclear demostraba la estupidez de la especie humana y su inmadurez como especie. Este gran divulgador se adelantó al movimiento ecologista, el cual tuvo varios orígenes, aunque no consiguió obtener relevancia mundial hasta 1971, cuando un grupo de activistas canadienses se embarcó a bordo de un viejo pesquero para protestar contra las pruebas nucleares que Estados Unidos estaba realizando en Alaska. La acción no impidió las pruebas, pero la cobertura mediática de su acción derivó en el abandono de las pruebas por parte de EE. UU.

Fue el germen de Greenpeace, una organización que nació en 1971 y que alcanzó cariz internacional con la convergencia de varias secciones regionales de Norteamérica y Europa en 1979. Así pues, la principal organización ecologista internacional tuvo su origen en la oposición al uso militar de la energía nuclear, aunque a diferencia de Asimov, posteriormente incluyó entre sus principios la oposición a la energía nuclear pacífica (entre otras cosas, protestando contra centrales nucleares y también contra reactores experimentales para, por ejemplo, uso médico).

Los ecologistas antinucleares

El movimiento ecologista, que suelo adjetivar como «tradicional» (en contraposición al ecomodernismo, al que me refiero más adelante), ha basado históricamente su oposición a la energía nuclear civil en la utilización del miedo como argumento. Las referencias a Chernóbil y Fukushima son constantes. Si un accidente sirviera para invalidar una tecnología, haríamos muy pocas cosas en la vida, ni siquiera ducharnos o utilizar un cuchillo para cocinar. Los ecologistas tradicionales también suelen hablar con frecuencia del riesgo de los residuos radiactivos, cuando en Estados Unidos, el país con más centrales nucleares, nunca se ha registrado una sola muerte relacionada con estos residuos. Es importante señalar que no son residuos inocuos, sino que cuando su manejo se realiza con seguridad no representan un riesgo significativo para las personas ni para el medioambiente.

Otro mantra repetido hasta la saciedad es que las centrales nucleares contaminan radiactivamente su entorno, supuestamente aumentando el riesgo de cáncer y afectando a la fauna y la flora. Y basándose en este mantra, a veces llega información errónea al público o algunas organizaciones utilizan golpes de efecto con tal objetivo. Por ejemplo, en 2002 la organización Ecologistas en Acción anunció la aparición de un pez con graves alteraciones genéticas en las cercanías de la central nuclear de Garoña (Burgos, España). Uno de sus portavoces aseguró que dos biólogos alemanes habían encontrado un pez con mutaciones atribuidas a la contaminación nuclear de las aguas, llegando a implicar a la revista científica *Science*. Esta información se conoció en los medios de comunicación a través de las agencias y fue ampliamente publicada. Días más tarde, el montaje fue admitido por el mismo portavoz de la organización ecologista, indicando que «habíamos tratado el asunto en varias reuniones y decidimos que sería un buen golpe de efecto difundir esta información y desmentirla unos días después, probablemente coincidiendo con la marcha contra la central de Garoña, prevista para el próximo domingo».

En ocasiones, no es un caso particular la falta de rigor científico de las organizaciones ecologistas tradicionales cuando se oponen a la energía nuclear. No es la primera vez que, en otros ámbitos, organizaciones como Greenpeace reciben graves acusaciones por la aparente falta de rigor científico en otras causas. Sin ir más lejos, y por poner un ejemplo, es ya famosa la oposición de Greenpeace, quienes apoyan los cultivos ecológicos, a los alimentos transgénicos debido a los pesticidas. Sin embargo, son considerados seguros por la comunidad científica.

Es más, en 2016 más de un centenar de premios Nobel y miles de científicos de todo el mundo firmaron una carta abierta acusando a esta organización ecologista de oponerse a los alimentos transgénicos, especialmente al arroz dorado, cuando este arroz es una variante creada en 1999 con genes modificados para producir un precursor de la vitamina A. Los datos están ahí: la Organización Mundial de la Salud calcula que 250 millones de personas sufren de la carencia de esta vitamina (de los cuales el 40 % son niños), aumentando el riesgo de padecer ceguera. Entre 250.000 y 500.000 niños se quedan ciegos cada año por falta de la vitamina A y la mitad de ellos mueren en el año siguiente a la pérdida de visión.

Por ello, en mi opinión, es cuestión de tiempo que ciertas organizaciones reciban una misiva similar por su oposición a la energía nuclear, que no está exenta de riesgos, pero que siempre son menores que los de su principal alternativa: los combustibles fósiles.

Verdes pronucleares

Finlandia está siendo muy castigada por el calentamiento global, porque su temperatura media está subiendo más rápidamente que en cualquier otro lugar del mundo. Quizás por eso los fineses saben que necesitan la energía nuclear, y el apoyo político a esta es manifiesto. Por su lado, el Partido Verde finés es todavía oficialmente antinuclear, probablemente por tradición. De hecho, el país se ha comprometido a dejar de utilizar carbón en 2030 y su amplio uso de la biomasa (quemar materia orgánica) es muy controvertido, porque causa efectos en la salud en los espacios cerrados.

Finlandia tiene cuatro reactores nucleares en funcionamiento que suministran el 34 % de la electricidad del país. Una quinta unidad, Olkiluoto 3, está terminándose de construir, aunque con retrasos y sobrecostes, y una sexta unidad está planificada. Además, Finlandia está construyendo Onkalo, un almacén geológico, a 400 metros de profundidad, de residuos radiactivos de alto nivel de actividad (combustible usado). La solicitud de licencia de funcionamiento está prevista en 2020, con entrada en servicio prevista en 2023.

Atte Harjanne, del Instituto Meteorológico de Finlandia y miembro del Partido Verde, es conocido como un gran defensor de todas las alternativas de reducción de emisiones y propone junto a otros compañeros que el Partido Verde ponga fin a su oposición oficial a la energía nuclear. Según Harjanne, «la energía nuclear es una excelente manera de producir calor y electricidad con emisiones e impacto ambiental notablemente bajos en relación con la energía producida. Juntas, las energías eólica, hidráulica y nuclear pueden formar la base de un sistema energético descarbonizado. Excluir a la nuclear de la «caja de herramientas» es absurdo y el desmantelamiento prematuro de centrales nucleares es una política climática terrible».

Para Harjanne, «la ciencia defiende el papel de la energía nuclear como parte importante del mix energético. No obstante, la resistencia que manifiestan la mayor parte de los políticos a mostrarse partidarios no es, a menudo, consecuencia exclusiva de un conocimiento insuficiente. La predisposición a aceptar nuevos conocimientos está supeditada también a actitudes e intereses políticos». En definitiva, Atte Harjanne defiende el uso de la ciencia para solucionar los problemas de la humanidad.

En 2017, un grupo importante de miembros del Partido Verde de Finlandia publicó un manifiesto en el que establecían claramente que «vamos muy tarde en nuestros esfuerzos para parar el cambio climático y **ya no tenemos el lujo de poder elegir entre energía nuclear y energías renovables»**. Finlandia es el único país del mundo con una sección propia dentro del movimiento ecomodernista.

¿Qué es el ecomodernismo?

El **ecomodernismo** (también llamado «ecopragmatismo») postula que la tecnología y la innovación son nuestras aliadas para desacoplar el inevitable desarrollo económico y social del impacto ambiental negativo que suele llevar asociado. Para este movimiento, la tecnología puede permitirnos mitigar el calentamiento global al mismo tiempo que proteger el planeta y reducir la pobreza. En esa línea, el ecomodernismo promueve la urbanización, la agricultura intensiva (incluyendo los transgénicos), la acuicultura (crianza de especies acuáticas vegetales y animales), la desalinización, recursos renovables y la energía nuclear, entre otras.

El manifiesto ecomodernista, escrito por un grupo de académicos, científicos, activistas y ciudadanos, que se publicó en 2015, dice:

La fisión nuclear representa la única tecnología baja en emisiones de carbono del presente con la capacidad demostrada de proveer la mayoría, si no la totalidad, de la energía que demanda una economía moderna. No obstante, una variedad de retos sociales, económicos e institucionales hacen improbable que se instalen reactores nucleares en la escala que sería necesaria para mitigar el cambio climático. Una nueva generación de tecnologías más seguras y baratas será sin duda necesaria para que la energía nuclear despliegue con plenitud su potencial como medio apto para mitigar el cambio climático.

Los ecomodernistas consideran que la energía nuclear deberá trabajar conjuntamente con todas las energías bajas en emisiones, como la nueva generación de paneles solares, las centrales hidroeléctricas, y que será necesario desarrollar tecnologías de captura de carbono, en lugar de seguir quemando combustibles fósiles y biomasa.

Conclusión

En mi opinión, el movimiento ecologista tradicional no realizó en su momento la necesaria separación entre los usos militares y pacíficos de la energía nuclear, como claramente sí hizo Isaac Asimov en su relato del principio del capítulo. ¿Cuál es el verdadero motivo? Sinceramente, lo desconozco con certeza y prefiero no especular. Sin embargo, nuevas voces dentro del ecologismo están empezando a considerar la energía nuclear como una herramienta necesaria, junto con las renovables, para mitigar el calentamiento global.

Bajo mi punto de vista, el movimiento ecomodernista es una evolución del movimiento ecologista tradicional, que intenta separar el inevitable desarrollo económico mundial del daño que estamos causando al planeta, y para ello abraza la ciencia y la tecnología. Mi intención, de hecho, es proveerte de datos y de mi visión de las cosas para que puedas contrastarlos con otras fuentes y formar tu propia opinión.

26

La controvertida España nuclear

España ha tenido siempre una relación controvertida con la energía nuclear, un sector industrial que ha sido utilizado reiteradamente como arma electoral y que al mismo tiempo se ha mantenido durante diez años consecutivos (2010-2019) como la principal fuente de electricidad del país, proporcionando, según Red Eléctrica, en torno al 22 % de la electricidad que consumimos, y además baja en emisiones de carbono.

En contra de lo que muchas personas piensan, la mayor parte del capital necesario para construir los reactores nucleares españoles fue de origen privado, como Zorita y Garoña, Almaraz, Cofrentes y Trillo. El resto de las centrales tuvieron como propietarias empresas públicas y privadas, no siendo ninguna central totalmente pública. Aunque en la actualidad son todas totalmente privadas. ¿Hacemos un poco de historia?

Breve historia nuclear española

Entre los años 1968 y 1972 entraron en funcionamiento las tres primeras centrales nucleares españolas, José Cabrera (Guadalajara), Santa María de Garoña (Burgos) y Vandellós I (Tarragona). Tras la crisis del petróleo de 1973, España se embarcó en un ambicioso programa de construcción de centrales nucleares. El plan inicial contemplaba la construcción de 24 reactores, aunque finalmente el Plan Energético Nacional de 1978 redujo ese número a 12.

CENTRALES NUCLEARES
▲ EN FUNCIONAMIENTO
■ EN DESMANTELAMIENTO
● PROYECTADAS
Y ANULADAS
(NÚMERO DE UNIDADES)
REGODOLA
SANTILLÁN
LEMÓNIZ (2)
OGUELLA (2)
PUNTA ENDATA (2)
VALENCIA DE
DON JUAN (2)
GAROÑA
SAYAGO
CHALAMERA (2)
SÁSTAGO (2)
ASCÓ I
ASCÓ II
VANDELLÓS I
VANDELLÓS II
L'AMETLLA DE MAR (2)
ESCA-
TRÓN (2)
TRILLO II
TRILLO
ZORITA
ALMARAZ I
ALMARAZ II
COFRENTES
VALDECABALEROS (2)
CABO
COPE
ASPERILLO (2)
TARIFA (2)

Para la consecución de este plan se promovió una fuerte inversión en desarrollo industrial, que condujo a la creación de industrias de bienes de equipo, de fabricación de combustible nuclear y servicios relacionados. Las principales empresas de ingeniería del país experimentaron un gran crecimiento durante el desarrollo de los proyectos, fruto de la colaboración con ingenieras extranjeras. Con el objetivo de dar el soporte regulatorio necesario, en 1980 se creó el Consejo de Seguridad Nuclear (CSN), como organismo independiente encargado de velar por el funcionamiento seguro de las instalaciones nucleares y radiactivas.

La moratoria nuclear

Moratoria nuclear no es el nombre de un personaje de ciencia ficción o de una serie del espacio. De hecho, es como se denomina a la suspensión (temporal) del desarrollo de políticas de construcción y puesta en marcha de centrales nucleares.

Cuando el PSOE ganó las elecciones en 1982, España tenía un programa nuclear muy establecido, con varios reactores en funcionamiento (Zorita, Garoña, Vandellós I, Almaraz I), otros en un estado muy avanzado de construcción (Almaraz II, Ascó I y II, Vandellós II, Trillo, Cofrentes, Lemóniz I y II, y Valdecaballeros I y II) y varios en proyecto. El plan de energía nuclear aprobado por el anterior gobierno de la UCD contemplaba 12.500 MW nucleares (más de 12 reactores) para 1990, con posibilidad de ampliarlo más adelante. De hecho, Regodola (Lugo) y Vandellós III (Tarragona) estaban en fase de estudio previo para que les fuera concedida la licencia de construcción.

El programa del PSOE contemplaba una capacidad total nuclear de 7500 MW para 1990 (un reactor nuclear de la época tenía unos 1000 MW), así que el compromiso político era el de parar el programa nuclear, algo que entra en conflicto con un supuesto rescate financiero del que te hablaré más adelante. Lemóniz I estaba terminada, y Lemóniz II y Valdecaballeros I estaban muy avanzadas, mucho más que Trillo y Vandellós II, así que no necesitaban grandes inversiones para empezar a funcionar.

La organización terrorista ETA perpetró varios atentados en la central nuclear de Lemóniz I: explosión de una bomba en 1978 que causó la muerte de dos operarios (Alberto Negro y Andrés Guerra) y 14 heridos, una segunda bomba en 1979 que mató a otro obrero (Ángel Baños), y en 1981 secuestró y asesinó al ingeniero jefe de la central, José María Ryan. Un año después, Ángel Pascual Mújica, director de la sociedad público-privada creada para relanzar el proyecto, también fue asesinado. El PSOE paró el programa nuclear por ideología (cumpliendo su programa electoral) y decidió paralizar la construcción de Lemóniz por los atentados de ETA y Valdecaballeros por la oposición frontal de la Junta de Extremadura, que también era socialista.

Debido a la paralización de los proyectos, algunos casi finalizados, los propietarios exigieron al gobierno una compensación económica por revocar los permisos una vez realizadas las inversiones. La moratoria nuclear se consolidó formalmente en 1994 con la Ley de Ordenación del Sistema Eléctrico. En 1996 el Gobierno del Partido Popular (PP) aprobó que las empresas eléctricas propietarias de las centrales cobrasen una cuota a través de la factura eléctrica para recuperar las inversiones perdidas, que se terminó de pagar en 2016.

Aunque se pueda considerar que el pago de la moratoria nuclear fue un rescate a las eléctricas, que ciertamente estaban pasando una difícil situación económica por la falta de productividad de unos activos, en mi opinión los hechos que te he explicado son incontestables: no fue un rescate, sino una compensación por cambiar las reglas del juego sobre la marcha por motivos ideológicos y políticos. Pero seguro que nada de esto te suena mucho, ni lo tienes tan presente en las portadas de los periódicos.

¿Política antinuclear?

Durante todos estos años, los partidos políticos españoles han mantenido una relación llena de contradicciones con la energía nuclear. En la actualidad, ningún partido se ha mostrado claramente a favor de la energía nuclear, considero que por miedo a perder votos, como en el caso del PP. Otros partidos, como el PSOE y Podemos, han mantenido siempre en su programa electoral el cierre de las centrales nucleares. Sin ir más lejos, el cierre de Garoña es un ejemplo de la errática política nuclear española de los últimos años.

Todo partió de una promesa electoral del PSOE en las Elecciones Generales de 2008: el cierre de la central nuclear de Garoña en 2011. La tragicomedia posterior fue un intrincado batiburrillo de informes del CSN, solicitudes de Nuclenor (la empresa propietaria de Garoña participada al 50 % por Iberdrola y Endesa), decretos reales, aumento de impuestos al combustible usado, necesidades de inversión en seguridad y parada de la central en 2012. El fin de todo el proceso tuvo lugar en febrero de 2017, cuando el CSN aprobó la reapertura de Garoña siempre que cumpliera con unas inversiones de seguridad para equipararla al resto de las centrales españolas.

Un mes más tarde, Iberdrola comunicó que no tenía intención de realizar las inversiones en seguridad y que prefería cerrar la central, a diferencia de Endesa, que estaba de acuerdo con realizarlas. Unos días antes de expirar el plazo para la negociación, el Gobierno del PP decidió el cierre definitivo de Garoña. Los trabajadores, que sufrieron un largo proceso lleno de incertidumbres, tuvieron que acogerse a prejubilaciones voluntarias y traslados a otras centrales nucleares españolas, donde afortunadamente se les acogió con condiciones laborales similares. En conclusión, el PSOE, que fue el partido claramente antinuclear que prometió el cierre de Garoña, no fue quien tomó finalmente la decisión, sino que fue el PP, que aparentemente plantea una postura más ecléctica, sin estar claramente a favor de la energía nuclear. Una muestra más de la contradictoria política nuclear española.

Almacén temporal de residuos radiactivos

Este es otro capítulo de la historia nuclear digno de una serie de televisión de intrigas, porque no menos intrincada es la historia del denominado almacén temporal de residuos radiactivos (ATC) para guardar durante al menos cincuenta años el combustible usado de todas las centrales nucleares españolas. En 2004 el Congreso de los Diputados instó al Gobierno, por unanimidad, a que desarrollase los criterios necesarios para llevar a cabo el ATC y finalizarlo antes de 2011. Uno de los principales objetivos era traer a España los residuos radiactivos de Vandellós I que están almacenados en Francia, pues aparentemente nos están costando una enorme cantidad de dinero cada día.

Conozcamos la historia con algo más de detalle. España envió a Francia el combustible usado de la central nuclear de Vandellós I como parte del contrato de instalación, básicamente por las características del combustible de este tipo de reactores (UNGG), que impide almacenarlo mucho tiempo en piscinas. En Francia se realizó el reprocesamiento para reciclar el combustible, es decir, extraer el plutonio y el uranio para reaprovecharlo en reactores franceses en forma de combustible MOX y uranio reprocesado (RepU), que de momento se almacena como reserva.

A Francia se enviaron un total de 1022 toneladas de combustible usado; el material pendiente de devolver son concretamente 17 m^3 vitrificados y acondicionados en 92 cápsulas de acero inoxidable. Originalmente estos residuos debían volver antes de finales de 2010. Tras múltiples controversias políticas, se terminó incumpliendo el plazo y se acordó con Francia retrasar la entrega hasta 2017, y posteriormente hasta 2020.

¿Qué pasó? Se acordó que Areva aplicaría una penalización por los retrasos, una cantidad que debe ser devuelta deduciéndole los costes de almacenamiento. La cifra exacta de esa penalización es de 74.603,14 euros diarios. Es importante insistir en que la penalización será devuelta cuando retornen los residuos, descontando el coste de almacenamiento, una cifra que a inicios de 2017 ascendía a 1.626.000 euros. El coste va a cargo del fondo para la financiación de las actividades del Plan General de Residuos Radiactivos (PGRR). Podemos considerar que la penalización es una fianza.

Sin embargo, el ATC sigue sin construirse, como te explico en el capítulo sobre almacenamiento, por diversas controversias políticas y judiciales, incluyendo un intento de recalificación de terrenos como reserva natural, anulado por los tribunales. Es decir, que una solicitud unánime al Gobierno por parte de todos los diputados del Congreso (representantes de los ciudadanos) en 2004 sigue sin llevarse a cabo hoy por hoy (2020, año de publicación de este libro). ¿Alguien habló de coherencia y responsabilidad?

Transición energética y cierre nuclear

El Gobierno del Partido Popular creó en 2017 una Comisión de Expertos de Transición Energética, formada por 14 expertos independientes y de reconocido prestigio en el ámbito de la energía propuestos por los diferentes partidos políticos, los interlocutores sociales y las organizaciones empresariales. La principal conclusión de esta comisión respecto a la energía nuclear en España fue que, si extrajéramos en 2030 los 7000 MW aportados por las nucleares, el precio de la electricidad para los consumidores subiría un 20 % y el nivel de emisiones de dióxido de carbono aumentaría entre un 88 % y un 117 %, dependiendo del escenario concreto. El principal motivo es que la potencia constante nuclear sería sustituida por gas natural.

La Comisión de Expertos habló también sobre un aspecto poco destacado en los debates sobre la conveniencia de la energía nuclear: su contribución a la garantía de suministro eléctrico, indicando que «la contribución de los generadores nucleares al funcionamiento seguro del sistema eléctrico es de gran relevancia, dado su tamaño y ubicación en nudos importantes de este. Así, considerando su alto índice de disponibilidad, su aportación de inercia, capacidad de regular la tensión y la frecuencia, y en caso necesario, también para reducir su potencia, los convierte en instrumentos muy valiosos para la garantía de suministro».

Al llegar el PSOE al poder en 2018, ignoró las conclusiones de la Comisión de Expertos y diseñó su propia versión de la transición energética, negociando con las empresas propietarias de las centrales nucleares su cierre progresivo y que, de hecho, supone un alargamiento de la vida útil de las centrales por encima de los cuarenta años de vida de diseño (del que te hablaré más adelante en otro capítulo).

Este plan de cierre, no obstante, tiene una importante cláusula: el acuerdo debe ser revisado si no se cumplen los objetivos para garantizar potencia firme (que no sea variable, como la eólica y la solar), reduciendo las emisiones durante los años previos. En mi opinión, no se cumplirán dichos objetivos, porque las hidroeléctricas tienen poco margen de ampliación y las baterías no tendrán suficiente capacidad, así que el acuerdo parece más un aplazamiento de la decisión de cierre de las centrales que un cierre programado. Es decir, una forma de intentar contentar a todo el mundo.

Bajo mi punto de vista, si en los próximos años no se toma una decisión puramente populista, las centrales nucleares españolas seguirán funcionando al menos dos décadas más porque son y serán necesarias para garantizar el suministro eléctrico durante la imprescindible descarbonización de nuestra economía. Debería tratarse de una cuestión de Estado, de interés general y basada en la ciencia, no en la ideología.

27

Transparencia nuclear

Con frecuencia se acusa a la industria nuclear de falta de transparencia. Es un mantra que se repite y que ha calado profundamente en la opinión pública, pero déjame decirte que es absolutamente falso. No estoy insinuando que los profesionales nucleares seamos más honestos que los de otros sectores, sino que tenemos una mayor obligación de ser transparentes por las características especiales de nuestro trabajo. En este capítulo te voy a explicar en qué consiste la transparencia de la energía nuclear y podrás compararla con otros sectores que conozcas, para que puedas entender mejor si cabe (por si todavía no he hecho suficiente incidencia al respecto) el profundo significado de una frase que nos repiten con frecuencia: «la seguridad es lo primero».

El diseño de una central nuclear está sometido a unas **bases de licencia**, que son los requisitos que debe cumplir la instalación de forma obligatoria, siguiendo todas las normas que define el organismo regulador sobre energía nuclear, que en el caso de España es el Consejo de Seguridad Nuclear (CSN). Toda esa reglamentación se debe tener en cuenta en el diseño, en la operación de la central y en cualquier modificación de la instalación. La función fundamental del CSN en materia de seguridad nuclear es verificar el cumplimiento de esos requisitos en todo momento.

El organismo regulador nuclear vigila constantemente qué se hace

Todos los países con centrales nucleares e instalaciones radiactivas disponen de un organismo regulador que tiene como misión velar por la seguridad radiológica de los ciudadanos. Durante la operación de las centrales nucleares el regulador realiza una evaluación permanente de la seguridad revisando, entre otros aspectos, la experiencia operativa (las cosas que ocurren), las modificaciones de diseño (que puedan afectar a la seguridad), la formación de los trabajadores, la vigilancia radiológica del entorno, las dosis que reciben los trabajadores, así como el programa de identificación y resolución de problemas. Este programa es realmente interesante y merece la pena que te lo explique.

Cualquier trabajador puede notificar, dando su nombre o de forma anónima, cualquier problema que considere necesario resolver. A veces es algo tan sencillo como una carencia en la formación, pero en otras ocasiones es una avería repetitiva o una forma de trabajar equivocada. Un equipo de personas de diferentes perfiles se dedica a revisar las notificaciones y asignar un responsable para solucionarlas. La empresa tiene la obligación de responder al solicitante con una solución y el CSN audita todo el proceso para asegurarse de que se realiza correctamente. Es como si mi editor tuviera a una persona de la RAE al lado vigilando constantemente lo que hace.

Programa de inspecciones

Cada central nuclear recibe unas 20 inspecciones anuales planificadas sobre distintos aspectos de la seguridad. En cada una de ellas, un equipo de inspectores del CSN pasa varios días en la instalación, se entrevistan con las personas que consideran necesarias, supervisan actividades y consultan documentación. Cuando terminan su inspección editan un informe que posteriormente se publica en la página web del CSN. Así que, si estás interesado en saber qué problemas encuentran los inspectores en las centrales nucleares españolas, no tienes más que consultar los informes.

Todas las centrales nucleares, además de las inspecciones planificadas, tienen **inspectores residentes** que trabajan cada día en las centrales durante un determinado tiempo (que va de meses a pocos años). Los inspectores están considerados agentes de la ley, acuden a las reuniones diarias, consultan los diarios de operación (donde se detalla todo lo que ocurre), se reúnen con la dirección de la central y los jefes de turno, hacen rondas por las instalaciones, observan trabajos de mantenimiento, supervisan pruebas de equipos de seguridad y consultan la información que necesiten. Finalmente, con toda la información elaboran un parte semanal y un acta trimestral que también se publica en la web del CSN (por si necesitabas más lecturas de interés). Con la información de las inspecciones se pueden definir **hallazgos**, que son incumplimientos de normas, buenas prácticas o compromisos documentados. Estos hallazgos son públicos y las centrales tienen la obligación de dar una respuesta para solucionarlos. Como ves, toda la información es transparente por el mero hecho de hacerse pública.

Información remitida al CSN

Cada central nuclear debe remitir cierta información al CSN con una determinada frecuencia (datos como potencia, temperatura, presión, condiciones químicas del primario o dosis radiactivas). Aunque quizás la notificación más importante de cara a la opinión pública es la de los sucesos relacionados con la seguridad nuclear o la protección radiológica, los llamados **sucesos notificables**. En función de su importancia y severidad, la notificación deberá realizarse en 1 hora, 24 horas o 30 días. Esta normativa obliga a notificar, por ejemplo, la superación del límite de dosis para trabajadores, accidentes laborales graves, vertidos no planificados, aumento de la tasa de dosis, pérdida de sistemas de seguridad, fenómenos naturales adversos, paradas de la central, actuación de sistemas de seguridad, etc.

En las notificaciones más urgentes, la sistemática es siempre la misma: lo antes posible después de identificar el suceso, la central debe comunicarlo por teléfono al regulador y a otras instituciones, y posteriormente enviar la documentación por escrito vía fax (sí, todavía existen) o correo electrónico antes de una hora. Todos los sucesos notificados al CSN están disponibles para consulta pública en su web clasificados por instalación y por fecha. No hablo de oídas, ya que por mi puesto de trabajo soy responsable de enviar las notificaciones más urgentes (1 hora) en caso de producirse un suceso importante durante mi turno de trabajo. En caso de activación del Plan de Emergencia, la sistemática es muy similar. En los casos en los que sea necesaria ayuda exterior o avisar a la población, estas notificaciones se envían también a Protección Civil. A mi modo de ver, más transparencia es casi imposible.

OIEA, WANO, ARN... Difíciles de pronunciar, pero claves para la seguridad

El Organismo Internacional de la Energía Atómica (OIEA), que forma parte de Naciones Unidas, tiene como principio los «Átomos para la paz y el desarrollo» y promueve el uso pacífico de la tecnología nuclear en condiciones de seguridad. Esta agencia ofrece a sus estados miembros una amplia gama de inspecciones, en las que un equipo de expertos compara prácticas concretas de las centrales nucleares con las normas del OIEA en materia de seguridad nuclear.

Durante las misiones OSART (Operational Safety Review Team), que suena a un comando especial de una película de Marvel, un grupo de expertos internacionales realizan exámenes en profundidad del comportamiento de la central nuclear en materia de seguridad. La «misión» tiene una duración de tres semanas. Al acabar, el grupo OSART prepara un informe para que lo examine la dirección de la central, y unos 18 meses después tiene lugar una visita de seguimiento, donde un grupo de tres o cuatro miembros evalúa los progresos hechos en la solución de las cuestiones planteadas en el examen inicial. Como puedes ver, los profesionales nucleares sabemos muy bien lo que significa sentirse observado.

Hay que reconocer que es un nombre que, de nuevo, suena salido de una película de *Los Vengadores*; la Asociación Mundial de Operadores Nucleares (WANO), de la que ya te he hablado con anterioridad en este libro, es una organización internacional privada fundada después del accidente de la central nuclear de Chernóbil para promover la cooperación y excelencia profesional de la industria nuclear. La misión de WANO es maximizar la seguridad y fiabilidad de las centrales nucleares de todo el mundo mediante el trabajo en equipo para asesorar, comparar y mejorar el funcionamiento para el apoyo mutuo, intercambio de información y realización de las mejores prácticas. Un **peer review** es una revisión por pares, por homólogos. Los *peer review* ayudan a los miembros a compararse con los estándares de excelencia mediante una profunda revisión de sus operaciones por un equipo independiente externo.

Pero eso no es todo. Otros organismos realizan inspecciones en las centrales nucleares, como las auditorías de AENOR a las que las centrales se someten voluntariamente para certificar la calidad de sus procesos, las misiones especiales encargadas a distintas organizaciones como INPO (Institute of Nuclear Power Operators) o como la Aseguradora de Riesgos Nucleares (ARN). Sí, has leído bien. Aunque existe un mito muy extendido de que ninguna compañía quiere asegurar las centrales nucleares, es mentira; existe tal aseguradora y además todo está regulado por ley. En caso de accidente, el seguro es limitado, como cualquier seguro de cualquier actividad, y el responsable final es el Estado.

Como puedes ver, la industria nuclear es una de las más auditadas con el objetivo de optimizar la seguridad nuclear de sus instalaciones. Es obvio que a nadie le interesa un accidente nuclear, ni a los trabajadores, ni a la población, pero tampoco a los propietarios. Y estarás de acuerdo conmigo en que no se trata de falta de modestia, sino que es una conclusión basada en todo lo que te he explicado: probablemente no exista una industria más transparente que la nuclear.

28

Las centrales nucleares no producen más cáncer

Ya lo hemos ido mencionando a lo largo del libro, pero ahora entraremos de lleno en un mito muy extendido sobre la energía nuclear: que las centrales nucleares aumentan el riesgo de cáncer entre las personas que viven a su alrededor. Los seres humanos solemos hacer estadísticas con un solo caso y rápidamente se vincula cualquier cáncer con la cercanía de la central, aunque la persona afectada de un cáncer de pulmón fuera, por ejemplo, un fumador empedernido.

Precisamente para hacer frente a esta preocupación, en España se realizó un estudio epidemiológico entre 2006 y 2009, llevado a cabo por el Instituto de Salud Carlos III por encargo del Consejo de Seguridad Nuclear, que arrojó unos resultados compatibles con otros estudios realizados en otros países. Pero antes de indagar en esos resultados, vamos a conocer qué emisiones radiactivas tiene una central nuclear en su operación normal, ¿te parece?

¿Cómo emiten radiactividad las centrales nucleares?

No estamos hablando aquí de accidentes nucleares, sino del día a día, del funcionamiento normal de una central nuclear. Como ya te he contado cuando hemos hablado de residuos, una central produce residuos sólidos, líquidos y gaseosos (los tres estados clásicos de la materia). Si has estado atento, sabrás ya que los residuos sólidos se gestionan en función de su nivel de actividad (según lo radiactivos que sean) y se almacenan con seguridad para que no supongan un riesgo para las personas y para el medioambiente.

Pero ¿te acuerdas de qué ocurre con los residuos líquidos? Efectivamente, el circuito primario de los reactores, el que refrigera el núcleo, es radiactivo porque tiene pequeñas trazas de restos de la fisión y de materiales activados de las tuberías. Lógicamente, no se pueden desechar sin un adecuado tratamiento. Aunque se trata de un circuito cerrado, es necesario ir renovando parcialmente su contenido y se va almacenando en unos grandes depósitos. El objetivo es dejarlo un tiempo allí, que puede variar desde días hasta meses, para que el decaimiento radiactivo haga que disminuya el nivel de actividad del agua. Una vez pasado ese tiempo, te contaba antes que el agua se hace pasar por filtros y por desmineralizadores, unos depósitos que contienen unas resinas (en forma de bolitas de milímetros) que retienen los minerales. Posteriormente, se toma una muestra del agua, se analiza para ver si cumple con los límites legales (que se ha demostrado que producen dosis inocuas) y en caso afirmativo se descarga al río, mar o lago del que se refrigera la central. Un detector comprueba en todo momento que la descarga cumpla con esos límites y, en caso contrario, la detiene automáticamente.

¿Y los gases? No me olvido de ellos. En el caso de las descargas gaseosas el proceso es muy similar, aunque la mayor parte de los gases emitidos son gases nobles de vida corta.

Programa de vigilancia radiológica ambiental

Entre las misiones del organismo regulador en materia nuclear, el Consejo de Seguridad Nuclear (CSN) en España, está el supervisar las medidas de protección radiológica de las personas (el público) y el medioambiente. Este organismo vigila las descargas de materiales radiactivos que realizan las instalaciones nucleares y radiactivas para que se realicen siempre como te he explicado antes, cumpliendo los límites legales.

La red de vigilancia radiológica ambiental está formada por dos tipos de redes. Por un lado, las redes propias de cada instalación y, por otro, una red de vigilancia nacional que se distribuye por todo el territorio y que gestiona el propio CSN. En cada instalación se toman muestras periódicas en su entorno: aire, radiación directa, agua potable, agua de lluvia, agua subterránea, suelo, sedimentos y organismos indicadores, leche y cultivos, carne, huevos, peces, mariscos y miel. La frecuencia es variable: unas muestras se toman de manera semanal, otras son mensuales y otras semestrales. Los resultados se analizan y se envían al CSN para que determine si las instalaciones están cumpliendo con la legislación.

Características del estudio y resultados

Pero volvamos al estudio epidemiológico del que te hablaba, que se realizó, como no podía ser de otra forma, con las debidas condiciones de rigor científico y transparencia. Un comité consultivo, que realizó un seguimiento detallado e independiente del estudio, estaba formado por representantes de las autoridades sanitarias de las comunidades autónomas, organizaciones sindicales, autoridades municipales, compañías propietarias de las instalaciones, organizaciones ecologistas y expertos independientes. Vamos, no faltaba nadie.

Se estudiaron todas las centrales nucleares españolas y todas las instalaciones nucleares y radiactivas relacionadas con el combustible nuclear, independientemente de su estado de operación. Se incluyeron todos los municipios en un radio de 30 km de las instalaciones, comparándolos con otros municipios con similares características, pero alejados de las instalaciones. En total se estudiaron más de 1000 municipios, la mitad de ellos cerca de las instalaciones. En el estudio se contrastaba la mortalidad por diferentes tipos de cáncer de los residentes entre los años 1975 y 2003. Como variable se utilizó la dosis efectiva, que es un parámetro fácilmente medible, y se comparó con las dosis producidas por las descargas legales de efluentes líquidos y gaseosos de las instalaciones, que te he explicado más arriba.

En el análisis de las zonas alrededor de las instalaciones radiactivas no se observó un patrón de incremento de la mortalidad por cáncer asociado a la dosis recibida. Las dosis estimadas recibidas por la población como consecuencia de las instalaciones estaban muy por debajo de las que podrían relacionarse, con los conocimientos científicos actuales, con efectos en la salud. Curiosamente, en los estudios tampoco se detectó una mayor mortalidad debida a la radiactividad natural, que es muy diferente de unos lugares a otros y siempre resulta mucho mayor que la que emiten las instalaciones radiactivas. Esto podría indicar que el fondo radiactivo natural también es lo suficientemente bajo como para no aumentar la incidencia del cáncer.

En todos los estudios, la dosis equivalente anual que reciben las personas que viven alrededor de las centrales nucleares (dentro de un radio de 30 km) está cuatro órdenes de magnitud (diez mil veces menos) por debajo del límite legal de 1 mSv anual. La dosis media anual medida en el entorno de las centrales nucleares es menor de 0,0001 mSv (0,1 μSv). Curiosamente, es la misma dosis que recibe una persona al comerse un solo plátano. O sea, tu desayuno equivale a que vivieses un año entero en un radio de 30 km de una central nuclear. Insisto, la conclusión no es que debas dejar de comer plátanos, sino conocer que su riesgo radiológico es tan bajo como el de vivir cerca de una central nuclear, algo que seguro no piensas cada mañana mientras desayunas.

29

Una herramienta de uso pacífico o militar

De todos los estigmas que hemos ido viendo, es posible que el mayor estigma que tenga la energía nuclear sea su supuesta vinculación con las bombas atómicas. Los mitos suelen tener un origen, en ocasiones con cierto grado de veracidad, pero posteriormente otros elementos se van añadiendo para construir una gran mentira que, con frecuencia, se utiliza para estigmatizar esta energía. Te explicaré qué hay de cierto y de falso sobre esa vinculación a través de un repaso histórico y tecnológico.

Inventos militares que usas a diario

Muchos avances tecnológicos de nuestra sociedad tienen un origen claramente militar: el radar que protege nuestros aviones se desarrolló durante la Segunda Guerra Mundial, el GPS surgió del Departamento de Defensa de Estados Unidos, al igual que los vehículos todoterreno, las gafas de sol o la comida enlatada, que tuvieron su origen en creaciones con intención militar y de los que luego nos beneficiamos todos. Sin embargo, con toda probabilidad ningún invento militar de uso civil tenga tan mala prensa como la energía nuclear.

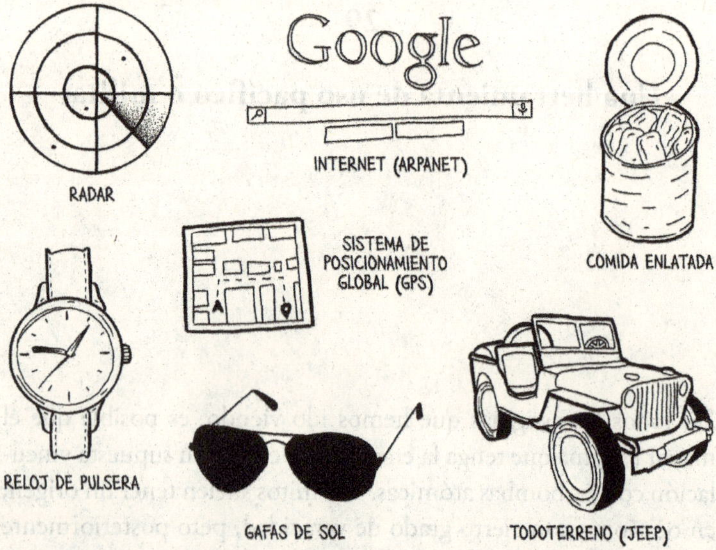

El proyecto Manhattan fue un enorme esfuerzo científico, tecnológico, financiero y humano que realizó Estados Unidos para construir la bomba atómica durante la Segunda Guerra Mundial y que culminó desgraciadamente con el lanzamiento de dos artefactos, uno de uranio y otro de plutonio sobre Hiroshima y Nagasaki, arrasando ambas ciudades y matando cerca de un cuarto de millón de personas, lo que supuso de facto la rendición de Japón. No entraré a valorar la hipótesis de que el lanzamiento de las bombas evitó muertes posteriores. Para alguien que defiende el uso pacífico de la energía nuclear, utilizarla voluntariamente para destruir vidas humanas es una auténtica aberración.

Ninguna herramienta es buena o mala por sí misma, sino que depende del uso que le demos. Un bisturí sirve para salvar vidas y una bayoneta para segarlas, y ambas son herramientas de corte. La energía nuclear, que nació para fabricar una bomba atómica que ganara una guerra, pronto comenzó a servir para producir electricidad. Desde la famosa *pila de Fermi*, un reactor experimental construido bajo las gradas de un estadio abandonado de la Universidad de Chicago, hasta el primer reactor comercial para generar electricidad, Calder Hall (Gran Bretaña, con 50 MW de potencia), pasaron solo 14 años.

Átomos para la paz

Cuando Estados Unidos comprobó que no era el único país con armas nucleares, decidió difundir sus conocimientos en tecnología nuclear para obtener beneficios económicos, fundando el programa «Átomos para la paz». Esta iniciativa condujo a la creación en 1957 de la Organización Internacional de la Energía Atómica (OIEA), que forma parte de Naciones Unidas, con la misión de servir de foro de cooperación científica y técnica para impulsar el uso pacífico de la energía nuclear, tanto para producir electricidad como para usos médicos e industriales.

En 1970 se firmó el Tratado de No Proliferación, y fruto de él ningún reactor nuclear civil se ha utilizado para producir plutonio para fabricar bombas atómicas, un mito muy extendido que repiten continuamente los opositores a esta energía. También se pueden construir bombas con ollas y cócteles molotov con botellas y no por ello nos miran mal cuando vamos a la tienda a por ellos. Es cierto que algunos reactores como los RBMK soviéticos (diseño de Chernóbil) tenían capacidad para producir plutonio, pero nunca se utilizaron para ese fin porque se disponía de otro tipo de tecnología más eficiente para obtenerlo.

La inmensa mayoría de los países firmaron el Tratado de No Proliferación. De esta forma, todos los países que inician un programa nuclear civil tienen la obligación de someterse a la inspección de la OIEA y al escrutinio de la comunidad internacional (¿te imaginas tener que someterte al escrutinio internacional de tu olla a presión?). La colaboración de la agencia con los servicios secretos ha permitido detectar desviaciones, como es público y notorio. Pero la tecnología ha evolucionado y actualmente existen medios alternativos y más eficientes para producir armamento que utilizar centrales nucleares. Las famosas centrifugadoras de gas se podrían utilizar para enriquecer uranio independientemente de la existencia de centrales nucleares, lo que demuestra que tener armamento nuclear es una decisión política, no la inevitable conclusión de tener un programa nuclear civil. De hecho, la mayoría absoluta de los países con centrales nucleares no tiene armas nucleares y, al contrario, algunos países con bombas atómicas no tienen centrales nucleares.

La industria nuclear está muy globalizada en toda su cadena y apenas doce países son proveedores de uranio para fabricar combustible nuclear. Debido al constante escrutinio, cualquier país con un programa nuclear civil que intentara desviar parte de su combustible para fabricar un arma nuclear se enfrentaría a sanciones que incluirían la interrupción del suministro del material fisible.

Los únicos países que han adquirido armas nucleares en los últimos 25 años son Pakistán y Corea del Norte. Sudáfrica, Kazajistán, Bielorrusia y Ucrania abandonaron sus programas de armas nucleares cuando se disolvió la Unión Soviética. Países como Cuba, Finlandia, Alemania, Japón, Suecia y Ucrania, por ejemplo, no han llegado a desarrollar armas nucleares a pesar de encontrarse en entornos políticos con amenazas de seguridad, aunque cierto es que al menos Rumanía, Suecia, Suiza y Yugoslavia exploraron en algún momento dicha posibilidad.

Aunque en la mayoría de los países el programa civil de energía nuclear se ha desarrollado simultáneamente al de armas nucleares, solo en Argentina, Brasil, India, Irán y Pakistán el primero precede al segundo. Un dato para la esperanza es que desde finales de los años ochenta del siglo xx se ha reducido el arsenal nuclear, las pruebas nucleares y el número de estados que han intentado desarrollar armas nucleares, mientras que, de manera simultánea, el número de reactores comerciales ha aumentado ligeramente.

Los hay que lo han intentado…

Existen dos formas de fabricar un arma nuclear de fisión mediante enriquecimiento de uranio o plutonio. Tranquilos, no estoy dando la receta para quien tenga una idea loca: como has podido leer a lo largo del libro, no es precisamente sencillo fabricar una bomba nuclear «casera». Como ya te he contado en otros capítulos, el enriquecimiento consiste en aumentar la proporción de los isótopos fisibles, el uranio-235 (U-235) y el plutonio-239 (Pu-239) y, como bien sabes, una bomba atómica de uranio, como la que se lanzó en Hiroshima, necesita un enriquecimiento de al menos el 90 %. El enriquecimiento del U-235 se realiza por separación de este isótopo del mineral, sin embargo, el Pu-239 se obtiene mediante la captura de un neutrón por parte del U-238.

Irán intentaba desarrollar una bomba de uranio enriquecido utilizando centrifugadoras para la separación del U-235 con la intención de amenazar a sus vecinos, especialmente a Israel. Corea del Norte, por su parte, optó por la vía de la purificación de Pu-239 porque es una vía rápida y sencilla para cargar misiles tácticos de largo alcance debido a su pequeña masa crítica (unos 10 kg) y la baja tasa de fisiones espontáneas, lo que hace más sencillo el ensamblaje.

Irán también ha desarrollado un programa de energía nuclear civil que ha servido para la transferencia de tecnologías y conocimientos para su programa militar, sin embargo, Corea del Norte no dispone de ningún reactor civil dedicado a la generación de electricidad, pero sí que ha construido un reactor tipo Magnox con moderación de grafito para enriquecer plutonio. Aunque el reactor podría ser utilizado para producir electricidad de una forma muy poco eficiente, se trata de un reactor específico para proveer el plutonio para sus armas nucleares.

Países como Israel, Siria y la propia Corea del Norte han intentado la doble vía de producción de uranio enriquecido y plutonio. Pero lo cierto es que ningún reactor civil ha sido utilizado simultáneamente para extraer combustible para bombas. La razón es que, si bien es posible extraer plutonio para bombas de un reactor civil, resulta caro y es extremadamente complejo separar el material fisible de la gran diversidad de actínidos (isótopos radiactivos pesados) producidos durante el funcionamiento normal del reactor.

¿Y si reciclamos las bombas atómicas?

Al fin y al cabo, el plutonio apto para armas tiene más del 93 % de Pu-239 y se puede procesar para utilizarlo como combustible para producir electricidad. Por su parte, el uranio para bombas atómicas está muy enriquecido, a más del 90 % de U-235 (el isótopo fisionable). De hecho, uranio altamente enriquecido procedente de las armas desmanteladas ha evitado unas 8850 toneladas de producción de óxido de uranio de las minas cada año, y ha alcanzado entre el 13 % y el 19 % de las necesidades de los reactores mundiales hasta 2013.

Desde 1987, los Estados Unidos y los países de la antigua URSS firmaron una serie de tratados de desarme para reducir los arsenales nucleares en aproximadamente un 80 %. ¿Adónde va a parar todo ese material? El uranio altamente enriquecido en armas de EE. UU., Rusia y otras reservas militares asciende a aproximadamente 1500 toneladas, lo que equivale a alrededor de siete veces la extracción minera de uranio mundial anual. Las reservas mundiales de plutonio para armas son de alrededor de 260 toneladas, que si se usan en reactores convencionales equivaldrían a algo más de un año de producción mundial de uranio.

Los acuerdos de EE. UU. y Rusia para convertir las armas nucleares en combustible para la producción de electricidad se conocen como el programa «Megatons to Megawatts» (un nombre que suena a serie de televisión del espacio, ¿no crees?). De hecho, los diversos acuerdos de desarme condujeron en 1993 a un pacto entre los gobiernos de los Estados Unidos y Rusia. Rusia convirtió

500 toneladas de uranio altamente enriquecido de cabezas nucleares y arsenales militares (equivalentes a alrededor de 20.000 bombas) en uranio ligeramente enriquecido para ser comprado por EE. UU. para su uso en reactores nucleares civiles. Con el acuerdo ruso-estadounidense «Megatons to Megawatts», Estados Unidos fue capaz de generar el 10 % de su electricidad entre 1993-2013. Piensa en este dato: en números redondos estamos hablando de producir con armas nucleares recicladas el 100 % de la electricidad que consume un país enorme como EE. UU. durante dos años.

Así que puedes estar tranquilo

La existencia de una industria nuclear civil con centrales que aportan energía podría, es cierto, proveer de infraestructuras y conocimientos técnicos para desarrollar armas nucleares, pero sabemos que los programas civiles obligan a la monitorización internacional, lo que dificulta cualquier programa militar (esto no implica que no sea posible un doble objetivo en algunos países, pero en todo caso es una decisión política, no tecnológica). Además, la fabricación de armamento es mucho más eficiente con infraestructuras específicas para ello que con centrales nucleares comerciales. Más bien es al contrario: como hemos visto, las armas nucleares se reciclan para producir electricidad, y no a la inversa, lo que considero una preciosa alegoría del pacifismo.

30

Submarinos hundidos y residuos de pruebas nucleares

Algunas noticias sobre energía nuclear son recurrentes en los medios, y no estoy hablando de los aniversarios de los grandes accidentes nucleares, que es comprensible y necesario que se recuerden (yo lo hago cada día en mi trabajo). Me refiero a esas noticias sobre submarinos nucleares hundidos que contaminarían gran parte del océano o tumbas de residuos nucleares militares que serían capaces de provocar un nuevo Chernóbil (el equivalente a un campo de fútbol en las medidas de superficie). ¿Qué hay de cierto en esas noticias tan alarmantes? ¿Debes preocuparte? Partiendo de la base de que siempre debemos minimizar la contaminación radiactiva para reducir los riesgos, te voy a explicar un par de casos con sus causas y sus posibles consecuencias para que obtengas tus propias conclusiones.

¿Cómo de radiactivos son nuestros océanos?

Antes de nada vamos a conocer el estado de los océanos. Como te he explicado en varios capítulos, estamos rodeados de radiactividad en nuestra vida diaria hasta cuando desayunamos, y lo importante es saber la dosis para estar seguros. El nivel de radiactividad de los océanos y mares es variable en todo el mundo. Las fuentes radiactivas liberadas por el ser humano son minúsculas en comparación con las de origen natural, aunque, por supuesto, deben tenerse en cuenta y minimizarse.

El cesio-137 es la sustancia liberada más importante en cuanto a dosis en las pruebas nucleares realizadas a mediados del siglo XX en el océano Pacífico, así como en los accidentes nucleares de Chernóbil, Fukushima y en mucha menor medida en el de Three Mile Island. Entre las docenas de sustancias radiactivas presentes de forma natural en el agua del mar (el cesio-137 es una de ellas), el uranio-238 y el potasio-40 son los más abundantes.

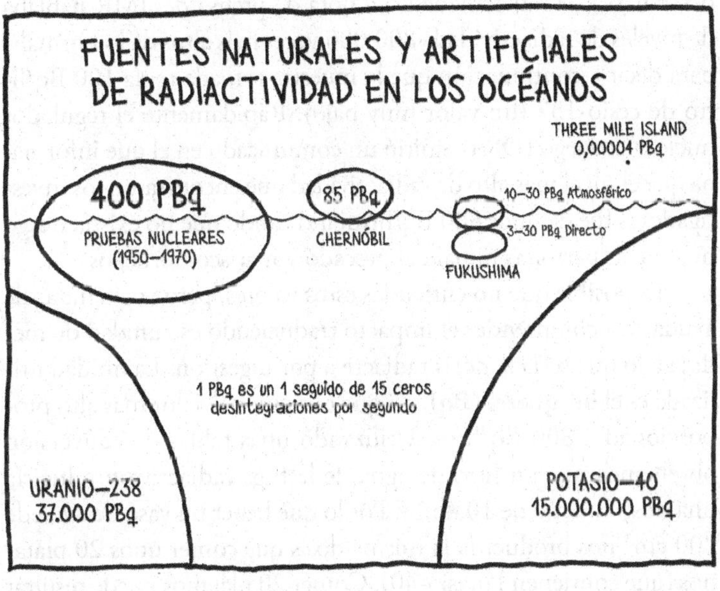

K-287 Komsomolets

Seguro que por el nombre ya has descubierto que te hablo de un submarino. Este submarino nuclear soviético fue un proyecto pionero por tener el casco interior de titanio y alcanzar el récord de inmersión de 1300 metros. El 7 de abril de 1989 el submarino sufrió un incendio que causó la parada de emergencia del reactor, la muerte de sus 41 tripulantes y su hundimiento en el mar de Noruega. Expediciones posteriores sellaron varios puntos para evitar fugas de material radiactivo, pero en 2019 el Instituto de Investigación Marina noruego (IMR, por sus siglas en inglés) detectó una fuga de cesio-137 que tuvo una gran repercusión mediática, causando una gran alarma, por otro lado, comprensible.

Todo partió de una nota de prensa muy poco acertada (una forma elegante de decir que cometieron una auténtica imprudencia), algo irrelevante en algunos asuntos, pero trascendental cuando se habla de radiactividad. La nota de prensa del IMR hablaba de niveles de radiactividad «800.000 veces más altos de lo normal», para decir a continuación que la muestra tomada tenía 100 Bq/litro de cesio-137 (un valor muy bajo). Rápidamente el regulador nuclear noruego (DSA) emitió un comunicado en el que informaba que el nivel más alto de radiactividad que encontraron los investigadores fue de unos 800 Bq/litro, indicando que no existía riesgo ni para las personas ni para el pescado y marisco noruegos.

Es posible que no entiendas estos valores, pero voy a tratar de ayudarte a comprender el impacto traduciendo esa unidad de medida a lo que sería la dosis radiactiva por ingestión. La unidad utilizada es el **becquerel (Bq)**, así que tomemos el valor más alto proporcionado: 800 Bq/litro. Utilizando unas tablas de conversión obtenemos que un litro de agua de la fuga radiactiva produciría una dosis interna de 10,4 μSv. Por lo que beber un vaso de agua de 200 cm^3 nos produciría la misma dosis que comer unos 20 plátanos (que contienen Potasio-40). Comer 20 plátanos puede resultar muy indigesto y provocar una subida considerable de azúcar, pero te aseguro que representa una dosis radiológica inocua.

Así pues, teniendo en cuenta los datos objetivos, mi conclusión es la misma que la del regulador noruego: la fuga radiactiva en el Komsomolets no tendrá un impacto significativo en los peces y en otros recursos marinos del mar de Noruega. Puedes seguir comiendo el sabroso salmón noruego con total tranquilidad.

Pruebas nucleares en las Islas Marshall

Si los submarinos nucleares hundidos son una fuente periódica de noticias sensacionalistas, no lo son menos las pruebas nucleares. Durante la Guerra Fría, Estados Unidos realizó un total de 43 pruebas nucleares atmosféricas en el atolón Enewetak, en las Islas Marshall (océano Pacífico), entre 1944 y 1958. El cráter Cactus se formó el 5 de mayo de 1958 por una explosión de 18 kilotones (de una potencia similar a las bombas de Hiroshima y Nagasaki). El cráter tiene 106 m de diámetro y 9,5 m de profundidad (visualiza una piscina olímpica: el doble de ancho y el triple de profundo que una).

La Cúpula de Runit (Runit Dome, Cactus Dome o The Tomb) es una estructura de hormigón con forma semiesférica situada a nivel del mar en el norte de la isla de Runit, dentro del cráter Cactus, que contiene unos 83.000 m^3 de residuos radiactivos, incluyendo plutonio-239, y que se cubrió en 1979.

Como te decía al principio, de manera periódica aparecen noticias apocalípticas sobre la estructura del cráter Cactus, pero no aportan nada nuevo más allá de ingresos para los medios que las publican. Según un informe realizado en 2013 a petición del Departamento de Energía de Estados Unidos que cita varios estudios anteriores, incluso si se escapase todo el inventario de la estructura, el impacto radiológico en la zona sería escaso, precisamente porque ya está contaminada por las propias pruebas militares que se realizaron a mediados del siglo pasado. Es un poco irónico dar una noticia de una posible contaminación de una zona ya contaminada, ¿no?

De hecho, según el informe, «los niveles ya presentes en los sedimentos del agua de mar de la laguna eclipsan en varios órdenes de magnitud las cantidades encontradas bajo la cúpula». El contenido de la estructura es básicamente tierra contaminada, escombros y metales inmovilizados con mortero y recubiertos de hormigón. En consecuencia, podrían escapar algunos isótopos radiactivos, pero una fuga total del contenido radiactivo es muy poco creíble. Y un Chernóbil en el océano, tampoco.

En conclusión, el uso militar de la energía nuclear (especialmente por las pruebas nucleares) es el causante de las mayores emisiones radiactivas artificiales en los océanos, a pesar de los accidentes civiles de Chernóbil y Fukushima. Pero es importante que te quede claro que afortunadamente la actividad de los isótopos radiactivos en los océanos por causas humanas es muy pequeña respecto a las causas naturales. Así que puedes seguir con tu vida con total tranquilidad y bañarte en la playa en verano si te apetece.

31

Terrorismo en centrales nucleares

El terrorismo es un tema muy serio y, sin duda, no ha de tomarse a la ligera, pero en ocasiones es inevitable que se produzcan situaciones divertidas debidas, quizás, al desconcierto. En los años ochenta del siglo pasado, cuando la organización terrorista ETA atentaba con frecuencia en España, una noche se recibió una llamada anónima en la sala de control de una central nuclear:

—Que sepan que en el edificio de turbinas hay una bomba.

—¿Una bomba en el edificio de turbinas? ¡Si está lleno de bombas! —El operador de turbina colgó el teléfono pensando que alguien le estaba gastando una broma, puesto que el edificio estaba repleto de bombas hidráulicas, además de válvulas y tuberías.

Pero de repente el operador dijo en voz alta:

—¡Mierda, quizás se refiere a una de las bombas que explotan!

Inmediatamente le entraron unos terribles sudores, lo comunicó a sus compañeros y llamaron a la Policía, que inspeccionó el recinto sin encontrar ningún explosivo. Afortunadamente, había sido una falsa alarma.

Quizás la moraleja de esta historia sea que es necesario tener mejor formación para responder ante este tipo de situaciones.

Pero hablando de terrorismo...

Ahora en serio: ¿son un objetivo terrorista las centrales nucleares? ¿Un ataque terrorista podría causar un accidente nuclear? Son bien conocidas las acciones de Greenpeace en las proximidades, e incluso en el interior, de las centrales nucleares y la polémica por la aparente pasividad de los vigilantes de seguridad. ¿Cuál es el objetivo de los ecologistas? ¿Promover el cierre de las centrales nucleares por ser poco seguras ante ataques terroristas? ¿Mostrar a los terroristas lo supuestamente fácil que es acceder a estas instalaciones?

La respuesta ante este tipo de acciones es muy controvertida. Si fuera demasiado agresiva, la opinión pública diría que no está justificada, porque al fin y al cabo son unos muchachos pacifistas que solo están haciendo activismo. Sin embargo, una respuesta tenue se interpreta por los propios ecologistas y por parte de la población como un síntoma de debilidad ante agresiones externas. Vamos, que parece no haber término medio.

Pero la realidad es bien diferente. Los vigilantes de seguridad de las centrales nucleares están siempre armados y tienen orden de disparar en caso de ser necesario para garantizar la seguridad de las personas y de las instalaciones (lo cual, si lo piensas, no es desproporcionado si tenemos en cuenta lo que hay en juego). Recientemente se están incorporando a las centrales nucleares españolas efectivos de respuesta de la Guardia Civil. Su objetivo es claro: repeler un ataque terrorista de forma proporcionada con el armamento adecuado. Su función es complementaria a la de los vigilantes de seguridad y refuerzan la capacidad de las centrales para rechazar una intrusión violenta no autorizada.

Desde el 11 de septiembre de 2001, día en el que EE. UU. sufrió una cadena de atentados terroristas en los que murieron casi 3000 personas, se han producido diversos atentados tanto en ese país como en Europa: explosivos en el maratón de Boston, explosiones en trenes en Madrid, en metros y autobús de Londres, o atropellos masivos con un camión en Niza y una furgoneta en Barcelona. Todos ellos han resultado, sin duda alguna, fatídicos, pero si te fijas en ningún caso se ha producido un atentado contra una central nuclear, las cuales son abundantes en todos los países citados. De hecho, no existe evidencia de que desde 2001 se haya planeado ningún ataque terrorista contra ninguna central nuclear. ¿Por qué?

¿Por qué los terroristas no atacan a centrales nucleares?

Primero de todo, diría que es porque los terroristas no son más que asesinos que buscan publicitar su acción. La RAE define el terrorismo como una «actuación criminal de bandas organizadas que, reiteradamente y por lo común de modo indiscriminado, pretende crear alarma social con fines políticos». De ahí que cuando planean un atentado violento buscan el mayor impacto en los medios de comunicación, proporcionando imágenes macabras del sufrimiento humano; tienen un fin que se cumple si, atropellando a personas, disparándoles y haciéndolas saltar por los aires, logran llamar la atención. Sin embargo, atacar una central nuclear no es un espectáculo. Es muy probable que el espacio aéreo esté restringido, que no exista forma de grabar en vídeo la acción y que los resultados sean poco llamativos para sus fines.

Es evidente que otro de los objetivos terroristas es conseguir una bomba atómica. Pero una central nuclear es un mal lugar para conseguir material para construirla. Como ya sabes, tanto el combustible nuclear nuevo como el usado están muy poco enriquecidos para poder fabricar un explosivo y, además, en una central nuclear no existen los medios para aumentar ese enriquecimiento. Pero ¿y si el objetivo fuera robar combustible usado para fabricar una bomba sucia? Un contenedor de combustible nuclear pesa unas 125 toneladas, por lo que no es algo que puedas cargar fácilmente en un furgón que hayas acercado hasta la central como quien no quiere la cosa para luego salir corriendo. En el caso de que los terroristas decidiesen hacerse con el control del vehículo de transporte de contenedores de combustible usado de la propia central, solo lograrían salir corriendo con él a la increíble velocidad de 5 km/h. ¡Eso sí que saldría en las noticias!

Seguro que estás pensando en más posibles ataques. Por ejemplo, en el caso hipotético del impacto de un avión contra una central nuclear, los daños dependerían de la zona de impacto. El edificio con el contenido más delicado es precisamente el más protegido: el edificio de contención, que aloja al reactor y sus sistemas auxiliares y de seguridad. En 1988 alguien ya pensó en ello y por eso el Gobierno de EE. UU. estrelló un avión F4 Phantom a 805 km/h contra un muro de hormigón armado que simulaba el edificio de contención de una central nuclear. El resultado fue que la pared quedó intacta. El avión, no tanto... Y es que los aviones, pese a su envergadura, están hechos de material bastante endeble (al menos, al lado de un muro de hormigón).

Si, tras todo esto, una central nuclear se viese bajo un ataque terrorista, esta puede detener su reactor en menos de 3 segundos y a partir de ese momento debe mantener el núcleo refrigerado. Y esta seguro que ya te la sabes y sacarías buena nota en un supuesto examen: los sistemas de refrigeración del reactor en una central nuclear están como mínimo duplicados y tienen alimentaciones eléctricas redundantes e independientes. Así que sería muy poco creíble que un grupo terrorista pudiera anular todos esos sistemas de seguridad, teniendo en cuenta que algunos de ellos son pasivos, es decir, que actúan sin alimentación eléctrica y sin necesidad de su activación por parte de un operador.

Las mejoras de seguridad incorporadas tras Fukushima también podrían utilizarse en el caso de un acto terrorista, por ejemplo, el impacto de un avión que llegase a inutilizar los sistemas de seguridad. La estrategia FLEX, que te explicaba en un capítulo anterior, permite utilizar equipos portátiles para realizar las acciones de recuperación ante un accidente de forma local, sin disponer de la sala de control, otro de los posibles escenarios. Generadores diésel portátiles, bombas de media y baja presión, sistemas de comunicaciones y camiones todo terreno, camiones cisterna y helicópteros para trasladar todos esos equipos desde otros emplazamientos estarían disponibles en caso de necesidad.

Vaya, que, si lo piensas detenidamente, las centrales nucleares son un objetivo demasiado difícil y poco efectivo para conseguir aterrorizar a la población, por eso buscan medios más sencillos con los que conseguir el mayor impacto posible y tratar de alcanzar sus fines.

¿Y qué hay de un posible ciberataque de seguridad?

Vale, a veces los terroristas dejan los camiones y aviones en casa y se arman con un ordenador. Una forma cada vez más extendida de cometer delitos es la ciberdelincuencia, es decir, utilizar medios informáticos para cometer delitos. Y cuando mezclamos esa actividad con la energía nuclear, ya tenemos una noticia sensacionalista. Periódicamente aparecen en los medios de comunicación noticias del tipo: «Hackeado un reactor nuclear». Como es evidente, la ciberseguridad es un asunto muy serio y todas las centrales nucleares tienen personas dedicadas a su protección, pero ya te digo ahora que *hackear* una central nuclear no es tarea fácil.

Las instalaciones nucleares, como cualquier empresa, tienen una intranet corporativa que conecta todos los ordenadores personales entre sí gracias a Internet. Evidentemente, y también como en cualquier otra empresa, existen medidas de seguridad para evitar accesos indeseados que puedan borrar datos, copiarlos o corromperlos. Pero es muy importante comprender que las centrales nucleares tienen otro tipo de informática, la que llamamos **informática de proceso**. Está formada por ordenadores que sirven para adquirir datos de múltiples equipos (presión, temperatura, nivel, caudal...), controlar muchos de ellos (arrancar y parar bombas o abrir y cerrar válvulas) y proteger el reactor ante cualquier desviación o accidente. La informática de proceso está lógica y físicamente aislada de la intranet corporativa y, por tanto, del exterior. No solo no existen cables que unan una red a la otra, sino que tampoco existen conexiones inalámbricas. De esta forma, solo es posible acceder a estos sistemas mediante teclados o memorias USB, que lógicamente pasan estrictos controles antes de tener autorización para poderse utilizar. Si ya cuesta usar tu propio USB para imprimir en la copistería de tu barrio, imagínate en una central nuclear.

Así pues, puedes estar tranquilo. La ciberseguridad es una prioridad en las centrales nucleares y el riesgo de producir daños en un reactor nuclear debido a un ciberataque está contemplado y es muy bajo.

PERSPECTIVAS

32

Panorama nuclear mundial

Desde la década de 1940 el hombre aprendió a utilizar la tecnología nuclear para dividir átomos y producir una enorme cantidad de energía. Durante la Segunda Guerra Mundial, la investigación se centró inicialmente en la producción de bombas atómicas, pero en la década siguiente comenzó el uso pacífico de la fisión nuclear para generar energía y también para la producción de isótopos industriales y médicos (que han salvado millones de vidas).

La energía nuclear civil tiene más de 17.000 años de experiencia acumulada en reactores en centrales nucleares de 30 países en todo el mundo. Incluso otros muchos países obtienen parte de su electricidad de la energía nuclear sin tener centrales nucleares, a través de interconexiones, como Italia y Dinamarca. ¿Quieres conocer el panorama nuclear mundial, saber si se están construyendo reactores y cuáles son las perspectivas de futuro? Sigue leyendo.

Reactores operables en todo el mundo

Aproximadamente el 10% de la electricidad mundial se genera gracias a unos 442 reactores nucleares. Alrededor de 53 reactores más están en construcción, lo que equivale aproximadamente al 13% de la capacidad mundial existente. En 2018, las centrales nucleares suministraron 2563 TWh (un billón de vatios multiplicados por las horas de suministro, que es la unidad de energía eléctrica), frente a los 2503 TWh de 2017. Ese fue el sexto año consecutivo en el que la generación nuclear mundial aumentó, con una producción de 217 TWh más alta que en 2012. Las cifras demuestran que la energía nuclear es la segunda fuente de energía baja en emisiones en el mundo, después de la hidráulica y casi doblando a las energías solar y eólica juntas.

Seguramente conocerás algunos países con energía nuclear (Francia o Estados Unidos son los típicos), pero quizás te sorprendan otros países, especialmente los que tienen reactores en construcción, planeados o propuestos. Vamos a conocer el panorama mundial de la energía nuclear para ponernos al día.

País	% Nuclear	Reactores			
		Operables	Construcción	Planeados	Propuestos
Alemania	11,7	6	0	0	0
Arabia Saudí	0	0	0	0	16
Argentina	4,7	3	1	1	2
Armenia	25,6	1	0	0	1
Bangladesh	0	0	2	0	2
Bélgica	39	7	0	0	0
Bielorrusia	0	0	2	0	2
Brasil	2,7	2	1	0	4
Bulgaria	34,7	2	0	1	1
Canadá	14,9	19	0	0	2
Chequia	34,5	6	0	0	2
China	4,2	47	11	43	170
Corea del Sur	23,7	24	4	0	2
Egipto	0	0	0	4	0
Emiratos Árabes	0	0	4	0	0
Eslovaquia	55	4	2	0	1
Eslovenia	35,9	1	0	0	1
España	20,4	7	0	0	0
Estados Unidos	19,3	96	4	3	18

País	% Nuclear	Reactores			
		Operables	Construcción	Planeados	Propuestos
Finlandia	32,5	4	1	1	0
Francia	71,7	58	1	0	0
Holanda	3,1	1	0	0	0
Hungría	50,6	4	0	2	0
India	3,1	22	7	14	28
Irán	2,1	1	1	1	5
Japón	6,2	33	2	1	8
Jordania	0	0	0	0	1
Kazajistán	0	0	0	0	2
Lituania	0	0	0	0	2
México	5,3	2	0	0	3
Pakistán	6,8	5	2	1	0
Polonia	0	0	0	0	6
Reino Unido	17,7	15	1	3	6
Rumanía	17,2	2	0	2	1
Rusia	17,9	38	4	24	22
Sudáfrica	4,7	2	0	0	8
Suecia	40,3	7	0	0	0
Suiza	37,7	4	0	0	0
Tailandia	0	0	0	0	2
Turquía	0	0	1	3	8
Ucrania	53	15	0	2	2
Uzbekistán	0	0	0	2	2
Mundo	10,3	442	53	110	330

Fuente: International Atomic Energy Agency Power Reactor Information System (PRIS) y World Nuclear Association (WNA). Actualizado a enero de 2020.

Tras observar la tabla, y haciendo un breve repaso, Finlandia está terminando un reactor EPR de 1720 MW con retrasos y sobrecostes, y está planeando construir un reactor ruso VVER-1200. Recientemente el Gobierno francés ha propuesto la retirada progresiva de las unidades más antiguas y la construcción de al menos 6 reactores EPR nuevos, aunque no formalmente. En la actualidad, Francia está construyendo una unidad EPR de 1750 MW en Flamanville, también con retrasos y sobrecostes. Cabe destacar que son construcciones FOAK (*first of a kind*, primeros en su género), así que son comprensibles los desajustes temporales y presupuestarios. Y me remito a la experiencia: Francia construyó toda su flota nuclear en dos décadas.

Alemania, por su parte, está reduciendo su generación nuclear con el horizonte de 2022, como un objetivo de su *Energiewende* (transición energética), que como te contaba en un capítulo anterior no ha conseguido una reducción significativa de sus emisiones de carbono tras sustituir parte de su generación nuclear por renovables, manteniendo sus centrales de carbón. Incluso ha anunciado la apertura de una nueva central térmica de carbón de 1100 MW. España, como sabes, tiene un plan de cierre nuclear revisable para finales de la década de 2020, el Reino Unido está construyendo dos reactores EPR de 1720 MW cada uno, Emiratos Árabes Unidos está construyendo cuatro reactores surcoreanos de 1450 MW cada uno y Arabia Saudí se ha propuesto construir 16 reactores. Pero sin duda es en Oriente donde se están construyendo y se van a construir más reactores nucleares, con un ambicioso plan tanto en China como en India, sin olvidarnos de la fuerte apuesta nuclear de Rusia.

Extensiones, cierres y aperturas

La mayoría de las centrales nucleares originalmente tenían una vida de diseño de cuarenta años, pero los estudios de envejecimiento han establecido que la mayor parte de ellas pueden operar durante más tiempo, como te cuento en el próximo capítulo, donde te explico por qué un reactor no caduca a los cuarenta años. En Estados Unidos, 90 de sus 96 reactores tienen licencia de la NRC para operar durante sesenta años y varios de ellos han obtenido licencia para ochenta años. Francia y otros países también están implementando la operación a largo plazo (LTO, *long-term operation* en inglés).

Sin embargo, diferentes aspectos económicos, regulatorios y políticos han llevado al cierre prematuro de algunos reactores nucleares, particularmente en Estados Unidos, donde el número de reactores ha caído de 110 a 96, así como en algunas partes de Europa y probablemente en Japón. Haciendo una breve recapitulación, durante el período entre 1998 y 2018 se retiraron 89 reactores y 98 comenzaron a operar.

Nuestras opciones

Las energías renovables cada vez tendrán un papel más importante en la generación de electricidad, especialmente la energía eólica y la solar, pero sin olvidar la energía de las mareas, de las olas y la geotérmica. Además, ya sabes que la energía hidráulica es muy útil en los lugares donde es abundante por ser una energía gestionable, es decir, que somos capaces de decidir cuándo generar electricidad (siempre que tengamos agua suficiente, claro). El almacenamiento, tanto en presas reversibles como en baterías, cada vez tendrá un papel más importante, pero en este segundo caso en un horizonte más lejano, por el alto coste y la baja capacidad.

Sin embargo, seguiremos necesitando energía de base, la que es capaz de funcionar durante todo el tiempo garantizando el suministro eléctrico. Tanto la energía nuclear como el carbón y el gas natural pueden cumplir esa función. Todos sabemos hasta dónde nos ha llevado la quema de combustibles fósiles, y el carbón debe ser el primero en desaparecer como combustible por ser el que proporciona más emisiones de carbono y de polución atmosférica. El gas natural cada vez sustituye más al carbón por tener la mitad de emisiones, aunque son mucho mayores que las de las renovables y nuclear, unas 40 veces menores, según datos del Panel Intergubernamental de Expertos sobre el Cambio Climático (IPCC). Las dificultades del transporte de gas se solucionan en gran medida con la licuefacción, pero parte del almacenamiento se realiza bajo tierra, utilizando el peligroso método de la fractura hidráulica, más conocido como **fracking**. Aparte del riesgo de sismicidad inducida (pequeños terremotos que pueden causar otros mayores), esta técnica puede contaminar el agua del subsuelo y liberar metano, que es un gas de efecto invernadero veinticinco veces más potente que el dióxido de carbono.

La electrificación del transporte, especialmente por carretera y ferrocarril, es un proceso inevitable que ya está en marcha, quizás más lento de lo deseable. Esto significará un aumento de la demanda de electricidad, fundamentalmente durante la noche. La generación de base será muy importante para cubrir este consumo adicional, pero sería absurdo evitar emisiones en los vehículos y producirlas durante la generación de electricidad mediante carbón o gas. Nuevamente será necesaria la participación de la energía nuclear junto con las renovables que funcionen durante la noche (no, la solar fotovoltaica no produce durante la noche). Existe la percepción de que la energía nuclear tiene una lenta implementación. Sin embargo, en la década de 1980 se pusieron en marcha 218 reactores de potencia, un promedio de uno cada 17 días (incluyendo 47 en EE. UU., 42 en Francia y 18 en Japón).

La World Nuclear Association (WNA), organización que engloba prácticamente a toda la industria nuclear mundial, ha propuesto recientemente el programa **Harmony**, que pretende generar con energía nuclear al menos el 25 % de la electricidad mundial en 2050. Esto significaría triplicar el parque nuclear mundial para esa fecha. Es un objetivo muy ambicioso, puesto que representaría añadir 1000 GWe nuevos, aunque para conseguirlo será necesario que mejore la percepción mundial de la energía nuclear, no como la única herramienta para mitigar el calentamiento global, sino como una herramienta esencial, junto con las renovables y el resto de las medidas necesarias. Visto de este modo, este libro que tienes en las manos es mi pequeño granito de arena para que esta percepción cambie.

33

Los cuarenta son los nuevos veinte

Con frecuencia se citan los famosos cuarenta años de vida de una central nuclear como argumento para tratar de justificar que es vieja y obsoleta y que, por tanto, supone un alto riesgo para las personas y el medioambiente. Pero muy probablemente pocas personas que utilizan esa cifra como argumento saben de dónde proviene. Porque esa cifra no dista mucho de la de una persona de cuarenta años que se alimenta correctamente y realiza ejercicio. ¿Te imaginas decirle a alguien de cuarenta que ya está obsoleto, cuando tan solo está empezando la segunda parte de su vida? Lo mismo sucede con una central nuclear, que con una buena dieta y gimnasio (o sea, bien mantenida y operada) tiene mucho tiempo por delante.

No es lo mismo vida de diseño que vida útil

La **vida de diseño** de una central nuclear, habitualmente cuarenta años, es el tiempo mínimo desde su puesta en funcionamiento durante el cual se espera que la instalación funcione con plena seguridad y rentabilidad. Este tiempo coincide con el necesario para amortizar la inversión, así que un tiempo menor de vida no haría rentable el proyecto, de ahí que se establezca esa cifra de manera automática. En cambio, la **vida útil** de una central nuclear es el tiempo durante el cual la instalación puede funcionar de forma segura y económicamente viable, cumpliendo todos los requisitos establecidos en la normativa vigente. Si vuelves a leer las dos definiciones verás que el matiz es importante. Comparándolas, la conclusión es que la vida útil de una central nuclear puede ser mayor que la vida de diseño, aunque para ello es necesario que cumpla una serie de estrictos requisitos (que, por supuesto, te voy a explicar a continuación).

Pensemos a largo plazo...

Las instrucciones técnicas de los organismos reguladores nucleares, que en España es el Consejo de Seguridad Nuclear (CSN), además de definir los conceptos de vida útil y vida de diseño, fijan los requisitos de seguridad para la gestión del envejecimiento y la operación a largo plazo (LTO, *long term operation* en inglés) de las centrales nucleares. El regulador realiza inspecciones periódicas sobre los programas de gestión de envejecimiento y operación a largo plazo basándose en tres pilares: sucesos iniciadores (posibles accidentes), sistemas de mitigación (cómo responder a los accidentes) e integridad de las barreras (para evitar la liberación de sustancias radiactivas durante los accidentes).

En cada central nuclear un equipo de personas lidera, con la colaboración de toda la organización, los estudios para determinar si la instalación está preparada para operar más allá de su vida de diseño, basándose en multitud de parámetros, como el análisis de la experiencia propia y ajena, pruebas periódicas de los equipos y ensayos no destructivos en los materiales, entre otros. ¿Te imaginas que te dicen que te has quedado obsoleto y que ya no pudieses ser útil para la sociedad porque te rompes el dedo índice? Solo un imprudente osaría señalar un único indicador (por ejemplo, un fallo en una válvula) como prueba fundamental para afirmar que una central nuclear está obsoleta. Y lo digo porque esto es algo que vemos a diario en los medios de comunicación y en las consignas de las personas contrarias a la energía nuclear. Evidentemente, cualquier fallo en un equipo importante obliga a revisar todos los que son iguales (igual modelo o función) para distinguir entre un fallo concreto o general. Es lo que llamamos con el nombre molón de «extensión de causa».

Todas las **estructuras, los sistemas y los componentes (ESC)** de una central nuclear, en especial los relacionados con la seguridad, se diseñan para cumplir una serie de funciones en operación normal y en caso de accidente. Los estudios para la operación a largo plazo han de asegurar que todos los ESC deben continuar siendo capaces de cumplir con sus funciones de seguridad en todas esas circunstancias. En caso contrario, deben ser reemplazados. Ningún propietario, más allá de su compromiso ético con la seguridad, quiere ver revocado su permiso de explotación por un incidente o accidente evitable. Recuerda la máxima que dice que «sin seguridad no hay negocio».

En Estados Unidos, el país de referencia mundial en seguridad nuclear y el referente normativo, el 90 % de los reactores nucleares tienen permiso para operar durante sesenta años y varios también han conseguido permiso para ochenta años (igual que cuando alguien sigue trabajando pasada la edad de la jubilación porque está todavía en forma y con ganas). También otros países como Francia, Bélgica, Holanda, Canadá, Rusia, Suiza, Suecia, Finlandia y Reino Unido disponen de centrales nucleares con permisos de operación aprobados más allá de los cuarenta años. Según la OIEA, en 2018 existían 449 reactores nucleares operables en el mundo y 91 de ellos tenían más de cuarenta años. La media de edad de los reactores españoles es de treinta y tres años y no paramos de escuchar que los llaman viejos y obsoletos... ¡Si eso es estar hecho todo un chaval!

La seguridad de las centrales nucleares se revisa a diario, con pruebas periódicas de vigilancia de todos los ESC relacionados con la seguridad. Además, como te he explicado ya unos cuantos capítulos atrás, cada año se incorporan nuevos equipos y sistemas basados en la experiencia operativa internacional, por lo que solo podemos concluir que las centrales aumentan su fiabilidad con los años, algo demostrable con datos objetivos, permaneciendo cada vez más tiempo en funcionamiento sin paradas no programadas.

¿Se pueden renovar todos los equipos?

Seguro que ahora estás pensando en tu coche y en todas esas reparaciones que, con el tiempo, ha necesitado. Renovar las estructuras, los sistemas y los componentes de una central es como arreglar un coche. Casi todos los ESC de una central nuclear pueden ser reemplazados. Algunos se sustituyen periódicamente siguiendo las recomendaciones del fabricante (alternadores, generadores diésel, transformadores...) y otros solo cuando es necesario si se observa desgaste en las revisiones, como los generadores de vapor. El edificio de contención (que aloja el reactor y algunos sistemas de seguridad) se considera no reemplazable, pero es totalmente reparable. ¿Te imaginas comprar un coche, utilizarlo unos años y cambiarle todas las piezas? ¿Es un coche viejo o es un coche renovado?

Los equipos más pequeños, como válvulas, bombas o ventiladores, se sustituyen durante el **mantenimiento correctivo** por averías o fallos, o durante el **mantenimiento preventivo**, usando técnicas predictivas en función de múltiples parámetros y de la experiencia operativa. La idea es renovar el equipo antes de que se rompa. Los equipos obsoletos por ausencia de repuestos (como cuando en el taller justamente no tienen la pieza porque el modelo es viejo) o por mejoras en las prestaciones se sustituyen por equipos nuevos, como los nuevos sistemas digitales de control distribuido instalados recientemente en muchas centrales nucleares. Renovarse o morir, aunque reconozco que en este caso la frase es muy poco afortunada.

No obstante, el equipo más limitante de cara a la operación a largo plazo es la vasija del reactor. Sabemos que la radiactividad fragiliza el acero. Los cálculos iniciales cuando se diseñaron los reactores, y sin experiencia previa, indicaban que las vasijas de los reactores podrían degradarse a partir de los cuarenta años de operación. Estos se basaron, entre otros parámetros, en la relación entre la temperatura y la presión admisibles en el reactor durante la parada y el arranque de la central y durante las pruebas hidrostáticas (pruebas de presión antes del primer arranque). En los reactores PWR también se considera el caso de LTOP (*low temperature overpressure*, sobrepresión a bajas temperaturas). Con los nuevos cálculos, basados en la experiencia internacional, se demuestra que la validez de las previsiones iniciales puede ser extendida al menos hasta sesenta años, y quizás más.

Las vasijas tienen insertadas en su interior, a la altura del núcleo *(beltline)*, varias probetas extraíbles, que son muestras de acero de la misma colada que el resto de la vasija. Cada cierto tiempo, aprovechando el cambio de combustible, se extrae un conjunto de probetas para aplicarle ensayos destructivos (una forma técnica de decir que las rompen) y analizar su fragilización. De esta forma se puede observar la evolución del deterioro de la vasija y predecir cuándo ocurrirá su fallo (vamos, una ITV en toda regla). Los resultados obtenidos en todas las centrales nucleares son coincidentes y concluyentes: existe una cierta fragilización, pero la previsión inicial era demasiado conservadora y serán capaces de resistir mucho más de los cuarenta años previstos inicialmente.

No existe experiencia internacional de sustitución de la vasija de un reactor nuclear, aunque sí se han realizado tratamientos térmicos *(thermal annealing)* para recuperar las propiedades originales de vasijas fragilizadas por la radiactividad. Quizás parezca una idea loca, pero existe una amplia experiencia en la sustitución de generadores de vapor, que también tienen una parte de circuito primario conectada mediante tuberías a la propia vasija. Varios informes demuestran que tecnológicamente es posible sustituir ese componente, aunque el coste económico debería ser el adecuado para justificar el reemplazo.

Siempre hay condiciones

En definitiva, la operación a largo plazo de las centrales nucleares, es decir, alargar su vida útil más allá de la vida de diseño, es perfectamente viable siempre que se cumplan tres condiciones: (1) que se garantice la seguridad de su operación contando con la aprobación del organismo regulador, (2) que se obtenga la autorización administrativa del poder ejecutivo, y (3) que lógicamente sean rentables para sus propietarios (porque a veces seguir arreglando el coche, la verdad, ya no sale a cuenta). Así que, si oyes a alguien decir que una central nuclear con treinta y tantos años es vieja y obsoleta, ya tienes múltiples argumentos para rebatirlo.

34

No nos acabaremos el uranio

¿Se está acabando el uranio? ¿Cuánto uranio queda en el mundo? Es posible que con el título del capítulo te acabe de hacer un *spoiler*, pero déjame hacerte una pregunta: ¿invertirías tu dinero en un reactor nuclear capaz de funcionar durante sesenta años sin suficientes garantías de tener combustible durante todo ese tiempo? Creo que cuando termines de leer este capítulo no te preocuparás por los recursos de combustible nuclear. Vamos por partes, como diría Jack el Destripador.

El uranio proviene de las supernovas

En las estrellas se fusiona el hidrógeno para formar helio y cuando se va agotando el combustible, se van produciendo nuevas fusiones de elementos más pesados, formando toda la tabla periódica hasta el hierro. Cuando una estrella ha quemado todo su combustible nuclear, se colapsa y se produce una enorme explosión llamada **supernova**. El uranio de la Tierra probablemente se formó en una o más explosiones de supernovas hace más de 6000 millones de años, aunque investigaciones más recientes sugieren que parte del uranio también se podría haber formado debido a la fusión de estrellas de neutrones. Cuando dos de estos cuerpos se unen, las intensas fuerzas de gravedad hacen que se fusionen violentamente, emitiendo ondas gravitatorias (perturbaciones del espacio-tiempo) y produciendo grandes cantidades de elementos pesados, como oro, platino y uranio. Eso sí, no esperes que empiece a caer oro del cielo, no funciona así exactamente.

Un reactor nuclear en el centro de la Tierra

Seguro que te acuerdas de cuando lo estudiaste en el colegio: la Tierra está formada internamente por tres capas concéntricas: el núcleo, el manto y la corteza, sobre la que vivimos. La convección es el lento movimiento de las rocas del manto transfiriendo el calor interno del planeta hacia su exterior, como si fuese un cocido a fuego lento. Esta es la causa fundamental del movimiento de las placas tectónicas y la actividad de los volcanes; asimismo, podría ser la causa del campo magnético de la Tierra que, además de orientar las brújulas, es esencial para la vida porque nos protege del viento solar y de los rayos cósmicos.

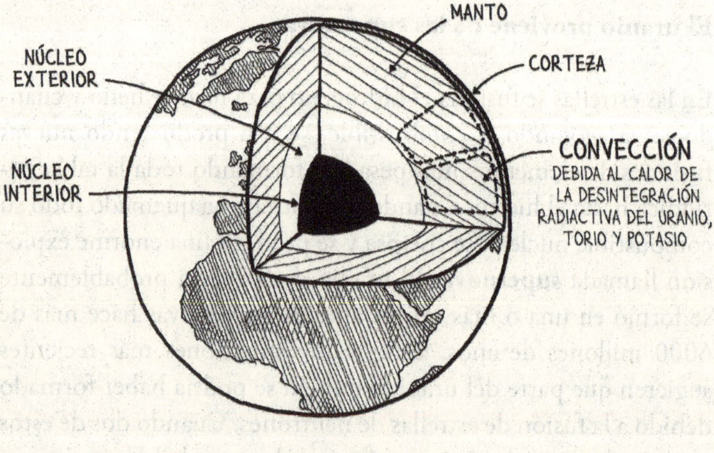

La principal fuente de energía actual que impulsa la convección en el manto de la Tierra es la desintegración radiactiva del uranio (la mayor parte), del torio y del potasio. Las mediciones de calor estiman que la Tierra genera entre 30 y 44 teravatios de calor. Se parece a las unidades que nombraba Doc, el científico loco de *Regreso al futuro* (1985), pero de mucha mayor magnitud. Doc citaba «¡Uno coma veintiún *gigovatios*!» (1,21 GW gigavatios) como la energía necesaria para conseguir que el DeLorean pudiese viajar en el tiempo, y en este caso estamos hablando de 30.000 veces más. Es decir, el equivalente a la potencia eléctrica que generan entre 30.000 y 44.000 centrales nucleares. Este calor es esencial para el desarrollo de la vida en el planeta, junto con el aportado por el sol, así que podemos afirmar que sin el uranio probablemente no existiría la vida en la Tierra. ¿Sorprendido?

¿Dónde se encuentran las fuentes de uranio?

El uranio es un elemento relativamente común en nuestro planeta. Es tan común como el estaño o el zinc. Se encuentra disuelto en las rocas (especialmente en el granito), en el suelo, en el agua del mar, las plantas y hasta los animales contienen cierta cantidad de uranio que absorben de manera natural. Los recursos minerales de uranio no se conocen exactamente, así que la única medida representativa son los recursos conocidos, que está relacionada con el precio del mercado y los costes de extracción. El país con mayores recursos identificados de uranio es Australia (30 %), seguida de Kazajistán (14 %), Canadá (8 %), Rusia (8 %) y varios países más en menor proporción, como Namibia, Sudáfrica, China, Níger o Brasil.

Los aproximadamente 450 reactores nucleares comerciales del mundo, con una potencia combinada de unos 400 GWe, requieren de casi 65.000 toneladas de uranio cada año. El aumento previsible de la demanda por la construcción de nuevos reactores se ha visto compensado por la mayor eficiencia del resto de los reactores, por lo que la demanda es constante. Los recursos identificados de uranio mineral en el mundo extraíbles a un precio razonable son suficientes para garantizar al menos 130 años más de operación. Lógicamente, a un mayor precio (más coste de extracción), los recursos serían todavía mayores.

¿Y las fuentes secundarias?

La principal fuente secundaria de uranio proviene de las reservas civiles (no militares) en poder de las empresas públicas y gobiernos, que son confidenciales, pero que servirían para proporcionar seguridad energética durante un tiempo. Si has estado atento, ya sabrás que las bombas atómicas desmanteladas se están utilizando desde 1987 como fuente de combustible para reactores en varios países, especialmente en Estados Unidos y Rusia. Las bombas contienen uranio enriquecido con una proporción mayor del 90 % de U-235, como ya sabes, mientras que en un reactor comercial el máximo es el 5 %, así que es un material reciclable. ¡Quién te iba a decir que una bomba atómica iba a ser reciclable!

El uranio y el plutonio reciclados del combustible usado (algo de lo que ya te hablé en el capítulo sobre reciclaje) también son una fuente secundaria que ahorra suministro primario de uranio. El plutonio se recicla para fabricar combustible **MOX** (mezcla de uranio y plutonio utilizable en los reactores convencionales tras un proceso de licenciamiento), y el uranio reprocesado, llamado **RepU**, se almacena como reserva. En efecto, los residuos radiactivos de alta actividad son parcialmente reciclables, como demuestran hace décadas países como Francia, Estados Unidos y Rusia.

Internacionalmente, se han implementado tres iniciativas importantes para establecer reservas de combustible enriquecido, una especie de «banco de uranio», dos de ellas bajo el control del Organismo Internacional de la Energía Atómica (OIEA) y la otra bajo los auspicios de Estados Unidos. El objetivo de estas reservas es garantizar el suministro en caso de interrupciones del suministro por causas imprevistas.

¿Dónde podemos encontrar más combustible nuclear?

Los **depósitos de fosfatos** de roca contienen millones de toneladas de uranio, que pueden extraerse como subproducto de la fabricación de fertilizantes. Ya se utilizó esta técnica en la década de 1990, pero se dejó de explotar por su alto precio, aunque el mayor precio actual de la extracción de minas y la optimización del proceso hacen que este sistema vuelva a ser interesante.

Las **tierras raras** son un conjunto de 17 elementos químicos de la tabla periódica, todos con unos nombres que hacen honor a su adjetivo, como el escandio y el itrio. Estos minerales tienen unas propiedades necesarias para muchas tecnologías actuales, como satélites, baterías, pantallas LED como las de tu teléfono móvil y paneles solares (porque como ya debes de saber a estas alturas, las renovables necesitan minería). Una gran cantidad de uranio se encuentra en los depósitos de tierras raras y puede extraerse como subproducto.

Los reactores actuales funcionan con uranio y en algunos casos con una mezcla de uranio y plutonio (MOX), pero también podrían consumir **torio** (del que te voy a hablar con mayor extensión en el próximo capítulo), que no es directamente fisionable, pero puede ser tratado en reactores rápidos para generar U-233, que es fisible y muy similar al U-235. Además, el torio es de tres a cuatro veces más abundante en la Tierra que el uranio, por si llevabas pensando en ello desde el párrafo que hablaba de los recursos de uranio identificados.

Atento al final del capítulo...

Una última opción es la extracción de **uranio del agua del mar**. Se calcula que los 4000 millones de toneladas de uranio disueltas en los océanos alimentarían mil centrales nucleares durante unos 100.000 años. Las concentraciones de uranio en el agua del mar están controladas por reacciones químicas en un seudoequilibrio entre el agua y las rocas del manto terrestre. Se calcula que las rocas contienen 100 billones de toneladas de uranio. Cada vez que se extrae uranio del agua del mar, se lixivia (disolución del uranio de las rocas en contacto con el agua), se reemplaza y vuelve al equilibrio. Se estima que el uranio que se podría extraer en los océanos nos suministraría energía durante 1000 millones de años. Suena bien, ¿no? Entonces, ¿cuál es el problema? Pues pasa como con todo, que el coste de extracción del uranio del agua del mar todavía es caro, aunque varios países (especialmente Japón, China y Estados Unidos) están trabajando intensamente para abaratarlo, con importantes avances en los últimos años.

Si consideramos que «renovable» significa literalmente «que puede renovarse», cualquier recurso que se reponga de manera natural con el tiempo, como el viento o el crecimiento de organismos biológicos para biomasa o biocombustibles, es ciertamente renovable. La energía renovable es aquella que los humanos extraen de la naturaleza y que se podrá renovar. En otras palabras, podemos afirmar que, si se consigue que el proceso de extracción del uranio del mar sea rentable económicamente, la energía nuclear podría ser considerada una **energía renovable.**

35

El torio es el nuevo uranio

Con frecuencia se suele hablar en los círculos ingenieriles de un misterioso material que podría sustituir al uranio en los reactores nucleares. Pero ¿existe ese material o es un mito? Es más, hace medio siglo que la tecnología del torio está en fase experimental. ¿Por qué no se ha implementado comercialmente? Sigue leyendo y te lo explico.

Empecemos con un poco de historia: en 1828 un sacerdote de la península noruega de Løvøya encontró un mineral negro que no supo identificar. Una muestra llegó al químico sueco Jöns Jakob Berzelius, que descubrió que era un nuevo elemento químico. Lo nombró «torio» en honor a Thor, el dios nórdico del trueno (sí, el tío del martillo de la película de Marvel). Berzelius también es, de hecho, el «padre» descubridor del cerio y el selenio, a los cuales, como puedes comprobar, no decidió llamar como ningún otro dios nórdico, sino como diosas griegas y romanas.

En 1898, Gerhard Schmidt, un químico alemán, y Marie Curie descubrieron —de forma independiente— que el torio era radiactivo, aunque habitualmente se le atribuye a Schmidt (quien, se dice, hizo el descubrimiento apenas un par de meses antes). Anton Eduard van Arkel y Jan Hendrik de Boer, químicos holandeses, aislaron el torio en 1925.

El torio existe en la naturaleza en una única forma isotópica, el Th-232, que se descompone muy lentamente. Su período de semidesintegración es de 14.000 millones de años, es decir, aproximadamente tres veces la edad de la Tierra. Has leído bien, ¡tres veces! Como se descompone tan lentamente, es un isótopo muy poco radiactivo. El óxido de torio (ThO_2), llamado «torianita», tiene uno de los puntos de fusión más altos de todos los óxidos (3350 °C), por lo que se utiliza en filamentos de bombillas, mallas de linternas de gas, lámparas de luz de arco, electrodos de soldadura y cerámica resistente al calor; como puedes ver, son cosas que soportan bastante bien el calor. El vidrio que contiene óxido de torio dispone de un alto índice de refracción y dispersión de longitud de onda, y se utiliza en lentes de alta calidad para cámaras de fotos e instrumentos científicos.

El óxido de torio (ThO_2) es relativamente inerte y no se oxida más, a diferencia del óxido de uranio (UO_2). Tiene una conductividad térmica más alta y una expansión térmica más baja que el UO_2, así como un punto de fusión mucho más alto. La liberación de gas de fisión es mucho menor.

La fuente más común de torio es el mineral de fosfato de tierras raras, la monacita, que contiene hasta un 12 % de fosfato de torio. Los recursos mundiales de este mineral se estiman en alrededor de 16 millones de toneladas (lo que equivale al peso de unas 150.000 ballenas azules), tres cuartas partes de las cuales —las toneladas, no las ballenas— se encuentran en las costas sur y este de la India. Es por esto por lo que la India dispone de enormes recursos de torio accesibles y poco uranio, así que ha hecho del uso del torio para la producción de energía un gran objetivo en su programa nuclear.

Combustible nuclear

El torio (Th-232) no es fisionable (no se rompe al recibir el impacto de un neutrón) y, por lo tanto, no se puede utilizar directamente en un reactor convencional, pero es un material llamado «fértil»: al absorber un neutrón, se transmuta a uranio-233 (U-233), que es un excelente material fisionable, muy similar en sus características al uranio-235 que se emplea en los reactores comerciales. La investigación sobre el uso del torio como combustible nuclear se ha llevado a cabo durante más de cincuenta años, aunque con mucha menos intensidad que la de los combustibles de uranio o de uranio-plutonio, básicamente por la disponibilidad de estos materiales.

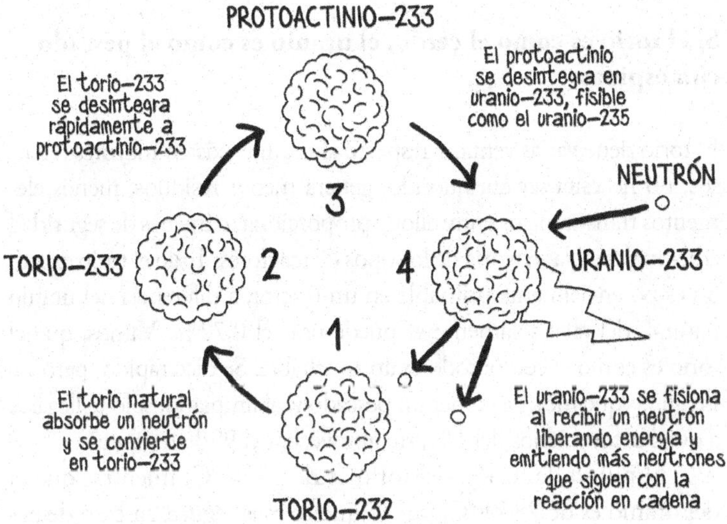

Reactores compatibles con el torio

Seguramente me dirás que te parece muy interesante, pero te preguntarás ¿dónde está el truco? ¿Tenemos que construir nuevos reactores para consumir torio? Te sorprenderá la respuesta: no. Como sabes, la mayor parte de los reactores actuales en servicio en todo el mundo son PWR (reactor de agua a presión) y el segundo diseño más utilizado es el BWR (reactor de agua en ebullición). Pues bien, el torio, una vez transmutado a U-233, como te he explicado antes, se podría utilizar en estos dos tipos de reactores. De hecho, ya se han realizado algunas pruebas parciales (insertando algunos elementos combustibles con torio en reactores comerciales) con resultados satisfactorios. Los reactores de agua pesada (PHWR) son todavía más adecuados para utilizar torio y también se espera que lo sean varios diseños de reactores de cuarta generación. Todo apunta a que el torio tiene un futuro prometedor como sucedáneo del uranio.

Si el torio es como el cerdo, el uranio es como el pescado con espinas

El torio tiene varias ventajas respecto al uranio: existen mayores recursos, no necesita ser enriquecido, genera menos residuos, menos elementos transuránicos entre ellos y proporciona márgenes de seguridad adicionales en la mayoría de los tipos de reactores. Todo el torio extraído es potencialmente utilizable en un reactor, a diferencia del uranio natural, del cual solamente se puede usar el 0,72%. Vamos, que el torio es como el cerdo: todo es aprovechable. Se dice rápido, pero ¿te imaginas que fueses a comer un pescado y, al limpiarlo, solo te llegases a quedar con menos del 1%, sin aprovechar el 99% restante?

El punto de fusión del torio es de 3350 °C, mientras que el del uranio es de 2850 °C, por lo que es más seguro en caso de accidente. El torio es radiactivo, pero muy estable y, por tanto, la dosis de radiación que produce es muy baja. Además, como te he dicho antes, su tiempo de semidesintegración es de unos 14.000 millones de años (y dudo que alguien dure para verlo).

Debido al mayor **quemado** (consumo) del material fisible y sin transuránicos, los residuos generados por una central nuclear de torio serían radiactivos durante unos 200 años, frente a los 10.000 de los actuales reactores basados en uranio. Se estima que existen entre tres y cuatro veces más recursos de torio que de uranio, lo que unido a su mayor grado de aprovechamiento podría servir para cubrir la necesidad de toda la humanidad durante muchos siglos, quizás milenios.

De cara a la proliferación (uso militar), el material es extremadamente difícil de manejar y al mismo tiempo muy fácil de detectar. En el momento de maduración de la tecnología de reactores de torio, el coste de producción del kWh eléctrico sería menor que el de los reactores de U-235, por no necesitar enriquecimiento y por extraer virtualmente toda la energía del combustible.

No es torio todo lo que reluce

Tal vez te lo he vendido tan bien que ahora te estás preguntando: si hay más, gasta menos y es más aprovechable, ¿qué hacemos que no lo estamos explotando? Se requieren múltiples pruebas, análisis, licencias y trabajos de calificación antes de que cualquier combustible de torio pueda entrar en servicio. Esto es costoso y necesitará una fuerte inversión y apoyo gubernamental para garantizar las inversiones. Por contra, el uranio es abundante y barato, y representa solo una pequeña parte del coste de la generación de electricidad con energía nuclear, por lo que no han existido incentivos reales para invertir en un nuevo tipo de combustible que pueda ahorrar recursos de uranio.

Otros impedimentos para el desarrollo del ciclo del combustible de torio son el mayor coste de fabricación de combustible y el coste de reprocesamiento para proporcionar el plutonio fisionable para generar los neutrones necesarios. Algunos de estos problemas se superarán con los reactores de sales fundidas de cuarta generación. En un reactor de sal fundida se espera que el ciclo de combustible tenga una radiotoxicidad (peligro radiactivo) relativamente baja, generando solo productos de fisión y protoactinio-233 de corta duración, sin transuránicos (elementos radiactivos más pesados que el uranio).

El desarrollo del ciclo de combustible de torio se ralentizó por la disponibilidad del uranio, pero podría ayudar a un resurgimiento nuclear. Es una tecnología potencialmente viable que podría garantizar el suministro creíble de material fisible durante muchos siglos, quizás milenios. ¿Quién había dicho que se terminaría pronto el combustible para los reactores nucleares?

36

La revolución de los pequeños reactores modulares

Las centrales nucleares cada vez son más grandes para optimizar los recursos y extraer la máxima potencia de cada instalación. Hemos pasado de los 1000 MWe (MW de potencia eléctrica) del siglo pasado a reactores de más de 1600 MWe. Pero la construcción de estos reactores es prácticamente artesanal y en ocasiones, sobre todo en las primeras unidades de cada diseño, se producen grandes sobrecostes y retrasos.

Precisamente estos problemas son uno de los principales argumentos de aquellos que se oponen a la energía nuclear. Utilizan la **falacia de la evidencia incompleta** (generalmente se aplica el término en inglés *cherry picking*, seleccionar lo mejor de algo, en referencia a cuando escogemos las mejores cerezas de una cesta). No hablan de la mayoría de las centrales nucleares, que se construyen dentro del plazo y del presupuesto, sino de los casos contados en los que sí sucede para reforzar su posición. Pese a estos posibles inconvenientes puntuales, construir reactores más pequeños puede tener grandes ventajas. Lamentablemente, no son tan pequeños como el reactor que lleva Ironman en el pecho, pero creo que te sorprenderá conocerlos.

No se trata de una idea nueva

En los años cincuenta del siglo pasado se comenzaron a construir reactores pequeños con una gran potencia para propulsar submarinos, portaaviones o rompehielos. Permitían salvar enormes distancias sin repostar durante décadas. De hecho, algunos buques no han llegado a recargar combustible durante toda su vida útil. Para ello utilizaban uranio altamente enriquecido (mayor del 20 %). Pero lamentablemente estos reactores no resultaban rentables, salvo para usos militares y para lugares poco accesibles por otros medios, como el Ártico.

Sin embargo, durante los últimos años se ha despertado un enorme interés en todo el mundo alrededor de estos reactores, tanto que existen más de cincuenta proyectos en desarrollo, desde reactores modulares para transporte marítimo hasta enormes «pilas recargables» que se trasladan en camión hasta su ubicación. Todo indica que estamos a punto de asistir a una pequeña (o quizás grande) revolución en el sector energético. Y, paradójicamente, muchas personas, incluso profesionales del ámbito, desconocen su existencia. Evidentemente no es el caso del Organismo Internacional de la Energía Atómica (OIEA), que ha organizado varios congresos sobre los SMR (por sus siglas en inglés, *small modular reactor*) y que dispone de información detallada sobre todos los proyectos en su página web, que te invito a visitar si tienes curiosidad.

Existe una enorme variedad de diseños de SMR. Algunos de ellos son la versión en miniatura de los reactores actuales, algo así como el Mini Yo de la saga de películas *Austin Powers*; pero otros tienen diseños totalmente innovadores como para incluirlos dentro de lo que consideramos la cuarta generación, de los que te hablo en el próximo capítulo. Lo que sí tienen todos en común es que se basan en la fisión nuclear.

Grandes ventajas

Los reactores pequeños se pueden fabricar en serie, como si de coches se tratase, reduciendo los tiempos de construcción y abaratando mucho los costes. Me dirás que esto ya lo inventó Henry Ford hace más de un siglo para fabricar su famoso Ford T, pero hasta ahora construir una central nuclear entera en una fábrica era poco razonable, teniendo en cuenta sus dimensiones. Además, este tipo de fabricación en serie favorece también el control de calidad por realizarse en un entorno muy estandarizado, reduciendo los errores y mejorando la capacidad para subsanarlos.

Otra ventaja de los SMR es el transporte: al ser unidades relativamente pequeñas, la mayor parte de sus componentes, o incluso el reactor completo, se pueden trasladar por carretera hasta el lugar donde se instalarán, algo especialmente interesante en zonas remotas o aprovechando infraestructuras de centrales térmicas de carbón, gas o incluso nucleares. Me han preguntado muchas veces si es posible instalar un reactor de tercera o cuarta generación aprovechando centrales existentes, y mi respuesta siempre ha sido negativa, puesto que los requisitos son tan diferentes que valdría más la pena comenzar de nuevo. Algo similar a hacer reformas en una casa y que, al final, te salga más costoso que hacerte una nueva partiendo de cero. Pero este caso es diferente, los SMR llevan incorporados todos los sistemas para funcionar autónomamente, como una casa prefabricada, así que podrían aprovechar las infraestructuras ya existentes de centrales convencionales de gas y carbón, sustituyendo las calderas o antiguos reactores por uno o varios módulos SMR. Mucho más sencillo, sin duda.

¿Quién está desarrollando esta tecnología?

En el estado de Oregón (EE. UU.) se encuentra NuScale Power, una empresa que probablemente sea la primera en construir reactores modulares en los Estados Unidos. El diseño consiste en un reactor de agua a presión (PWR) que mide 23 metros de altura por 4,5 metros de diámetro y proporciona unos 50 MWe de potencia. Vale, quizás te estabas imaginando minirreactores del tamaño de un coche y ahora no te parezca demasiado pequeño, sobre todo por su longitud, pero lo importante es que existen camiones capaces de transportarlo. Se instalarían bajo tierra, para estar menos expuestos a las catástrofes naturales o ataques terroristas. Utilizarían uranio-235 con bajo enriquecimiento (menor del 5 %) y repostarían cada 24 meses. El diseño es muy sencillo y la circulación de agua de refrigeración se realizaría sin necesidad de bombas eléctricas (evitando accidentes como el de Fukushima), además de incorporar sistemas de seguridad pasivos (sin necesidad de alimentación eléctrica). ¿A que suena bien? Está previsto que se construya la primera central nuclear con estos reactores en el Laboratorio Nacional de Idaho, y estará formada por 12 de ellos, con una potencia total de unos 685 MWe.

Además de para la producción de electricidad, estos reactores modulares podrían destinarse a varios usos, como desalinización, producción de hidrógeno o para refinar petróleo. Algunas instituciones, como el ejército estadounidense, han mostrado interés por estos prototipos, que les permitiría garantizar el suministro eléctrico, independientemente del entorno.

Y no estamos hablando de proyectos en PowerPoint, sino de reactores que están en construcción e incluso en funcionamiento. En 2014, Argentina comenzó la construcción de cuatro reactores CAREM (Central Argentina de Elementos Modulares). Otro proyecto destacado es la central nuclear flotante rusa Akademik Lomonosov, que utiliza dos reactores KLT-40S de agua a presión que proporcionan conjuntamente 300 MWt (potencia térmica, calor) o 70 MWe, y que está en servicio desde 2019. Se considera la primera central nuclear flotante del mundo y su botadura no estuvo exenta de los poco originales titulares de «el Chernóbil flotante». Sin embargo, fue la propia OIEA quien revisó la seguridad de esta central durante su construcción antes de su puesta en funcionamiento, así que, como ya sabes, no hay mejor sello de aprobación.

En Europa, la Universidad Politécnica de Milán participa en un consorcio internacional para desarrollar el reactor internacional innovador y seguro (IRIS, por sus siglas en inglés), que funcionará con agua a presión y tendrá 335 MWe de potencia. En los Estados Unidos, además de NuScale, tienen proyectos Holtec y Westinghouse, con los SMR-160 y SMR-225, además de que otras muchas empresas, como Babcok & Wilcox's o X-Energy, están desarrollando sus propios diseños y prototipos. En China están construyendo un reactor de lecho de bolas (moderado por grafito) y Japón trabaja en un reactor HTR-PM que proporcionará 200 MWe. Este tipo de reactores de menor potencia son ideales para ser utilizados en países que no cuentan con una gran infraestructura de redes de distribución de energía eléctrica. Se trata de reactores de menor potencia y menor tamaño, pero, de nuevo, no te imagines que quepan en tu mochila.

Vale, pero ¿cuánto cuestan?

En cuanto a sus costes, los reactores pequeños podrían mitigar significativamente el riesgo financiero asociado con las plantas a gran escala, lo que podría permitir que los reactores pequeños compitan de manera efectiva con otras fuentes de generación de energía. Al requerir mucha menos inversión que una planta de mayor tamaño, los ingresos por la venta de la energía de las primeras unidades en funcionamiento permitirían ir financiando la construcción de nuevas unidades. Gracias a tener un diseño modular y tamaño pequeño, sería posible instalar varias unidades en un mismo lugar, de forma que unas estén funcionando conectadas a una turbina que genera electricidad, y las otras se puedan sustituir sobre la marcha. Algo así como los aviones militares que cargan combustible mientras están volando.

De cara al desmantelamiento, también se simplificaría todo. Bastaría con extraer el módulo SMR, trasladarlo a una instalación adecuada y realizar allí todo el proceso de separación de sus componentes de forma controlada. El resto de la instalación se podría tratar prácticamente toda como una central térmica convencional. En resumen: bueno, pequeño (lo de bonito ya es subjetivo) y barato.

37

Reactores que consumen residuos radiactivos

¿Te imaginas tener reactores nucleares que produzcan electricidad e hidrógeno, y que utilicen como combustible los residuos radiactivos de los reactores actuales? Parece ciencia ficción y ciertamente tiene mucho de ciencia, pero cada vez menos de ficción.

La forma más habitual de clasificar los reactores nucleares en función de su momento de construcción es utilizar el concepto de **generación**. Los reactores de primera generación eran en su mayor parte prototipos, reactores de investigación y reactores no comerciales de los años cincuenta y sesenta del siglo XX (que suena lejísimos, pero hablamos de, por ejemplo, la década en la que se estrenó la película *2001: una odisea del espacio*). Esos reactores de hace sesenta o setenta años fueron los pioneros y ya están todos cerrados. Los reactores de segunda generación son los reactores comerciales actuales, que se construyeron fundamentalmente durante los años setenta y ochenta del siglo pasado (de cuando se estrenó *La guerra de las galaxias* o *Terminator*), mientras que los reactores que se construyen en la actualidad son de tercera generación. Los nuevos reactores tienen diseños que llamamos «evolucionarios», puesto que no suponen un enorme cambio respecto a los anteriores —como cuando un modelo de móvil salta del 6 al 7 y tú no ves ninguna diferencia—, pero tienen mejoras, sobre todo en seguridad pasiva, que actúa sin necesidad de alimentación eléctrica, basándose en leyes físicas como la gravedad. Sin embargo, la siguiente generación, cuarta generación, que se califica como «innovadora», está en una fase muy avanzada de desarrollo y viene con importantes promesas bajo el brazo. ¿Quieres saber más?

Conozcamos a GIF, que es más que una imagen animada

Un grupo de trabajo internacional está compartiendo tecnología para desarrollar seis tipos de reactores nucleares para su despliegue entre 2020 y 2030. El **Foro Internacional de la IV Generación (GIF)** fue iniciado por el Departamento de Energía de EE. UU. en el año 2000 y fue formalmente fundado en 2001. Después de incorporaciones y retiradas (ya sabes cómo van estas cosas), los 14 miembros actuales del GIF son: Argentina y Brasil (no activos), Australia, Canadá, China, Euratom (Unión Europea), Francia, Japón, Corea del Sur, Rusia, Sudáfrica, Suiza, Reino Unido y Estados Unidos.

Tras dos años de deliberación y revisión de alrededor de cien conceptos, a finales de 2002 el GIF (que en ese entonces representaba a diez países) anunció la selección de seis tecnologías de reactores que, según su criterio, representarían el futuro de la energía nuclear de fisión. Estos diseños fueron seleccionados sobre la base de ser medios limpios, seguros y rentables para satisfacer las crecientes demandas de energía de forma sostenible, a la vez que son resistentes al desvío de material para la proliferación de armas y resistentes a ataques terroristas. La inversión es de alrededor de 6000 millones de dólares durante los primeros 15 años, prácticamente el presupuesto de una película como *Vengadores: Endgame* cada año (visto así no parece tanto, ¿no crees?). Cerca del 80 % del coste lo están cubriendo EE. UU., Japón y Francia.

Conozcamos esas tecnologías innovadoras

La mayoría de los seis sistemas emplean un ciclo de combustible cerrado, es decir, con reciclaje completo del combustible. Piensa un poco en ello, con esta tecnología podremos solucionar dos problemas: por un lado, seremos capaces de extraer prácticamente toda la energía del combustible (los cálculos hablan de más del 97 %, frente al 5 % actual y algo más con el reciclaje parcial) y por otro, quizás todavía más importante, podremos utilizar el combustible usado actual como recurso energético. Dicho de otra forma, podremos realizar un reciclado completo de los residuos radiactivos de alto nivel de actividad. Tras leer esto, creo que muchas personas que se oponen a la energía nuclear se van a quedar sin argumentos.

Más cosas: cuatro de los diseños utilizan neutrones rápidos. Como ya te he explicado, en las fisiones del uranio se generan nuevos neutrones, que salen a una enorme velocidad y que en los reactores actuales deben ser frenados (moderados) para generar nuevas fisiones. Como te decía, estos reactores no necesitan frenar los neutrones y eso significa que no necesitan un moderador, como el agua en los PWR o el grafito en los malogrados RBMK de Chernóbil.

En cuanto al tema de la refrigeración de los reactores, quizás te sorprenda la variedad y las sustancias utilizadas: solo un diseño se refrigera con agua ligera (agua normal), dos se enfrían con helio (un gas noble), otro se refrigera con sodio, otro con flúor (no el del enjuague de la boca) y el más sorprendente, con plomo. Lo has leído bien, un **reactor rápido refrigerado por plomo (LFR)**. La refrigeración por metal líquido se realiza a presión atmosférica por convección natural, lo que significa que no necesita bombas alimentadas por electricidad para refrigerarse, algo muy positivo para su seguridad.

En cuanto a las temperaturas de estos reactores, oscilan entre los 510 °C hasta los 1000 °C, en comparación con los 330 °C para los reactores de agua ligera actuales, y esto significa que cuatro de ellos se pueden utilizar para la producción termoquímica de hidrógeno. Muchas personas hablan del hidrógeno como una de las energías del futuro, pero desconocen que ese gas no es una energía primaria (como el petróleo, el gas, el viento o el uranio), sino lo que llamamos un **vector energético** (que sirve para almacenar energía, como una batería, una presa o un depósito de aire comprimido). Así pues, estos reactores permitirán, además de generar electricidad, producir hidrógeno que posteriormente se puede utilizar para, por ejemplo, propulsar vehículos terrestres y marinos.

En un **reactor de sales fundidas (MSR)** el uranio está disuelto en forma de sal en el refrigerante, que circula a través de los canales centrales de grafito para lograr cierta moderación y un espectro de neutrones epitérmicos (ni rápidos ni lentos, de velocidad intermedia). En comparación con los reactores de combustible sólido (como los actuales), los sistemas MSR tienen una cantidad menor de material fisible y no tienen riesgo de fusión del núcleo (lógico, porque ya está fundido). Además, los residuos generados solo contienen productos de fisión y de vida más corta, el consumo de combustible es muy bajo y son reactores muy seguros, porque la refrigeración es pasiva (sin alimentación eléctrica).

Los tamaños de los reactores de cuarta generación oscilan entre 150 y 1500 MWe (los reactores españoles activos son todos de algo más de 1000 MWe). Al menos cuatro de los sistemas tienen experiencia operacional significativa en la mayoría de los aspectos de su diseño, lo que proporciona una buena base para desarrollarlos en un tiempo razonable, así que probablemente algunos puedan empezar la operación comercial antes de 2030. De hecho, un diseño ya está funcionando.

¿Qué tipo de reactor es más viable?

El **reactor rápido refrigerado por sodio (SFR)** utiliza sodio líquido como refrigerante, lo que permite una alta densidad de potencia con un bajo volumen de refrigerante a baja presión. Este diseño se basa en unos 390 años-reactor de experiencia con reactores de neutrones rápidos refrigerados por sodio durante cinco décadas en ocho países (como cuando sumas las edades de varias personas para ver cuánto hacen entre todos). Fue inicialmente la principal tecnología de interés en GIF y lo sigue siendo. El SFR utiliza uranio empobrecido como base del combustible y tiene una temperatura de refrigerante de 500-550 °C, que permite la generación de electricidad a través de un circuito de sodio secundario. Un caso particular de SFR es el **traveling wave reactor** (TWR), que está siendo desarrollado por la empresa TerraPower, fundada por Bill Gates.

Aunque en la actualidad el país más avanzado en este tipo de reactores es Rusia, con un reactor de escala industrial operando (BN-800, de 800 MWe), y está terminando el diseño de otro reactor mayor con el objetivo de destinarlo también a la exportación (BN-1200). China, que también está comprometida con este ciclo (binomio reactores de agua ligera/reactores rápidos), ya opera uno experimental de 20 MW y ha empezado a construir otro de demostración de 600 MW, que culminará con uno comercial de 1000 MW. India, por su parte, tiene previsto poner en funcionamiento un reactor de 500 MWe.

Como ves, no es ciencia ficción, es ciencia real

Seguramente estos proyectos tendrán altibajos, retrasos, sobrecostes, algunos serán más viables y otros tendrán dificultades técnicas. Al fin y al cabo, así es la historia de la ingeniería (y hasta de la reparación del ascensor de tu comunidad). Pero no cabe duda de que se está trabajando muy duro para mejorar la seguridad y la eficiencia de los reactores nucleares, así como para reducir los residuos radiactivos generados. La cuarta generación de reactores nucleares no es ciencia ficción, sino una realidad que ya ha comenzado a ser evidente, y creo que todos nos vamos a beneficiar altamente de ella.

SOLUCIONES

38

El hombre del hidrocarburo

Está en las noticias cada día, comienza a ser un tema de conversación habitual y cada vez más gente está concienciada al respecto: el calentamiento global causado por el hombre está cambiando el clima y representa un desafío sin precedentes para la humanidad. Debemos decirlo sin catastrofismos (probablemente, contraproducentes), pero sí con total firmeza: necesitamos actuar. Asistí a una conferencia del profesor Mariano Marzo, catedrático de Estratigrafía y profesor de Recursos Energéticos de Geología del Petróleo en la Universidad de Barcelona, y me maravilló la claridad con la que explicaba las causas del calentamiento global y, en especial, las soluciones. En este capítulo te resumiré sus enseñanzas.

Calentamiento global es la forma correcta de referirse a lo que comúnmente conocemos como **cambio climático**. Los humanos hemos vivido varios cambios climáticos, como las sucesivas glaciaciones y períodos interglaciares. Sin embargo, esta vez nos referimos a un fenómeno claramente diferente. Lo que sucedió en épocas pasadas tuvo su origen en fenómenos por completo ajenos a la actividad del hombre; fueron de índole geológica y astronómica, mientras que lo que estamos viviendo hoy en día es un calentamiento global forzado por la propia acción humana.

El hombre, desde el inicio de la revolución agrícola, ha generado y emitido a la atmósfera gases de efecto invernadero, pero a partir de la Revolución Industrial, y muy particularmente tras la

Segunda Guerra Mundial, estas emisiones han aumentado de forma espectacular. Hoy sabemos que la emisión de esos gases a la atmósfera tiene el mismo efecto que el de un invernadero: la pantalla de gases que se crea deja que penetren las radiaciones solares, pero no las deja salir, con lo que la temperatura va aumentando de manera paulatina. Ciertamente, el efecto invernadero es imprescindible para la vida en la Tierra, pero el exceso de gases que lo provocan está calentando rápidamente el planeta.

Estamos hablando de un efecto relacionado directa y proporcionalmente con la actividad humana y con la quema de combustibles fósiles. No olvidemos que hemos construido nuestro modelo de desarrollo demográfico y económico en base a los hidrocarburos (carbón, petróleo y gas). Paradójicamente, los combustibles fósiles, que nos han ayudado a progresar como especie mejorando nuestra calidad de vida, son los responsables del enorme desafío al que nos enfrentamos. Por tanto, la solución al problema del calentamiento global demandaría, en teoría, un cambio de paradigma no solo energético, sino también de nuestro modelo de desarrollo socioeconómico. Es claramente un problema sistémico, un cambio de chip a escala global.

Para que te hagas una idea, desde 1950 hemos utilizado los combustibles fósiles para atender una demanda creciente de energía (el consumo energético mundial se ha multiplicado por cinco), y más del 80 % de la energía primaria que consumimos proviene de los hidrocarburos. Somos claramente **el hombre del hidrocarburo**. Este incremento de la demanda de energía obedece al crecimiento de la población, que se ha multiplicado por más de dos desde 1950, al mismo tiempo que el producto interior bruto (PIB) mundial lo ha hecho por un factor cercano a siete durante el mismo período.

Derivado de este crecimiento demográfico y económico, nos hemos encontrado con un problema inesperado: las emisiones globales de dióxido de carbono (CO_2) a la atmósfera se han multiplicado por cuatro desde 1950 y por más de diez desde 1900. Como resultado, hemos detectado un aumento de 1 °C en la temperatura media del planeta desde 1880, con una clara aceleración en este aumento a partir de la década de los cincuenta del siglo pasado. Quizás 1 °C te parezca algo insignificante, pero no lo es. Te explico por qué: el calentamiento global es el aumento paulatino de la temperatura producido por el incremento de las emisiones de gases de efecto invernadero a la atmósfera, entre los cuales, el dióxido de carbono, procedente en buena parte de la combustión de hidrocarburos, es muy relevante. Los científicos del Panel Intergubernamental de Expertos sobre el Cambio Climático (IPCC) perteneciente a las Naciones Unidas advierten que no deberíamos superar los dos grados si queremos evitar consecuencias catastróficas para la humanidad, y al ritmo actual se prevé que esto pueda ocurrir en las próximas décadas.

La comunidad científica habla de la necesidad de fijar ese techo de aumento de la temperatura en un grado y medio, puesto que cada vez está más claro que las consecuencias del calentamiento global serán difíciles de soportar por encima de dicho valor. Y, por si fuera poco, parece que el problema de conciencia común hace que no le veamos la gravedad al asunto y que muchas veces cambiemos de canal o pasemos de largo por la noticia, como si no fuera con nosotros.

Causas del calentamiento global

El calentamiento global tiene cuatro causas perfectamente identificadas. La primera, como te explicaba, es el aumento de la población mundial, con previsiones de alcanzar casi los 10.000 millones de personas en el año 2050 frente a algo más de los 7500 de 2017. La segunda causa es la demanda de mayor calidad de vida de la población, que se traduce en un crecimiento económico, medible por el PIB (producto interior bruto) mundial per cápita.

Hasta aquí hemos enumerado dos factores importantísimos,

pero que no tienen nada que ver con el modelo energético. Debemos contemplar también otros dos relacionados con la energía necesaria para cubrir una demanda futura en aumento, fruto de ese previsible crecimiento económico y demográfico. Uno de ellos es la intensidad energética, es decir, la cantidad de energía requerida para incrementar en una unidad el PIB, lo que nos da una idea de la eficiencia energética. Y el segundo es la cantidad de carbono que emite a la atmósfera la energía utilizada, lo que se conoce como intensidad de carbono del mix energético.

Conciencia del problema

A partir de la década de los setenta del siglo pasado, diversos estudios científicos hicieron que se alzaran las voces de alerta. No fue hasta décadas después cuando la concienciación social comienza, específicamente a partir de la firma del Protocolo de Kyoto (Japón, 1997) y la Cumbre de la Tierra de Johannesburgo (Sudáfrica, 2002). Del mismo modo, no es a partir de esta última década cuando hemos empezado a asumir que tenemos un problema y que debemos actuar ante él (empezar a asumir no es lo mismo que reaccionar y tomar las medidas necesarias). Lamentablemente, han tenido que pasar cincuenta años desde las primeras evidencias científicas claras hasta llegar a esta concienciación global, que todavía no se ha terminado de lograr. En definitiva, hemos perdido medio siglo.

Sí, hemos tomado conciencia, hemos avanzado, pero no estamos, ni de lejos, en condiciones de afirmar que estamos actuando eficazmente ante el problema. Todo lo hecho hasta ahora se basa en acuerdos voluntarios y no estamos en el buen camino. Reciclamos, algunos vamos al mercado con nuestras bolsas de la compra, algunas empresas y gobiernos empiezan a tomar medidas…, gestos personales o localizados que, de momento, me temo, no son suficientes. Sin embargo, todavía estamos a tiempo de actuar y de cambiar la trayectoria ascendente del calentamiento, aunque la tendencia previsible, definida en el Acuerdo de París (2015), nos lleva a un aumento de la temperatura media del planeta cercano a los tres grados, el doble del máximo recomendado. ¿Metemos ya la cabeza bajo la tierra como un avestruz o hacemos algo?

Medidas de mitigación

Las medidas que se tomen de ahora en adelante deben ser mucho más contundentes, más drásticas, y ese compromiso voluntario debería cambiar a requisito obligatorio. La contribución a esas emisiones de gases de efecto invernadero por parte de la Unión Europea se sitúa alrededor del 12 % (un 0,7 % de España). Es imprescindible que países como Estados Unidos o China, los mayores emisores, se impliquen a fondo en estos planes de acción reforzados para llegar a tiempo y revertir la actual tendencia de calentamiento global acelerado. Todos vivimos en el mismo planeta, todos somos responsables en diferente medida.

Obviamente, no podemos decirle a un país que no crezca o que decrezca demográfica o económicamente para poder hacer frente al problema del calentamiento global. Por lo tanto, el énfasis debe ponerse en el modelo de desarrollo energético. Debemos desacoplar las emisiones del crecimiento económico y demográfico siendo más eficientes, descarbonizando el mix energético y desarrollando todas las tecnologías que nos permitan retirar y reutilizar el dióxido de carbono.

Debemos abordar urgentemente una nueva transición energética, pero como la captura y reciclaje de CO_2 está todavía en una fase muy incipiente, debemos mejorar la eficiencia y apostar por un mix descarbonizado en el que, a mi modo de ver, la energía nuclear tiene un papel imprescindible. En el mix tenemos que contemplar la nuclear que, junto a las renovables, es una fuente de energía baja en emisiones, teniendo en cuenta todo el ciclo, desde la minería hasta la gestión de los residuos. La combustión de los hidrocarburos emite más CO_2, siendo el gas el que menos y el carbón el que más, con el petróleo en una situación intermedia.

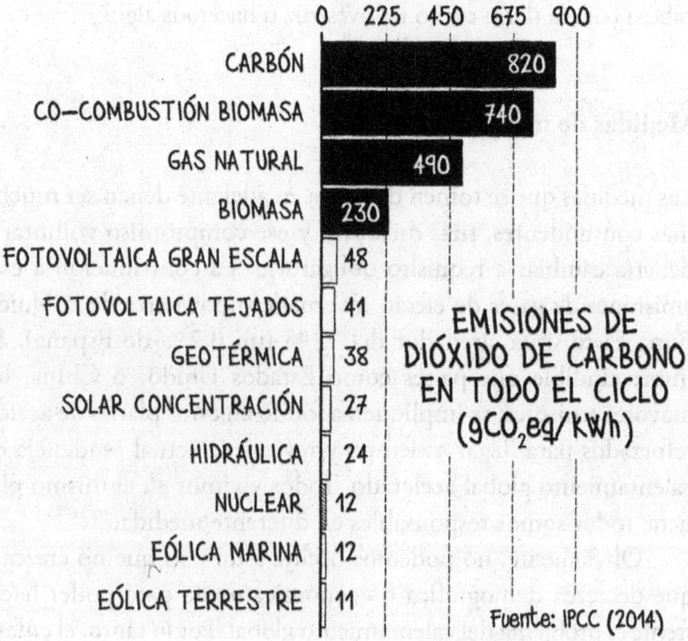

Para avanzar hacia una descarbonización real ya no nos podemos permitir el lujo de prescindir de ninguna fuente de generación baja en emisiones, seguir investigando en nuevas energías más limpias y desarrollar urgentemente nuevas tecnologías de captura, almacenamiento y reutilización del CO_2 emitido a la atmósfera.

La idea básica es aplicar el concepto de economía circular, es decir, conseguir transformar el exceso de CO_2 en un recurso, para lo que resulta fundamental fijar un precio a la tonelada de CO_2 emitida. Todavía queda camino por recorrer, pero desde el punto de vista de la investigación se está trabajando intensamente para valorizar las emisiones de CO_2 a través de su uso en agricultura, desarrollo de combustibles sintéticos, producción de cemento, etc.

Mentalidad planetaria

Para hacer frente al problema del calentamiento global la ciencia nos lleva a reclamar una mentalidad planetaria. Por primera vez estamos hablando de afrontar un reto global. Nuestra actividad socioeconómica está afectando y transformando el planeta, y si nos replegamos a entornos geográficos de proximidad, que es donde nos encontramos más cómodos, estamos completamente abocados al fracaso. Un organismo supranacional con poder real debería regular el bien común. La soberanía de los estados y la energética son delicadas, se requiere de voluntad por parte de los gobiernos para plantear, de verdad, acciones a largo plazo. Solo tenemos un planeta y, o asumimos colectivamente las responsabilidades y limitaciones en pro de un bien común, o será muy difícil responder, realmente, a este desafío.

Parece complicado, pero podríamos verlo de manera sencilla: supondría mejorar la eficiencia energética, sustituir y finalmente abandonar las fuentes energéticas con altas emisiones por otras más limpias, como las renovables y la nuclear, y la implementación de tecnologías de captura del CO_2. China, por ejemplo, ha emprendido un camino decidido hacia las renovables y la nuclear. En su caso, Emiratos Árabes y todo el Oriente Próximo, grandes productores de petróleo, están apostando fuertemente por el mix de nuclear y renovables. Porque pueden decirnos que la energía nuclear está en desuso o hablar de cierre en algunos países europeos, pero en realidad, en el mundo, sigue siendo una apuesta clara de futuro.

A mi modo de ver, este es un mensaje que debería llegar alto y claro a los dirigentes que tienen en su poder tomar decisiones para que todos empujemos el carro en la misma dirección: en la lucha ante el cambio climático no estamos en condiciones de desperdiciar ni un solo recurso que tenemos disponible, y la energía nuclear es uno de ellos. No podemos quedarnos en lanzar mensajes simplistas y claramente erróneos como, por ejemplo, que podemos ir a un escenario 100 % renovable a corto plazo. Excepto la energía hidráulica, muy limitada en la mayoría de los países, incluyendo España, las energías renovables son variables (no siempre tenemos sol ni viento adecuado), y el almacenamiento a gran escala es escaso y extraordinariamente caro. Estas energías necesitan un respaldo bajo en emisiones, que actualmente solo puede proporcionar la energía nuclear. No existen soluciones fáciles a problemas complejos, y el del calentamiento global ciertamente lo es.

¿La solución?

La solución al calentamiento global no pasa por centrarse en la búsqueda de culpables, tampoco en creer que una sola herramienta, presente o futura, servirá para mitigarlo. Estoy convencido de que para romper la tendencia creciente de la temperatura del planeta hay que trabajar en una solución a nivel mundial y con el compromiso real de todos los países. Debemos desarrollar una conciencia común a toda la humanidad, empezando por nosotros mismos y los nuestros, hasta el gobierno, y así hasta el último de los países; solo una mentalidad planetaria nos permitirá avanzar en la solución y afrontar una situación que nos afecta a nivel global.

El *homo sapiens* se ha convertido en los últimos 150 años en un factor transformador del sistema Tierra (para bien o para mal). Nuestra inteligencia y capacidad de innovación son las herramientas de las que siempre nos hemos valido para hacer frente a la adversidad y debemos apoyarnos en ellas. Debemos abordar, seria y rigurosamente, la transición energética e implementar la revolución tecnológica que nos permita convertir el residuo que suponen los gases contaminantes en un recurso. La buena noticia es que cada vez somos más conscientes del problema y tenemos la tecnología necesaria para resolverlo o al menos mitigarlo, así que es el momento de pasar a la acción, de actuar de forma conjunta y coordinada.

¿Acaso no dicen que la esperanza es lo último que se pierde? La esperanza existe: nosotros hemos causado el problema y nosotros debemos actuar para solucionarlo, así de claro.

39

Necesitamos energía nuclear

Como te estaba diciendo, el ser humano se enfrenta a un reto sin precedentes. El consenso científico mundial (efectivamente, consenso, ya que la ciencia es conocimiento consensuado) indica que la actividad del ser humano está causando un **calentamiento global** debido a la emisión de gases de efecto invernadero (GEI), especialmente dióxido de carbono (CO_2). La primera consecuencia de este fenómeno, que ya comienza a ser evidente, es el aumento de anomalías de temperatura. Nuestra atmósfera es un sistema muy complejo con un difícil equilibrio. Si alteramos uno de sus parámetros, como ocurre con el aumento de la temperatura media, la primera consecuencia es una mayor inestabilidad atmosférica y la intensificación de los fenómenos meteorológicos, algo que ya estamos observando. No se trata de que siempre haga más calor en todos los lugares del planeta, sino que, al aumentar la temperatura media global, aumentan los desequilibrios. Así que, en algunos lugares, por ejemplo, puede hacer más frío de lo habitual. Es importante diferenciar entre el tiempo meteorológico (el día que va a hacer mañana) y el clima, que estudia los procesos a largo plazo. No todos los fenómenos meteorológicos poco usuales que observamos son debidos al calentamiento global, pero el estudio del clima demuestra que ciertamente está aumentando su frecuencia e intensidad.

No menos importante es el aumento de gases y partículas contaminantes en la atmósfera, causantes de 7 millones de muertes anuales según la Organización Mundial de la Salud (OMS), un 11,6 % de todas las muertes mundiales. La principal causa identificada de estas emisiones es la combustión de materia orgánica, en especial de combustibles fósiles, intensificada durante el pasado siglo, pero también los fuegos domésticos para, por ejemplo, cocinar y calentarse.

Todas las fuentes de energía producen emisiones de CO_2 en algún momento de su ciclo, y por supuesto la energía nuclear no es una excepción. Es cierto que, durante la minería, el transporte, la construcción de las centrales y durante las pruebas periódicas de los generadores diésel de emergencia se producen emisiones, pero en todo caso son equiparables a las producidas por la mayoría de las energías renovables, a excepción de la biomasa, que se basa en la combustión de materia orgánica. Es habitual que los defensores de esta energía hablen del concepto de «balance neutro» de CO_2 (que indica que se genera la misma cantidad que previamente han capturado las plantas); no obstante, te recuerdo que estamos hablando de quemar biomasa, que también genera gases tóxicos contribuyentes a las muertes que citaba antes.

Es un recurso simplista decir que a la industria nuclear le conviene el calentamiento global, porque sirve para justificar su continuidad, aunque del mismo modo se podría decir que a la lucha contra el calentamiento global le conviene la energía nuclear, por sus bajas emisiones y su producción constante. Francia fue capaz de reducir sus emisiones, sin pretenderlo, durante su auge nuclear de los años ochenta, mientras que Alemania apenas ha sido capaz de reducirlas durante su *Energiewende*, la publicitada transición energética, con la reducción de la producción nuclear, sobre todo debido a su gran dependencia del carbón (cerca del 50 % de su electricidad proviene de él) y a pesar de su innegable esfuerzo de inversión en energías renovables.

Cada país tiene su propio mix energético condicionado sin duda por sus recursos naturales, pero también por razones económicas e ideológicas. La energía nuclear es un aliado imprescindible de las energías renovables, excepto la ya citada biomasa, para reducir la utilización de combustibles fósiles y así disminuir las emisiones y mitigar el calentamiento global. La guerra fratricida y artificial entre las energías renovables y la energía nuclear solo beneficia a los productores y vendedores de gas. Estoy convencido de que necesitamos energía nuclear, y te voy a explicar por qué.

¿Qué sabes del sistema eléctrico que hace que enciendas la luz cada día?

La red eléctrica funciona a demanda, es decir, se produce en cada momento la energía que se consume por la escasa capacidad de almacenamiento de que disponemos. El almacenamiento de energía eléctrica a gran escala es inviable económicamente en la actualidad, aunque es cierto que se están realizando grandes avances. Hoy en día no es posible almacenar la energía necesaria para alimentar una red eléctrica como la española durante varios días, como sin duda necesitaríamos si solo contásemos con las energías renovables variables.

Disponemos también del almacenamiento de energía en forma de presas reversibles, que bombean el agua a una presa superior y luego la turbinan cuando es necesario, generando electricidad, pero tienen una capacidad limitada y difícilmente ampliable en un país como el nuestro. La energía hidráulica es probablemente el mejor competidor de la energía nuclear, puesto que también es baja en emisiones y es gestionable, es decir, podemos decidir cuándo producir la electricidad (a diferencia de la solar y eólica, que dependen de la presencia de sol y viento). Pero la hidráulica es limitada en la mayoría de los países, incluyendo España. Ciertamente, Noruega es un gran productor que exporta a otros países, como Dinamarca; sin embargo, en su vecina Suecia la hidráulica genera el 40 % de la electricidad, mientras que otro 40 % es de origen nuclear.

Las energías renovables aprovechan los inagotables recursos naturales como el sol, el viento o el agua, y son imprescindibles para luchar contra el calentamiento global gracias a sus bajas emisiones. Defender el imprescindible papel de la energía nuclear no significa menospreciar la necesidad de seguir avanzando en las energías renovables, pero no podemos olvidar sus carencias. Estas energías no están exentas de residuos durante su fabricación y desmantelamiento, y es importante recordar algo evidente: no siempre tenemos sol, el viento no siempre es suficiente ni adecuado, el agua escasea en algunos meses, y además no tenemos ni tendremos en décadas capacidad de almacenamiento para esos días en los que las renovables, simplemente, se ausentan. El famoso mito del «100 % renovables» es más un recurso propagandístico que una realidad tangible, salvo en países con poco consumo eléctrico y grandes reservas hidráulicas, como Noruega o Costa Rica. Los estudios que promueven una red totalmente renovable cuentan inicialmente con el respaldo del gas natural durante al menos tres décadas y posteriormente postulan una capacidad de almacenamiento en baterías hoy en día inexistente y con un desorbitado coste, tanto en precio como en necesidad de materiales. Todo ello sin contar con inconvenientes más técnicos, como el control de la frecuencia de la red eléctrica.

Factor de carga y carga base

Es habitual que se confunda la potencia instalada con la energía generada y se comparen fuentes de energía en base a conceptos equivocados. La **potencia instalada** se mide en vatios (W), concretamente en sus múltiplos (kW, MW o GW), e indica la cantidad de energía que un generador entrega en un momento determinado. Pero para medir la energía generada necesitamos multiplicar dicha potencia por el número de horas que ha estado funcionando, por tanto lo mediremos en Wh, o en sus múltiplos (kWh, MWh o GWh). Observa que el número de horas se multiplica, no se divide como ocurre con la velocidad (km/h). Un error muy común en la prensa. Seguro que después de este capítulo ya estás echando mano de tu factura de la luz porque lo has pasado a entender todo.

Así pues, compararemos las fuentes en función de la energía que generan, no de su potencia instalada. De nada sirve tener un coche con un motor más potente si no tenemos gasolina para que funcione. En este momento es esencial comprender el concepto de **factor de carga**, que es el cociente entre la energía eléctrica generada durante un período de tiempo y la energía que habría generado esa fuente durante ese mismo tiempo si hubiera trabajado al 100 % de su capacidad. La energía solar tiene un factor de carga típico de aproximadamente el 15 %, la eólica del 30 % y la nuclear del 90 %, contando los períodos en los que se detiene la central para mantenimiento y recarga de combustible. Dicho de otra forma: podemos contar prácticamente siempre con la energía nuclear.

Sería absurdo prescindir de las energías renovables, dadas sus bajas emisiones (cero durante la generación), la gratuidad de su combustible y el bajo peligro de la mayoría de sus residuos (otros son tóxicos y requieren tratamiento). Pero sería inviable técnicamente prescindir de las centrales de **carga base** (*baseload* en inglés), es decir, energías que funcionan prácticamente siempre para garantizar el suministro eléctrico a pesar de las intermitencias de las energías renovables. O al menos hablo desde el presente, a lo mejor en un futuro metemos la piel de un plátano en un tubo, como Doc en *Regreso al futuro, parte II*, y obtenemos energía equitativa a una fusión nuclear.

Existen tres tecnologías capaces de realizar las funciones de carga base: las centrales hidroeléctricas en países con abundantes recursos hídricos (Noruega), las centrales térmicas convencionales de gas o carbón (Alemania) y las centrales nucleares (Francia). Las que utilizan combustibles fósiles, el segundo tipo, además de producir altas emisiones de CO_2, vierten sus residuos a la atmósfera, contribuyendo a la polución y al perjuicio de las personas y los ecosistemas. Por su parte, las centrales nucleares generan residuos potencialmente peligrosos, aunque son relativamente pocos y se almacenan con seguridad.

Radiofobia

No, no se trata de que te dé pánico poner la radio porque ahora abunda el reguetón. Hablo del miedo a la radiactividad, que probablemente comenzó en 1945 cuando EE. UU. lanzó las bombas atómicas sobre Hiroshima y Nagasaki. Cierto es que no es la mejor puesta de largo en cuanto a estrategia de marketing se refiere. Pocos años más tarde empezaron a funcionar las primeras centrales nucleares de producción de electricidad y al mismo tiempo se inició la carrera armamentística, quizás el aspecto más aterrador de la Guerra Fría. Si bien es cierto que inicialmente algunas centrales nucleares se utilizaron para la producción de plutonio para armamento, la mayoría nunca se ha diseñado ni ha funcionado con ese objetivo, como por ejemplo las españolas. De hecho, nuestro combustible usado no es útil para fabricar bombas atómicas, dado su bajísimo grado de enriquecimiento, como ya te he explicado.

Como sabes, los seres humanos estamos expuestos a multitud de fuentes de radiación. Se cita habitualmente que «el único reactor nuclear seguro se encuentra a 150 millones de kilómetros, nuestro sol», pero tampoco es del todo cierto, ya que cabe recordar que, sin la protección adecuada, ese reactor es el causante de millones de cánceres de piel. Las centrales nucleares siguen estrictas normas internacionales en materia de protección radiológica con el objetivo de salvaguardar a los propios trabajadores, a la población y al medioambiente (ojalá que todos siguiéramos las mismas normas estrictas cada verano antes de exponerlos a los rayos UV). El caso es que los más interesados en que esto sea así en las centrales somos los propios responsables de que no se produzca ninguna emisión que suponga un peligro, no solo por motivos éticos y responsabilidad civil, sino por nuestra propia seguridad y la de nuestros seres queridos que viven cerca de las centrales.

Entonces…, ¿cuál es el futuro energético?

No estoy afirmando que la energía nuclear sea la única solución al calentamiento global, pero sin duda es una parte fundamental de la solución, puesto que funciona como energía de carga base, garantizando estabilidad del suministro eléctrico. Además, en contra de lo que muchos piensan, las centrales nucleares son capaces de adaptar su producción a la demanda, lo que llamamos «seguimiento de carga», algo que realizan las centrales francesas y alemanas, y que te explicaré en el capítulo siguiente. Las centrales españolas no se diseñaron con esa capacidad, pero una modificación de diseño les permitiría operar de ese modo, y mi opinión es que no tardaremos en implementarla.

Por eso propongo que abandonemos miedos infundados y posicionamientos ideológicos caducos. No deben existir bandos a la hora de pensar en soluciones para mitigar el calentamiento global; ni la energía nuclear es de derechas ni los aerogeneradores son de izquierdas. La demanda de energía eléctrica a nivel global no parará de crecer porque, aunque la eficiencia energética es imprescindible, no olvidemos dos factores que sin duda harán aumentar el consumo: los países en desarrollo, que tienen todo el derecho de electrificarse como hicimos nosotros, y la electrificación de la economía (transporte, industria y calefacción). De poco serviría sustituir los contaminantes motores de gasoil por otros eléctricos alimentados con energía proveniente de centrales de carbón, ¿no crees? Los seres humanos necesitamos energía, de esto no hay duda, pero tenemos la imperiosa necesidad de reducir nuestras emisiones, así que estoy seguro de que vamos a seguir necesitando energía nuclear de fisión durante mucho tiempo.

40

La energía nuclear es la mejor aliada de las renovables

Las centrales nucleares se diseñaron inicialmente para proporcionar electricidad constante durante la mayor parte del tiempo, funcionando al 100% de potencia salvo en las necesarias paradas para cargar combustible (uranio), que te expliqué en un capítulo anterior. Dicho en los términos técnicos, se diseñaron como **centrales de carga base**. El principal motivo es que operar una central nuclear a pleno rendimiento es más sencillo técnicamente y más eficiente económicamente. Esta forma de operar era posible porque la proporción de la energía nuclear en todos los países era muy pequeña. Sin embargo, esta situación cambió en varios países y el desafío del calentamiento global está haciendo que vuelva a cambiar. Atento, porque lo que te voy a explicar es algo que sabe muy poca gente, incluso muchas personas con estudios y trabajos relacionados con la energía eléctrica.

Seguimiento de carga

En Francia, por ejemplo, el 72% de la energía eléctrica proviene de las centrales nucleares, el resto se genera fundamentalmente por centrales hidroeléctricas y una combinación de eólica y combustibles fósiles. Como te podrás imaginar, el consumo eléctrico es variable a lo largo del día, con un mínimo durante la mitad de la noche, un crecimiento hasta el mediodía, un pequeño descenso durante parte de la tarde y una nueva subida hasta llegar al máximo durante la hora de la cena, para luego ir descendiendo otra vez (seguro que te acabas de imaginar tu día a día y probablemente te hayas sentido identificado con estos patrones de consumo). Lo cierto es que, aunque con pequeñas variaciones horarias, es similar en todos los países. Debido a la gran proporción de energía nuclear en Francia, algunas centrales nucleares tuvieron que ser modificadas para trabajar en forma de **seguimiento de carga**, es decir, adaptando su producción eléctrica al consumo.

Nuevos retos con más renovables

¿Cómo encaja la energía nuclear en una transición energética? Muchas personas confunden «transición energética» con «transición hacia las renovables». Son dos conceptos diferentes. Para mitigar el calentamiento global necesitamos todas las herramientas necesarias para reducir las emisiones: energías bajas en emisiones de gases de efecto invernadero, electrificación de la economía, eficiencia energética y captura de carbono. Al confundir ambas transiciones, muchas personas creen que es posible en pocas décadas conseguir el 100 % de la energía por parte de las renovables, cuando actualmente el 82,6 % de nuestra energía primaria mundial (no solo electricidad, sino también transporte, industria y hogares) es de origen fósil, la energía nuclear proporciona el 5 %, la hidráulica el 2,5 %, mientras que la eólica y solar solo un 1,6 % (el resto es biomasa y otras energías).

Las energías renovables deben seguir creciendo, de eso no hay duda, aunque también es cierto que las que tienen más capacidad de desarrollo en la mayoría de los países, la eólica y la solar, son energías variables. Como bien sabes, la primera depende del viento, que no es constante. Y la energía solar también es sabido que sigue los ciclos de día y noche, además de perder rendimiento los días nublados, como es obvio.

¿Qué papel tiene la energía nuclear en este panorama? Salvo en lugares con mucha cantidad de agua, donde se puede utilizar la energía hidráulica, la energía nuclear es la única fuente baja en emisiones que puede proporcionar energía a demanda, es decir, cuando la necesitamos. Las renovables variables suponen un enorme reto para los que diseñan una red eléctrica, porque hoy por hoy necesitan una energía que cubra sus ausencias, siguiendo además las variaciones horarias que he explicado antes. Es aquí donde se hace imprescindible que las centrales nucleares sean capaces de realizar el seguimiento de carga. La alternativa es el gas y el carbón, pero ¿no habíamos quedado en que debemos reducir las emisiones de carbono?

No solo en Francia, también en Alemania y Suiza las centrales nucleares tienen capacidad de seguimiento de carga. En Alemania, el seguimiento de carga en las centrales nucleares se hizo importante en los últimos años cuando se introdujo una gran parte de las fuentes variables de generación de electricidad, como la eólica. Las centrales nucleares españolas se diseñaron para funcionar en carga base, y quizás parte del mito que habrás escuchado de que solo pueden funcionar al 100 % de potencia proviene de esta circunstancia. Pero existe la posibilidad tecnológica para implementar la capacidad de seguimiento de carga, una mejora en el diseño que se puede instalar durante una parada de recarga (un proceso que te he explicado ya en este libro).

Un colega de divulgación, cuando hablábamos sobre el seguimiento de carga y la incredulidad de algunos ingenieros sobre esa posibilidad, me preguntó: «¿Cómo se creen que funcionan los submarinos nucleares, siempre al 100 % de potencia?». Debo reconocer que me hizo gracia pensar en un submarino navegando siempre «¡a toda máquina!».

Aspectos técnicos

Vamos a ilustrar el caso con unos números para que sea más fácil de entender. Una central nuclear con capacidad de seguimiento de carga debe ser capaz de variar su potencia diariamente entre el 50 % y el 100 % de su potencia nominal (del orden de 1000 MW), con un ritmo de entre 3-5 % por minuto. La mayoría de los reactores modernos, los de tercera generación que se están construyendo actualmente, tienen capacidades de seguimiento de carga todavía mayores, con la posibilidad de realizar cambios de al menos un 5 % de la potencia nominal (unos 50 MW) por minuto. Te aseguro que mis colegas más veteranos se quedan con la boca abierta cuando les hablo de esta capacidad de maniobra.

En el caso de los reactores de agua a presión (PWR), el cambio de potencia se realiza mediante movimientos de las barras de control y cambiando la concentración del ácido bórico (absorbente de neutrones) en el refrigerante primario, aunque es menos deseable por ser más lento y generar más residuos líquidos que luego deben ser gestionados. En el caso de los reactores de agua en ebullición (BWR), la regulación de potencia se realiza cambiando el caudal de refrigerante (usando las bombas de recirculación) y las barras de control, porque estos reactores no tienen ácido bórico disuelto en el refrigerante.

Nuclear y renovables: energías aliadas

La necesaria descarbonización de nuestra economía requiere, además de electrificar el transporte, la industria y los hogares, que la generación eléctrica sea baja en emisiones. Las renovables seguirán creciendo porque son muy necesarias, pero, salvo la hidráulica (muy limitada en la mayoría de los países), el resto de las renovables bajas en emisiones son variables y necesitan otra energía aliada que cubra sus intermitencias. Como te decía, la energía nuclear es la mejor candidata, puesto que es capaz de generar electricidad baja en emisiones y tiene también la capacidad demostrada de adaptarse rápidamente a los cambios de potencia debidos al consumo y a la variabilidad de las renovables. Si he sido capaz de explicarte de forma comprensible el seguimiento de carga, ¡ya puedes responder con propiedad cuando alguien te diga que las centrales nucleares son inflexibles!

41

La fusión nuclear o cómo tener el Sol en la Tierra

¿Te imaginas tener una enorme fuente de energía con un combustible virtualmente inagotable, sin residuos radiactivos y sin riesgo de accidentes? Esa energía existe, es la fusión nuclear (no confundir con «fisión») y tengo que explicarte muchas cosas interesantes al respecto.

Efectivamente, la fusión nuclear utilizará hidrógeno, un combustible prácticamente inagotable y extremadamente barato. Y es que además tiene otras ventajas sobre la fisión (la que se realiza en los reactores actuales): generará todavía más energía por cantidad de combustible y prácticamente no producirá residuos, solo la activación de los materiales estructurales del reactor y pequeñas cantidades de tritio que, como te he explicado en otro capítulo, es un isótopo muy poco peligroso. Además, será una energía mucho más segura, ya que la reacción nuclear se detendrá completamente cuando se deje de suministrar combustible al reactor, a diferencia de los reactores de fisión, que una vez parados siguen generando calor por la desintegración radiactiva.

Y no es ciencia ficción, sino ciencia real. Suena maravilloso, ¿no? ¿Dónde firmamos? Estamos manos a la obra. De hecho, varios equipos de investigación están trabajando en diferentes proyectos para conseguir la fusión nuclear, aunque quizás el más esperanzador, por su enorme inversión y estado avanzado de desarrollo, es el ITER, el reactor experimental de fusión nuclear que se está construyendo en Francia.

Si te parece bien, te explico cómo funciona una estrella y luego te cuento cómo pretendemos reproducirlo en nuestro planeta.

¿En qué consiste la fusión nuclear?

Y no, no es un plan de alguna compañía telefónica con Internet y televisión incluida. Te lo explico: el Sol es un enorme reactor nuclear, pero no fisiona (rompe) átomos de uranio, como nuestros reactores nucleares, sino que fusiona (une) átomos de hidrógeno para formar helio, y una parte de la materia se convierte en energía, que es la luz y el calor que nos llega a la Tierra y es un elemento esencial para que sigamos vivos. El punto de partida suena de maravilla y muchos países están investigando intensamente para conseguir la fusión nuclear controlada en nuestro planeta, liderados por la Unión Europea, los Estados Unidos, Rusia y Japón.

Por desgracia, ya sabemos generar fusión nuclear, pero de forma descontrolada y no aprovechable para producir electricidad: la bomba de hidrógeno, también conocida como bomba H, o bomba de fusión termonuclear. Se trata de un artefacto capaz de sembrar la desolación con una potencia descomunal. En 1961, la antigua Unión Soviética lanzó en el océano Ártico la «Bomba del Zar», una bomba experimental y propagandística de hidrógeno de 50 MT (megatones). Para que te hagas una idea, era 3125 veces más potente que la «Little Boy», la bomba lanzada por EE. UU. en Hiroshima.

Tanto el sol como el resto de las estrellas se alimentan de la fusión nuclear. El hidrógeno, que es el elemento químico más abundante del universo, a temperaturas muy altas cambia de estado, pasando de gas a plasma, en el que los electrones cargados negativamente se separan de los núcleos (iones), cargados positivamente. La fusión se ve dificultada por las fuerzas electrostáticas de repulsión de los núcleos. ¿Cómo se supera esta dificultad? Todos sabemos que las cargas iguales se repelen, pero en las estrellas, debido a las altas presiones como resultado de la enorme gravedad, junto con la gran velocidad debida a las altas temperaturas, los iones se acercan mucho entre sí y terminan fusionándose, provocando la liberación de energía, que la estrella emite en forma de radiación (luz, calor y partículas).

Sin embargo, conseguir esas condiciones en la Tierra es muy difícil. El combustible necesario para la fusión, diferentes isótopos de hidrógeno, debe calentarse a temperaturas del orden de 150 millones de grados centígrados (para que te hagas una idea, la temperatura del núcleo del Sol es de 15 millones, diez veces más pequeña) y debe mantenerse confinado a muy alta presión el tiempo suficiente para que los núcleos se fusionen. Eso sí, una vez se logra el arranque de un reactor de fusión, basta con seguir aportando combustible para mantenerlo funcionando y generando energía.

Tecnología de la fusión nuclear

Con la tecnología actual, la reacción de fusión más factible es entre deuterio (D) y tritio (T), que son dos isótopos del hidrógeno con nombres dignos de ser personajes de *Juego de tronos*; el primero con un protón y un neutrón en el núcleo (H-2), y el se-

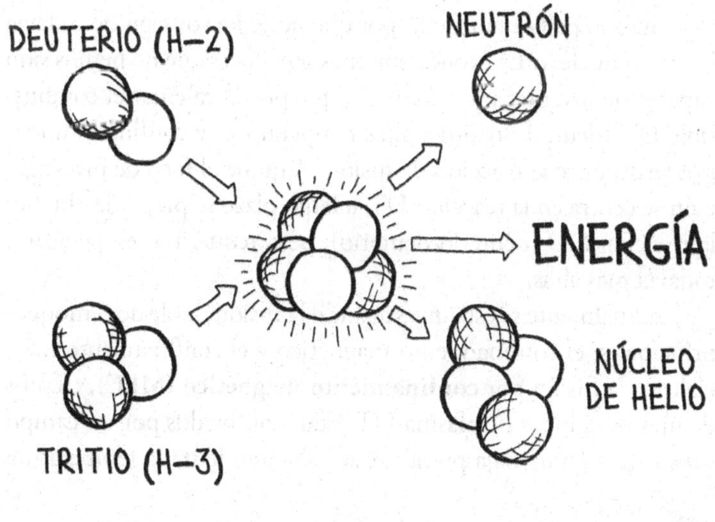

gundo, como su nombre indica, con tres partículas en el núcleo, un protón y dos neutrones (H-3). Imagínate: en proporción a la masa, la reacción de fusión deuterio-tritio (DT) libera cuatro veces más energía que la fisión del uranio.

El deuterio se produce de forma natural en el agua del mar (existen unos 30 gramos por metro cúbico) y, por tanto, podríamos decir que es muy abundante. El tritio, sin embargo, se produce naturalmente en pequeñas cantidades por los rayos cósmicos cuando inciden en la atmósfera sobre los átomos de hidrógeno y es radiactivo. Se puede fabricar en un reactor de fisión convencional o a partir del litio, que se encuentra en grandes cantidades en la corteza terrestre (30 partes por millón).

¿Y cómo funcionaría? En un reactor de fusión nuclear, la idea es que los neutrones generados a partir de la reacción de fusión sean absorbidos por una gruesa capa de material que contenga litio y rodee al núcleo. Al recibir neutrones liberados en las fisiones, este litio se transformaría en tritio y se utilizaría para alimentar al reactor. Como la energía de los neutrones calentaría la capa de material con litio, un refrigerante (agua, helio u otro fluido) absorbería esa energía térmica para poder producir electricidad como en los reactores actuales, mediante una turbina y un generador.

Si todo parece tan fácil, ¿por qué no se ha conseguido todavía la fusión nuclear? La explicación más sencilla es que no hemos sido capaces de inventar un dispositivo que pueda calentar el combustible DT (deuterio-tritio) a altas temperaturas y confinarlo mientras se produce la reacción de fusión. Aunque el foco de investigación se centra en la reacción DT, a largo plazo se pretende obtener la reacción DD (deuterio-deuterio), pero requeriría temperaturas todavía más altas.

Actualmente se está investigando la fusión desde dos enfoques principales: el confinamiento magnético y el confinamiento inercial. En la fusión por **confinamiento magnético (MFC)**, cientos de metros cúbicos de plasma DT están confinados por un campo magnético a muy baja presión y se calientan hasta la temperatura de fusión (hasta aquí todo parece como si fuese una receta de cocina). Como no existen materiales que soporten tan altas temperaturas, un gran campo magnético (un electroimán enorme) mantiene el plasma «flotando» dentro del reactor sin tocar sus paredes (esto ya es más complicado: ¿te imaginas cocinar con la comida sin tan siquiera rozar la sartén?). La forma más efectiva de contener el campo magnético es con un reactor en forma toroidal, que lo entenderás mejor si te digo que es como una rosquilla, pero hueca. El nombre que se le da a este tipo de reactor es **tokamak** (por sus siglas en ruso, que en español sería «cámara toroidal con bobinas magnéticas»). También se investiga con otros dispositivos de confinamiento magnético llamados **stellarator**, mucho más complejos que los tokamaks y, por lo tanto, menos prácticos.

En la fusión por **confinamiento inercial**, unos rayos láser o iónicos se enfocan con precisión sobre una pastilla de combustible DT, de pocos milímetros de diámetro, calentando la capa externa del material, que explota, generando una gran compresión hacia dentro y un enorme calentamiento (puede que sea yo solo, pero a mí esta imagen me recuerda a la máquina que tenía el científico de la película *Cariño, he encogido a los niños*, una película de los 80 que posiblemente ni recordarás). La energía liberada calienta el combustible generando fusión. El tiempo requerido para que ocurran estas reacciones está limitado por la inercia del combustible (de ahí su nombre), pero es inferior a un microsegundo.

Existen otros métodos que se están investigando, pero no entraré en ellos para no extenderme demasiado.

ITER, la esperanza de la humanidad

Una broma habitual cuando se habla de fusión en los entornos científicos e ingenieriles desde la década de 1970 es que siempre estamos a cuarenta años de alcanzar la fusión nuclear comercial. En mis años de divulgación he recibido este comentario multitud de veces y siempre suelo responder lo mismo: «Hace cuarenta años no se estaba construyendo el ITER».

En 1985, la Unión Soviética propuso construir un tokamak a Europa, Japón y Estados Unidos. La colaboración se estableció bajo el amparo del OIEA. Entre 1988 y 1990 comenzaron los diseños para construir un reactor termonuclear experimental internacional (ITER, por sus siglas en inglés, que significa «camino» o «viaje» en latín) para demostrar la viabilidad de esta tecnología. Canadá y Kazajistán también se unieron. En 1996 se aprobó el primer diseño y Estados Unidos decidió retirarse del proyecto, lo que afectó enormemente al presupuesto.

En 2003, Estados Unidos se lo debió de pensar durante siete años y al final volvió al proyecto. Ese año China también anunció que se uniría. Después de un gran debate, en el que incluso España tuvo opción de presentar su candidatura, como en las olimpiadas (cerca de la central nuclear de Vandellós II, en Tarragona), se decidió en 2005 construir el ITER en Cadarache, en el sur de Francia. India se convirtió en el séptimo miembro del consorcio ITER a finales de 2005 y en noviembre de 2006 los siete miembros (China, India, Japón, Rusia, Corea del Sur, Estados Unidos y la Unión Europea) firmaron el acuerdo de construcción del ITER, que comenzó a fabricarse en 2013.

El primer objetivo es obtener el primer plasma en 2025. El tokamak del ITER (la rosquilla gigante, vaya) tendrá 19 metros de ancho y 11 de altura, y pesará más de 5000 toneladas. El objetivo del ITER es generar una potencia térmica de plasma de 500 MW con menos de 50 MW de potencia de calentamiento de plasma (es decir, multiplicar por diez la energía aportada), y no se generará electricidad. Se espera que una central eléctrica de demostración de 2 GW térmicos, conocida como DEMO (DEMOstración de generación de potencia), sea el paso intermedio entre el ITER y los primeros reactores comerciales de fusión nuclear. Se esperaba que el diseño conceptual de DEMO se completara en 2017, con su construcción comenzando alrededor de 2024 y la primera fase de operación a partir de 2033. Desde entonces se ha retrasado, y la fabricación está planeada para después de 2040, que parece muy lejos, pero si lo piensas no es tanto.

Terminemos con optimismo

La energía nuclear de fisión, con sus ventajas y limitaciones, es una herramienta esencial para hacer compatible nuestro desarrollo como especie con la mitigación del calentamiento global, probablemente el mayor desafío al que se enfrenta el mundo (entendiendo el mundo como la humanidad). No es la única herramienta, también lo son las energías renovables, la eficiencia energética, la electrificación y la captura de carbono, pero la energía nuclear es una herramienta esencial, porque garantiza un suministro eléctrico constante bajo en emisiones ante cualquier inclemencia meteorológica. La tecnología nuclear también salva vidas gracias a la medicina nuclear, mejora la calidad de los alimentos, el control de plagas y algún día nos ayudará a colonizar otros mundos.

Tenemos suficiente material fisible, sabemos cómo gestionar los residuos radiactivos y el riesgo de accidente nuclear cada vez es menor. Pero todavía puede ser mejor: el desarrollo de la fusión nuclear, con un combustible prácticamente inagotable, sin residuos y sin riesgo de accidentes, está en una fase avanzada y abre una enorme puerta a la esperanza. Ya no es un mero proyecto teórico, como lo demuestran los múltiples experimentos en desarrollo y en construcción. Si finalmente se cumplen todas las expectativas, dentro de muy pocas décadas podremos validar la predicción del título de este libro: la energía nuclear salvará el mundo.

Agradecimientos

En 2016 comenzó esta aventura divulgativa que parece culminarse con este libro, en el que he plasmado muchos de mis conocimientos sobre ciencia y tecnología nuclear, aunque siento que he estado toda mi vida preparándome para ella, tanto en mi faceta personal como en mi trabajo. Es por ello que, corriendo el riesgo de dejarme a alguien en el teclado, que espero que me perdone, siento la necesidad de agradecer lo que han hecho por mí muchas personas.

Gracias a toda la comunidad Naukas y especialmente a Javier Peláez, Antonio Martínez Ron y Miguel Artime por invitarme a publicar aquella carta en *Amazings* en 2011, por servirme de lanzadera en mi etapa en Twitter, por su admiración y por darme la preciosa oportunidad de salir del anonimato en Naukas Bilbao 2019. Nunca olvidaré ese día.

Gracias a mis decenas de miles de seguidores en las redes sociales, especialmente en Twitter, por su apoyo constante a mi labor divulgativa, dando difusión a mis tuits, hilos e ilustraciones, corrigiendo mis errores (en muchas ocasiones por privado), entrando en debates para descargarme de trabajo y reforzando constantemente mi tarea. Sin ellos estoy seguro de que este libro no existiría. Gracias a mis *haters* y *trolls* por ser una inspiración a la hora de divulgar utilizando «zascas» (sin intención de ofensa alguna); a los antinucleares por, digámoslo así, ponérmelo tan fácil, aunque casi siempre con respeto hacia mí; a mis críticos constructivos por ayudarme a hacerme más fuerte, y a mis críticos destructivos, por lo mismo.

Gracias a Josep Rey por ser el mejor becario virtual que cualquier mentor desearía tener, tanto por sus inagotables ganas de aprender como por su encomiable predisposición a ayudar a cualquier hora del día o de la noche. Será un gran operador, o lo que él elija ser. Gracias a Jose A. Solís por proporcionarme una gran parte de los documentos que he necesitado durante mis años de divulgación, ganándose el apelativo cariñoso de la Hemeroteca. No exagero si digo que él ha sido mi reserva documental. También gracias a Pedro J. Hernández por enseñarme a debatir reconociendo las falacias, por su apoyo en centenares de debates y por su indisimulado sesgo a mi favor.

Gracias a mi camarada Manolo Fernández Ordóñez por ser mi representante cuando me concedieron el premio de comunicación de la SNE y por ser mi defensor a capa y espada en todos los foros; a José Antonio Gago y a Montse Godall por su entusiasta apoyo a mi labor divulgativa desde mucho antes de conocer mi identidad y por el profundo respeto de ambos a mi independencia como divulgador; a Berta Picamal por presentarme a tantas personas interesantes en la conferencia de la OIEA, a Diana Vasconcelos por enseñarme que detrás de las organizaciones también existen personas encantadoras y comprometidas; y a Jóvenes Nucleares y a toda la Sociedad Nuclear Española por su inquebrantable compromiso con la divulgación y por arroparme haciéndome sentir como en casa.

Gracias *in memoriam* a José María Otero de Navascués por ser una inspiración, y a su nieto por regalarme una de las frases que más me han emocionado durante mi labor divulgativa; a Mariano Marzo por su inspiradora conferencia sobre el calentamiento global y por prestarme sus conocimientos y sabiduría; a José Luis de la Fuente O'Connor por ser el profesor que me habría encantado tener y por su admiración correspondida; y a Ana Palacio por su aliento constante en las redes.

Gracias a Manel Campoy por mostrarme cómo debe ser un profesional nuclear; a Joaquín de la Morena, Manolo Alamillo, Alberto Harguindey, Roberto Bueno y todos los jefes que he tenido por ser un ejemplo de profesionalidad; a Iñaki Aguirregabíria por ser el mejor representante posible ante un examen de licencia; a todos mis instructores de Tecnatom, comenzando por Pedro Morón, Antonio Moruno, Daniel Rojo, y terminando por Fran Ramírez y todo su equipo, que ha sido mi gran cómplice en la divulgación dentro del sector.

Gracias a la jefatura de la central nuclear de Ascó, particularmente a Jordi Sabartés, Jorge Martínez e Ignacio Tuya, por su apoyo a mi labor tras descubrir mi identidad cuando todavía nadie en el trabajo la conocía; a los jefes directos con los que más tiempo he pasado desde que empecé como operador, comenzando por Manel Portela, por enseñarme que un jefe también puede ser un amigo y también a resumir ideas y animarme a estudiar Comunicación Audiovisual; a José Bladé por demostrarme que la excelencia se consigue con minuciosidad y amor por el trabajo. Gracias a todos los componentes de los turnos Rojo y Violeta, con los que he pasado la mayor parte de mi vida profesional, de todos ellos he aprendido y sigo aprendiendo. Tampoco quiero olvidar a esos grandes compañeros que me han ayudado a formarme como profesional nuclear: Xavier Villalta, José María Bielsa, Pedro Alcober, Manolo García Palos, Pablo Fanjul, Miquel Blàvia, Ramon Castells, Daniel Revenga, Pere Suñé y Ramon Serrano son solo una pequeña parte de ellos, porque nombrarlos a todos sería demasiado extenso. Gracias a todos mis compañeros de la central nuclear de Ascó, desde las personas que realizan la limpieza hasta cada uno de los jefes de departamento, pasando por todas las personas con las que he tenido trato durante más de veinte años: de todos ellos he aprendido algo. Gracias también a todos los compañeros de otras centrales nucleares que me han apoyado en mi labor divulgativa. En la distancia he notado su aliento.

Gracias a Ángel Yustres y a Jorge Ginés por demostrarme que a

500 metros de profundidad, donde se construyen los AGP, también existe el compañerismo en la divulgación; a Ignacio Crespo por contagiarme una pequeña parte de su enorme capacidad de aprender y de explicar con palabras sencillas cosas tan complicadas; a Álvaro Ibáñez por abrirme de par en par la puerta de Microsiervos; a Marcos Marín por ofrecerse a convertir mi letra en una tipografía, con el estupendo resultado que se puede ver en las ilustraciones.

Gracias a Daniel Torregrosa por su indisimulada admiración y por regalarme junto a su hija Diana una de las anécdotas más bonitas del libro; a los chicos de Radio Skylab, especialmente a Daniel Marín, por su ayuda en el tema de la energía nuclear en el espacio, y a Carlos Pazos por su complicidad con las ilustraciones, aconsejando también a mi hijo Álvaro. Gracias a los chicos y chicas de Coffee Break; a Héctor Socas por enseñarme muchas cosas del reactor nuclear de fusión que nos ilumina cada día; a Francis Villatoro por sus múltiples consejos y por su apoyo a mi labor desde el principio; a Ramón Roca por enseñarme que todavía existen grandes profesionales en el periodismo; y a María Jesús del Río por ayudarme a demostrar que las energías renovables y la nuclear pueden trabajar perfectamente en equipo.

Gracias a Rocío Vidal y a José Luís Crespo por enseñarme que los *youtubers* científicos famosos lo son gracias al talento, al esfuerzo y a una insaciable curiosidad. Y gracias a Javier Santaolalla por darme la oportunidad de participar en sus vídeos y por regalarme un prólogo con el que soñaría cualquier divulgador.

Gracias a mi editor, Oriol Alcorta, por su enorme paciencia ante mis tormentas de ideas, a veces a horas intempestivas, y por su enorme tacto y profesionalidad con los textos. Gracias también a Berta Lluís y a todo el equipo de correctores por la excelente labor de edición, que queda perfectamente plasmada en el libro; a la editorial Planeta, que ha hecho la valiente apuesta por un tema tan cargado de prejuicios, ideologías y fanatismos como es la energía nuclear. Gracias a José Miguel Viñas por su aprecio correspondido, a José Manuel López por señalarme el camino y a Miquel Esteve por contagiarme parte de su pasión por escribir, aunque nunca llegue a alcanzar su creatividad y la calidad de su pluma.

Gracias a todas las personas que han formado parte de mi vida, porque me han ayudado a ser quien soy. Gracias a mi madre, Rosa Fernández, por darme la vida y cuidarme; y a mi segunda madre, María del Carmen Barrios, por su cariñosa complicidad indisimulada. Gracias muy especialmente a los cinco hombres que han marcado mi vida: a mi padre, Alfredo García, por enseñarme a ser un hombre; a Antonio Alfredo Navas, *in memoriam*, por darme fuerzas con su recuerdo; a Carlos Galán, mi primer y gran amigo, por mostrarme el significado de esa palabra; a Manuel Jesús Bienvenido, *in memoriam*, por tratarme como un hermano; y a Manuel Bienvenido, mi segundo padre, por su admiración y por enseñarme tanto que necesitaría otro libro para explicarlo.

Gracias a mi *chiquitín* Álvaro por su sentido del humor ante cualquier adversidad, por su enorme paciencia con mis constantes modificaciones y por escribir con sus preciosas ilustraciones una parte de este libro; y gracias a mi hijo mayor Alfre por llamarme ¡Boss! cada vez que necesitaba su apoyo, por el espectacular tráiler que me realizó para Naukas Bilbao 2019 (que está en su canal *White Dragon Productions* en YouTube) y por sus excelentes fotografías para este libro y su promoción.

Y finalmente, necesito dar las gracias a la persona con la que estoy más en deuda: mil gracias a Lourdes Bienvenido por quererme tanto, por su paciencia, por su apoyo incondicional, por cuidarme con esmero y por concederme el honor de dejarme formar parte de su vida.

Mil gracias a todos, de corazón (azul de Cherenkov).

Bibliografía

Introducción. Breve historia de Operador Nuclear

Naukas. «Carta de un jefe de sala de control de una central nuclear» (2011), https://naukas.com/2011/03/21/carta-de-un-ingeniero-nuclear-espanol/

Capítulo 2. Todo es radiactivo

PNUMA. «Radiación. Efectos y Fuentes» (2016), http://wedocs.unep.org/handle/20.500.11822/7790

CSN. «Estudio epidemiológico del posible efecto de las radiaciones ionizantes derivadas del funcionamiento de las instalaciones nucleares y radiactivas del ciclo de combustible nuclear españolas sobre la salud de la población que reside en su proximidad» (2009), https://www.csn.es/documents/10182/260063/Informe%20completo

Capítulo 5. Los operadores no somos como Homer Simpson

BOE. «Instrucción IS-11, Revisión 1, de 30 de enero de 2019, del Consejo de Seguridad Nuclear, sobre licencias de personal de operación de centrales nucleares», https://www.boe.es/buscar/doc.php?id=BOE-A-2019-2136

Capítulo 7. Cómo «reposta» una central nuclear

IS-02 del CSN, sobre documentación de actividades de recarga en centrales nucleares de agua ligera, https://goo.gl/4Q1L74

ETF estándar PWR de Westinghouse, https://www.nrc.gov/docs/ML1210/ML12100A222.pdf

Capítulo 8. Esa fascinante luz azulada en la piscina de combustible

XKCD. «Spent Fuel Pool», https://what-if.xkcd.com/29/

Capítulo 10. Aplicaciones pacíficas de la tecnología nuclear

Foro Nuclear. «Manual de Tecnología Nuclear para Periodistas» (2004), https://www.foronuclear.org/images/stories/recursos/publicaciones/2010/manual_tecnologia_periodistas.pdf

World Nuclear Association. «Radioisotopes in Medicine» (2019), http://www.world-nuclear.org/information-library/non-power-nuclear-applications/radioisotopes-research/radioisotopes-in-medicine.aspx

World Nuclear Association. «Radioisotopes in Food & Agriculture» (2017), http://www.world-nuclear.org/information-library/non-power-nuclear-applications/radioisotopes-research/radioisotopes-in-food-agriculture.aspx

World Nuclear Association. «Radioisotopes in Consumer Products» (2018), http://www.world-nuclear.org/information-library/non-power-nuclear-applications/radioisotopes-research/radioisotopes-in-consumer-products.aspx

World Nuclear Association. «Radioisotopes in Industry» (2017), http://www.world-nuclear.org/information-library/non-power-nuclear-applications/radioisotopes-research/radioisotopes-in-industry.aspx

Capítulo 11. Three Mile Island, el accidente desconocido

World Nuclear Association. «Three Mile Island Accident» (2012), https://www.world-nuclear.org/information-library/safety-and-security/safety-of-plants/three-mile-island-accident.aspx

Capítulo 12. Chernóbil no es un argumento válido contra la energía nuclear

IAEA. «INSAG-7. The Chernobyl Accident: Updating of INSAG-1» (1992), https://www.pub.iaea.org/MTCD/publications/PDF/Pub913e_web.pdf

World Nuclear Association. RBMK Reactors (2019), https://www.world-nuclear.org/information-library/nuclear-fuel-cycle/nuclear-power-reactors/appendices/rbmk-reactors.aspx

Capítulo 13. Chernóbil no será inhabitable durante miles de años

UNSCEAR. «The Chernobyl Accident» (2012), https://www.unscear.org/unscear/en/chernobyl.html

Capítulo 15. Fukushima no causó muertes por radiactividad

WHO. «FAQs: Fukushima Five Years On» (2015), https://www.who.int/ionizing_radiation/a_e/fukushima/faqs-fukushima/en/

UNSCEAR. «Sources, effects and risks of ionizing radiation. UNSCEAR 2013 Report. Levels and effects of radiation exposure due to the nuclear accident after the 2011 great east-Japan earthquake and tsunami» (2013), https://www.unscear.org/docs/publications/2013/UNSCEAR_2013_Report_Vol.I.pdf

UNSCEAR. «Developments since the 2013 UNSCEAR Report on the levels and effects of radiation exposure due to the nuclear accident following the great east-Japan earthquake and tsunami. UNSCEAR Fukushima 2015 White Paper» (2015), https://www.unscear.org/docs/publications/2015/UNSCEAR_WP_2015.pdf

Matthew Neidell, Shinsuke Uchida, Marcella Veronesi. IZA. «Be Cautious with the Precautionary Principle: Evidence from Fukushima Daiichi Nuclear Accident» (2019), http://ftp.iza.org/dp12687.pdf

I. Waddington, P. J. Thomas, R. H. Taylor, G. J. Vaughan. ScienceDirect. J-value assessment of relocation measures following the nuclear power plant accidents at Chernobyl and Fukushima Daiichi» (2017), https://www.sciencedirect.com/science/article/pii/S0957582017300782

Capítulo 16. Podemos comer pescado de Fukushima

«Tritiated Water Task Force Report» (2016), https://www.meti.go.jp/english/earthquake/nuclear/decommissioning/pdf/20160915_01a.pdf

Capítulo 17. La industria nuclear no tropieza dos veces con la misma piedra

CSN. »Pruebas de resistencia» (2014), https://www.csn.es/pruebas-de-resistencia

WANO «History Book», https://www.wano.info/getmedia/ac84213e-25f1-4bcc-8971-ae797465ae72/Nuclear-Safety-Has-No-Borders.pdf.aspx

Capítulo 19. Conoce los residuos radiactivos

CSN. «Residuos radiactivos», https://www.csn.es/residuos-radiactivos

Capítulo 20. Riesgos de los residuos radiactivos

CSN. »Protección radiológica», https://www.csn.es/proteccion-radiologica

Capítulo 21. Ideas absurdas para deshacerse de los residuos radiactivos

World Nuclear Association. «Storage and disposal of radoactive waste» (2018), http://www.world-nuclear.org/information-library/nuclear-fuel-cycle/nuclear-wastes/storage-and-disposal-of-radioactive-wastes.aspx

IAEA. «The long term storage of radioactive waste» (2003), https://www.pub.iaea.org/MTCD/Publications/PDF/LTS-RW_web.pdf

IAEA. «Inventory of radioactive waste disposals at sea» (1999), https://www.pub.iaea.org/MTCD/publications/PDF/te_1105_prn.pdf
«Hazards of past low-level radioactive waste ocean dumping have been overemphasized», https://www.gao.gov/assets/140/135757.pdf

Capítulo 22. Almacenar residuos radiactivos con seguridad

World Nuclear Association. «Storage and Disposal of Radioactive Waste» (2018), https://www.world-nuclear.org/information-library/nuclear-fuel-cycle/nuclear-waste/storage-and-disposal-of-radioactive-waste.aspx

Capítulo 23. ¿Cómo viaja el material radiactivo?

World Nuclear Association. «Transport of Radioactive Materials» (2017), https://www.world-nuclear.org/information-library/nuclear-fuel-cycle/transport-of-nuclear-materials/transport-of-radioactive-materials.aspx

Capítulo 24. Combustible usado: ¿residuo o recurso?

World Nuclear Association. «Processing of Used Nuclear Fuel» (2018), https://www.world-nuclear.org/information-library/nuclear-fuel-cycle/fuel-recycling/processing-of-used-nuclear-fuel.aspx
World Nuclear Association. «Mixed Oxide (MOX) Fuel» (2017), https://www.world-nuclear.org/information-library/nuclear-fuel-cycle/fuel-recycling/mixed-oxide-fuel-mox.aspx

Capítulo 25. Ecologistas en contra y a favor de la energía nuclear

Laureates Letter Supporting Precision Agriculture (GMOs) (2016), https://www.supportprecisionagriculture.org/nobel-laureate-gmo-letter_rjr.htm
World Health Organization (WHO). «Micronutrient deficiencies. Vitamin A deficiency», https://www.who.int/nutrition/topics/vad/en/
Foro Nuclear. Atte Harjanne, parlamentario del Partido Verde de Finlandia: «Excluir a la nuclear es absurdo» (2019), https://www.foronuclear.org/es/noticias/ultimas-noticias/124747-atte-harjanne-parlamentario-del partido-verde-de-finlandia-excluir-a-la-nuclear-es-absurdo
«Un manifiesto ecomodernista» (2015), http://www.ecomodernism.org/espanol

Capítulo 26. La controvertida España nuclear

ENRESA. «Informe anual» (2018), http://www.enresa.es/documentos/Informe-anual-2018.pdf
Ministerio de Industria, Turismo y Comercio. «Sexto Plan General de Resi-

duos Radiactivos» (2006), http://www.enresa.es/documentos/6PGRR_Espa_ol_Libro_versi_n_indexada.pdf

Capítulo 27. Transparencia nuclear

Instrucciones del CSN: https://www.csn.es/instrucciones-tecnicas-is-

Guías de Seguridad del CSN: https://www.csn.es/guias-de-seguridad

Handbook for Regulatory Inspectors of Nuclear Power Plants: https://www.iaea.org/publications/13514/handbook-for-regulatory-inspectors-of-nuclear-power-plants

Capítulo 28. Las centrales nucleares no producen más cáncer

CSN. «Efluentes líquidos y gaseosos», https://www.csn.es/efluentes-liquidos-y-gaseosos

CSN. «Vigilancia Radiológica ambiental en España», https://www.csn.es/sistema-de-vigilancia-ambiental-en-espana

Instituto de Salud Carlos III y Consejo de Seguridad Nuclear. «Estudio epidemiológico del posible efecto de las radiaciones ionizantes derivadas del funcionamiento de las instalaciones nucleares y radiactivas del ciclo de combustible nuclear españolas sobre la salud de la población que reside en su proximidad» (2009), https://www.csn.es/documents/10182/260063/Informe%20completo

Capítulo 29. Una herramienta de uso pacífico o militar

Steven E. Miller & Scott D. Sagan. *Dædalus*. «Nuclear power without nuclear proliferation?» (2009), https://www.amacad.org/publication/nuclear-power-without-nuclear-proliferation

World Nuclear Association. «Military Warheads as a Source of Nuclear Fuel» (2017), https://www.world-nuclear.org/information-library/nuclear-fuel-cycle/uranium-resources/military-warheads-as-a-source-of-nuclear-fuel.aspx

Capítulo 30. Submarinos hundidos y residuos de pruebas nucleares

Woods Hole Oceanographic Institution. «FAQs: Radiation from Fukushima» (2019), https://www.whoi.edu/press-room/news-tip/faqs-radiation-from-fukushima/

Elsevier. «Dispersal of the radionuclide caesium-137 (^{137}Cs) from point sources in the Barents and Norwegian Seas and its potential contamination of the Arctic marine food chain: Coupling numerical ocean models with geographical fish distribution data» (2013), https://www.sciencedirect.com/science/article/pii/S0269749113002339

Report. «A Visual Description of the Concrete Exterior of the Cactus Crater Containment Structure», https://marshallislands.llnl.gov/ccc/Hamilton_LLNL-TR-648143_final.pdf

Capítulo 32. Panorama nuclear mundial

IAEA. «Power Reactor Information System» (2020), https://pris.iaea.org/PRIS/home.aspx

World Nuclear Association. «World Nuclear Power Reactors & Uranium Requirements» (2019), https://www.world-nuclear.org/information-library/facts-and-figures/world-nuclear-power-reactors-and-uranium-requireme.aspx

World Nuclear Association. «Nuclear Power in the World Today» (2020), https://www.world-nuclear.org/information-library/current-and-future-generation/nuclear-power-in-the-world-today.aspx

World Nuclear Association. «Plans For New Reactors Worldwide» (2020), https://www.world-nuclear.org/information-library/current-and-future-generation/plans-for-new-reactors-worldwide.aspx

Capítulo 33. Los 40 son los nuevos 20

NRC. «Status of Subsequent License Renewal Applications» (2019), https://www.nrc.gov/reactors/operating/licensing/renewal/subsequent license-renewal.html

J. Mizutani, *et al.* «Study on Reactor Vessel Replacement (RVR) for 1100 MWe class BWR Plants in Japan», https://inis.iaea.org/collection/NCL-CollectionStore/_Public/33/003/33003507.pdf

OECD-NEA. «The Economics of Long-term Operation of Nuclear Power Plants (2012), https://www.oecd-nea.org/ndd/reports/2012/7054-long-term-operation-npps.pdf

Capítulo 34. No nos acabaremos el uranio

OECD/NEA. «Uranium 2018: Resources, Production and Demand» (2018), http://www.oecd-nea.org/ndd/pubs/2018/7413-uranium-2018.pdf

James Conca. *Forbes*. «Uranium Seawater Extraction Makes Nuclear Power Completely Renewable» (2016), https://www.forbes.com/sites/james-conca/2016/07/01/uranium-seawater-extraction-makes-nuclear-power-completely-renewable/

Capítulo 35. El torio es el nuevo uranio

Alejandro Stankevicius, CNEA. «El torio en los combustibles nucleares», http://www.iaea.org/inis/collection/NCLCollectionStore/_Public/46/127/46127052.pdf

World Nuclear Association. «Thorium», https://www.world-nuclear.org/information-library/current-and-future-generation/thorium.aspx

Capítulo 36. La revolución de los pequeños reactores modulares

IAEA. «Advanced Reactors Information System», https://aris.iaea.org/default.html

IAEA. «Advances in Small Modular Reactor Technology Developments». (2018), https://aris.iaea.org/Publications/SMR-Book_2016.pdf

Capítulo 37. Reactores que consumen residuos radiactivos

The Generation IV International Forum, https://www.gen-4.org/gif/

Capítulo 38. El hombre de hidrocarburo

IPCC. «Global Warming of 1.5 ºC», https://www.ipcc.ch/sr15/

Capítulo 39. Necesitamos energía nuclear

OMS. «7 millones de muertes cada año debidas a la contaminación atmosférica» (2014), https://www.who.int/mediacentre/news/releases/2014/air pollution/es/

Capítulo 40. La energía nuclear es la mejor aliada de las renovables

OECD-NEA. «Technical and Economic Aspects of Load Following with Nuclear Power Plants» (2011), https://www.oecd-nea.org/ndd/reports/2011/load-following-npp.pdf

IAEA. «Non-baseload operation in nuclear power plants: load following and frequency control modes of flexible operation» (2018), https://www.pub.iaea.org/MTCD/Publications/PDF/P1756 web.pdf

Capítulo 41. La fusión nuclear o cómo tener el Sol en la Tierra

World Nuclear Association. «Nuclear Fusion Power» (2019), https://www.world-nuclear.org/information-library/current-and-future-generation/nuclear-fusion-power.aspx

ITER, https://www.iter.org/

